Illustrated Guide of *Pedicularis* in China

中国马先蒿属

植物图鉴

主编　王　红　郁文彬

Editors-in-Chief　WANG Hong　YU Wenbin

科学出版社

北　京

内 容 简 介

全球马先蒿属植物有 600 ~ 700 种，主要分布于北温带高山地区，中国记录 390 余种。本书收录中国马先蒿属植物 253 种，书中对每个种的形态特征、生境、分布等信息进行了记述，并配有彩色照片。本书编写参考《中国植物志》及 *Flora of China*，根据形态特征将马先蒿属植物划分为 5 个大类和 5 个亚类，在此基础上编制了检索表，用于物种快速鉴定；根据形态－地理原则，对于一些形态相近的种绘制了地理分布图，以辅助物种的准确鉴别。

本书可供植物分类学、进化生物学、保护生物学、生态学和植物资源学等领域的研究人员和相关专业师生使用，也可供自然保护区的工作人员和植物爱好者阅读。

审图号：GS 京（2024）1123 号

图书在版编目（CIP）数据

中国马先蒿属植物图鉴 / 王红, 郁文彬主编. -- 北京：科学出版社, 2024. 6.
ISBN 978-7-03-078821-4

Ⅰ. Q949.783.5-64

中国国家版本馆CIP数据核字第2024NC4876号

责任编辑：王海光　王　好 / 责任校对：郝甜甜 / 责任印制：肖　兴
封面设计：徐苑卿　吴丽彬 / 装帧设计：北京美光设计制版有限公司

科学出版社 出版
北京东黄城根北街16号
邮政编码：100717
http://www.sciencep.com
北京建宏印刷有限公司印刷
科学出版社发行　各地新华书店经销
*
2024年6月第 一 版　开本：889 × 1194　1/16
2024年8月第二次印刷　印张：21　1/2
字数：700 000

定价：398.00元

（如有印装质量问题，我社负责调换）

《中国马先蒿属植物图鉴》
编委会

主编

王　红　郁文彬

编委（按姓氏汉语拼音排序）

蔡　杰　顾　磊　李德铢　刘　荣　王维嘉

吴　优　徐苑卿　尹　民

Illustrated Guide of *Pedicularis* in China

EDITORIAL COMMITTEE

Editors-in-Chief

WANG Hong　YU Wenbin

Editors (in the order of Chinese Pinyin)

CAI Jie　GU Lei　LI Dezhu　LIU Rong　WANG Weijia

WU You　XU Yuanqing　YIN Min

前言

PREFACE

马先蒿属*Pedicularis* Linnaeus 隶属于列当科Orobanchaceae，由瑞典博物学家林奈于1753年建立，模式种为*Pedicularis sylvatica* Linnaeus（英文名Lousewort），是一类二年生或多年生的半寄生草本植物。马先蒿最早记载于东汉的《神农本草经》，且历代本草都有记载，其部分种类常作药用，具有抗炎、调节免疫等功效。马先蒿属植物的花形态独特，色彩绚丽，观赏性极佳，是著名的高山野生花卉，但绝大多数物种的引种栽培问题至今尚未解决。

马先蒿属植物广泛分布于北半球，多数种类生长于寒带及高山上，属内共有600~700种，中国记录有390余种，其在地理范围、海拔分布以及植物形态特征上呈现高度的多样性，约有三分之二的种类集中分布在喜马拉雅—横断山地区，该地区是其物种多样化中心和特有中心。长期以来，国内外研究者对马先蒿属的研究主要是区域性的，在对繁多的物种进行分类时，其花冠多样性和复杂性常使研究者们陷入困惑，因此世界范围内马先蒿属物种多样性的研究工作任重道远。

传统上，马先蒿属分类是以营养性状，或更多依赖花部性状作为属下等级划分的主要依据，其中李惠林系统（1948~1949）和钟补求系统（1955~1961）在国内外产生了十分重要的影响。自20世纪90年代以来，分子系统学的兴起和发展使我们可以评估分类系统的自然性和关键形态性状的演化意义。《中国植物志》（第六十八卷）及*Flora of China*（Vol. 18）是马先蒿属分类较为详尽和重要的参考书籍，但由于马先蒿属是物种分类难度较大的类群之一，通过查询现有的植物志和检索表，依据形态特征鉴定存在一定困难，特别是对于花部性状不清晰或保存质量较差的标本。此外，现有的一些图书仅涉及了部分物种，并不全面。因此，目前用于指导马先蒿属物种分类鉴定的实物图鉴尤为缺乏。近30年来，我们研究组通过对马先蒿属植物进行野外调查、标本采集、分类鉴定，以及系统学和传粉生物学等多相关学科的综合研究，系统整理了中国马先蒿属植物，特别是以中国西南地区为主体的种类，并编写了《中国马先蒿属植物图鉴》。

本书收录中国马先蒿属植物253种，书中详细描述了每个种的形态特征、生境、分布等信息，并配有准确鉴定的彩色照片。本书编写参考了《中国植物志》及*Flora of China*，同时基于本研究组对马先蒿属植物的研究和积累。为了使读者能够更直观地认识这一复杂而有趣的类群，书中根据易于鉴别的形态特征进行划分和分类编排。首先，将植株体态（直立型/铺散型）和叶序（对生、轮生/互生）作为一级划分依据，分为5个大类（I~V）；其次，根据花冠形态（无喙型的齿有/无，有喙型的喙扭折程度与花管长度）划分为5个亚类（A~E）；最后，在各亚类下，再依据叶片形态、花冠管弯折程度、喙的形态、花序等特征区分，便于快速查询和鉴定物种。各类型下物种按拉丁名字母顺序排列。此外，对于形态相似类群，书中提供了根据形态－地理原则绘制的地理分布图（插图1~8），作为物种鉴定参考；书后附有本书收录和未收录的中国马先蒿属植物名称和分类编码表，供读者参考（附表1和附表2）。

本书的编研，经历了作者们近30年的不懈努力，研究组成员和研究生在不同时期对马先蒿属植物做了大量野外调查、标本收集和分类甄别工作，并对已发表的该属文献资料，以及国内外标本馆馆藏标本进行了检索、整理或鉴定。书中未署名的照片均由本研究组成员拍摄。本书可供植物分类学、进化生物学、保护生物学、生态学和植物资源学等相关专业的研究人员、教学人员使用，也可作为自然保护区工作人员、生态保护工作者和植物爱好者的参考资料。希望本书能助力于马先蒿属植物的鉴定和分类学研究。

本书在编写过程中，几易其稿，但不足之处仍然在所难免，敬请读者批评指正。

欣赏高山，自然会在高山的巍峨中看到凝重和美好。在本书付梓之际，我们心怀喜悦和感恩，感谢一路走来帮助过我们的同仁和高山深处的父老乡亲。期待本书能够吸引更多的研究者和爱好者关注马先蒿这个迷人的类群，一起发现美、欣赏美。

最后，谨以此书纪念著名植物分类学家吴征镒院士，感念先生在我们研究马先蒿属伊始的指引和教诲。

王红 郁文彬

2024年2月26日

致谢

ACKNOWLEDGEMENTS

本书的编写从筹备到成书历时十年，其间离不开研究组成员的辛劳和付出。感谢刘珉璐、施和馨、孙华英在筹备前期收集和整理本书使用的资料和照片。感谢中国科学院昆明植物研究所高连明、陆露、张书东、任宗昕、赵延会、张挺、郭永杰、左政裕、明升平、孙军、刘成、亚吉东、刘恩德、李嵘等，以及兄弟单位的白增福、陈敏愉、陈湛、董继荣、郭永鹏、胡光万、蒋红、雷波、李文军、李小杰、林红强、刘冰、刘瑞琦、马景锐、彭建生、秦隆、施俞丞、田琴、王开林、魏泽、危永胜、吴之坤、王小兰、孙小美、许海昆、易思荣、游旨价、余奇、曾佑派、赵新杰、赵颖、张德全、张迎庆、郑海磊、周立新、周欣欣为本书提供宝贵的植物照片。

感谢中国科学院战略性先导科技专项（B类）（XDB31000000），以及国家自然科学基金面上项目（30570115、31470323、32071670、32371700）和青年科学基金项目（31200185）对本书相关研究的支持。

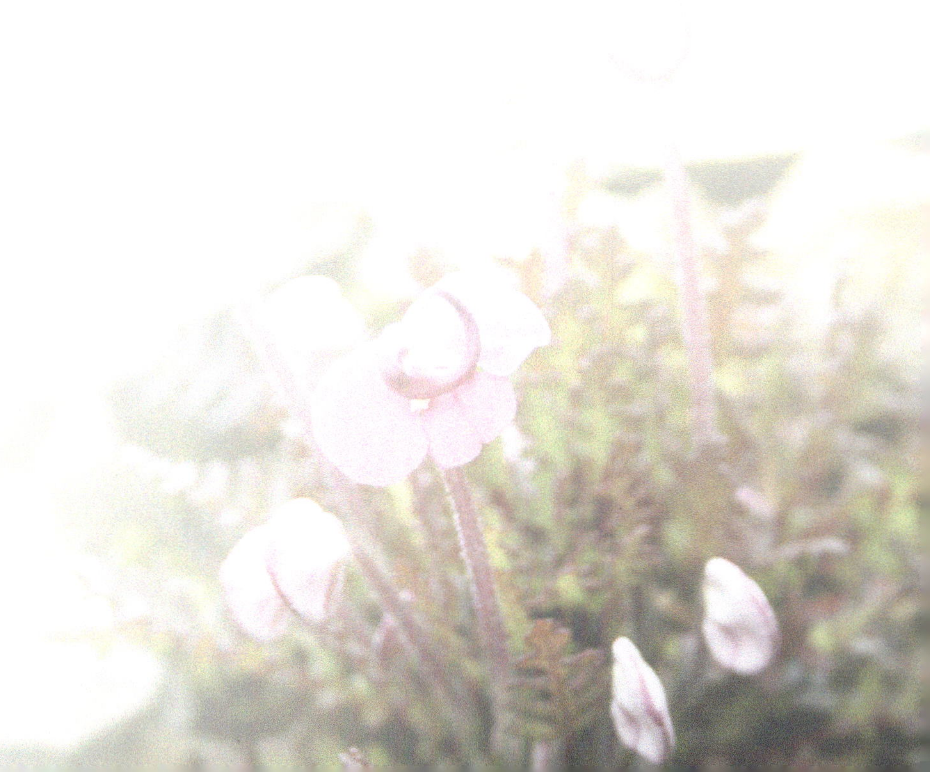

目录

CONTENTS

总论

马先蒿属研究概述

马先蒿属*Pedicularis* Linnaeus隶属于列当科Orobanchaceae，是一类二年生或多年生的半寄生草本植物，在中国植物区系中是物种数量仅次于杜鹃属*Rhododendron* Linnaeus、薹草属*Carex* Linnaeus、黄芪属*Astragalus* Linnaeus的第四大属（吴征镒等，2003）。马先蒿植物世界有600~700种（图1），中国记录有390余种，其广泛分布于北半球，多数种类生长于寒带及高山。喜马拉雅—横断山地区是马先蒿属植物物种多样化中心和特有中心（Hong，1983；Yang et al.，1998）。

马先蒿属植物的花部形态多样性在整个被子植物中是较为罕见的。以往的研究者（Maximovicz，1888；Li，1951）将该属植物复杂多样的花冠划分为4种不同的花冠类型（图2），即短管无齿无喙型（short-tubed，toothless and beakless）、短管具齿型无喙型（short-tubed，teethed and beakless）、短管具喙型（short-tubed and beaked）和长管具喙型（long-tubed and beaked）。钟补求（1955，1956）按照花管是否前曲和下唇的开展程度将其分为*Capitata*和*Flammea*两种基本花冠型。依据花冠对称性原则，也可将其划分为单轴对称和单轴不对称两种花冠类型（Endress，2001；蔡杰等，2003；蔡杰，2004）。

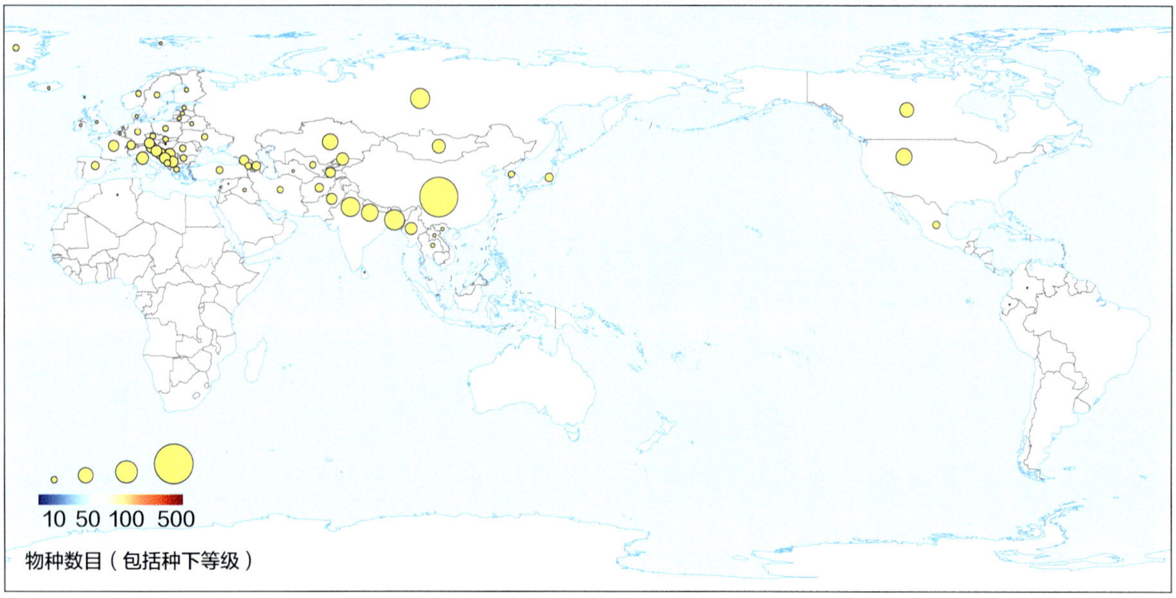

图1 马先蒿属物种的世界分布

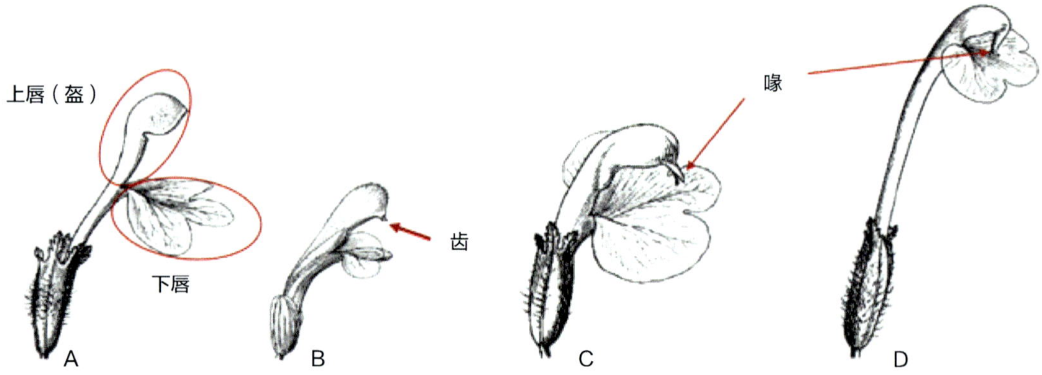

图2 4种不同的花冠类型（墨线图引自《中国植物志》）

A. 短管无齿无喙型；B. 短管具齿型无喙型；C. 短管具喙型；D. 长管具喙型

1. 分类学与系统学

马先蒿属由林奈于1753年建立（Linnaeus，1753），模式种为*Pedicularis sylvatica* Linnaeus，当时记载了14种，并根据生活习性将这些种类进行了简单的归类。传统上，根据花冠唇瓣的卷叠方式和半寄生习性将其划分为玄参科鼻花族成员（Li，1948，1949；钟补求，1963；Yang et al.，1998；Mill，2001；吴征镒等，2003）。20世纪90年代以来，分子系统学研究表明传统的玄参科不是一个单系类群（Olmstead and Reeves，1995；dePamphilis et al.，1997；Young et al.，1999），因此依据分子证据等将马先蒿属与其他半寄生植物一起归入列当科（Olmstead and Reeves，1995；dePamphilis et al.，1997；Young et al.，1999；Olmstead et al.，2001）。马先蒿属在列当科中是一个单系类群已得到最新分子系统学研究的支持（Wolfe et al.，2005；Bennett and Mathews，2006）。

在林奈建立马先蒿属之后的270年里，该属植物被采集和新描述的种类不断增加（图3），属下的分类问题也较为复杂。国内外多位学者先后对该属进行过整理和分类修订，比较有代表性的分类系统有Steven（1823）、Bunge（1841；1846）、Bentham（1846）、Maximovicz（1878；1888）、Prain（1890）、Bonati（1910；1918）、Limpricht（1924）、Hurusawa（1948）、Li（1948，1949）、钟补求（1955，1956，1963）、Yamazaki（1988）和Mill（2001）。以上系统主要依据其营养器官和花部特征划分属下分类阶元，只是权重不同。李惠林之前的系统（Li，1948）更侧重于花部性状，之后的系统（Li，1949）更加注重营养性状。最近的分子系统学研究表明，该属植物经历过快速的辐射分化和高度的平行进化（Ree，2001，2005；Yang et al.，2003），传统的马先蒿属下分类系统与现行分子系统学研究结果存在一定差异。相较于传统的分类鉴定，基于DNA条形码的研究在疑难物种、隐存物种鉴定上发挥了较大的作用（Yu et al.，2011；刘珉璐等，2013）。考虑到适用性，目前的研究仍然参考钟补求系统（钟补求，1955，1956，1963；Yang et al.，1998）。

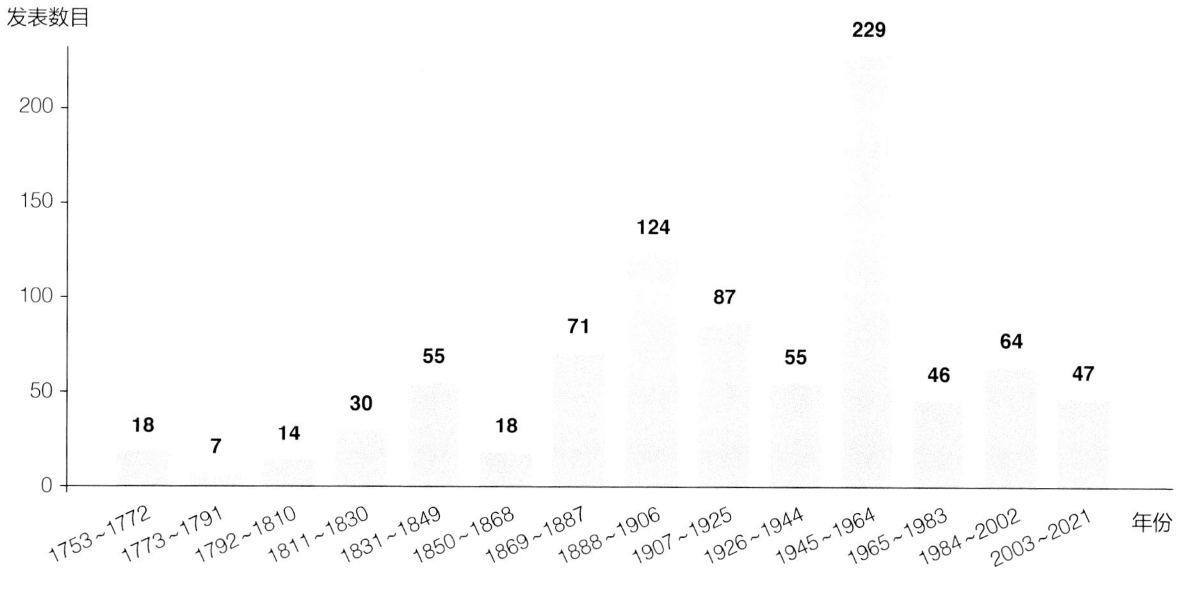

图3 马先蒿属物种发表情况

2. 花部特征和演化

2.1 花部式样多样性

马先蒿属植物的花冠合生，呈管状，在管的上部分化成上唇和下唇，上唇结合成盔。该属植物花冠多样性主要表现在盔的形态变化上，在4种不同的花冠类型中，盔的形态变化被当作主要的划分依据。然而，盔表现出极其多样的变化，如盔无齿或具齿，齿的着生位置和数量不尽相同，有的种盔下缘的末端具1对齿（如*P. pseudomelampyriflora*），而少数种则在盔的下缘具有4~10对齿不等（如*P. cymbalaria*和*P. lutescens*）。喙由伸长的盔端狭缩而成，喙的长短变化也很大，喙或短而粗壮，或细长（可达10 mm），或发生卷曲（呈“S”形）。除此之外，有的种盔的额部有时具有鸡冠状或刺状凸起；盔的上缘和（或）下缘密被各种颜色的须毛或绒毛等。

相比于复杂的上唇形态，下唇形态则较为简单。下唇3裂，侧裂片较中裂片大，也有的侧裂片比中裂片小（如*P. cymbalaria*和 *P. lutescens*）。下唇一般呈锐角开展，或完全包住盔或者喙，而有的呈直角或钝角开展。下唇形态变化表现在中裂片上，如边缘凹缺，具有缘毛或末端呈兜状；再如表面具有褶皱状的凸起通向喉部，而侧裂片边缘有时会发生凹缺，具有缘毛或啮状的细齿。

花颜色较为丰富，以紫色或紫红色、红色、粉红色、黄色、橘黄色、浅黄色和白色为主，缺乏蓝色，但大多数情况下由几种颜色相互组合而成，如有的种下唇为白色或黄色，喙或盔为紫色或紫红色，有的种下唇和盔具红色、白色或褐色斑点，还有的种下唇具白色或深色的条纹。通常花无香味，但也有一些种类具有特殊的香味（如*P. elwesii*）。花冠管的基部有蜜腺或无，蜜腺的结构变化多样，有棒状、环状和瘤状等（Liu et al.，2015）。

2.2 花冠多样性的演化

李惠林（Li, 1948, 1949, 1951）对马先蒿属植物的花冠演化进行了较为系统的研究。他认为无喙型花冠类群较为原始，而具喙类型的花冠形态则是衍生性状，即花冠具喙类群由花冠无喙类群演化而来，长管具喙型的花冠来自短管具喙型；此外，李惠林还认为多样化的花冠形态是沿着不同的演化路线并经历多次重复发生和发育而来，表现出高度的平行演化。与此同时，钟补求（1955，1956，1963）对世界范围内，特别是中国产马先蒿属植物进行了较深入的研究，提出了两种基本的花冠类型，他认为该属属下物种之间存在广泛的平行演化和返祖现象，而多样化的花冠是二元起源，现有的马先蒿属多样化的花冠形态是由两种基本的花冠样式在漫长的演化过程中通过杂交和其他演化方式而逐步形成的。

综观上述李惠林和钟补求关于花冠多样化的观点，在一定程度上两者都认为该属植物的花冠存在明显的平行演化，只是在起源上存在差异。近年来，分子系统学研究提供了新的视角，认为马先蒿属经历了快速的适应辐射和高度的平行演化，具有相同花冠类型的物种散布于分子系统树的各个分支上（Yang et al.，2003；Ree，2005；Yang and Wang，2007），而长管型、具喙型和具齿型花冠是在不同谱系内经过若干次独立演化而形成。对其形态性状的演化分析认为，长管型花冠是由短管型演化而来，发生退化的可能性较小；盔上喙的结构由在分子系统树基部分支中的无喙类演化而来，但是在后期出现的分支中却发生了多次的退化；盔上齿的结构明显是后期演化而来的，较少发生退化（Ree，2005；Yu et al.，2015）。

3. 花冠多样性与生态适应

3.1 花冠多样性与传粉适应

马先蒿属植物形态多样的花冠被认为是研究植物与传粉昆虫协同适应的理想材料。Pennell（1943）和李惠林（Li，1948，1951）推测马先蒿属的花冠形态多样化是由于传粉昆虫的选择压力造成的，那些具有非常特殊的长花管类植物可能需要具有长喙的鳞翅类或其他昆虫为其传粉。实际上，截至目前，所有关于长管类马先蒿属植物的传粉报道均表明其由熊蜂传粉，花管伸长可能是为了克服植株低矮以达到吸引传粉昆虫来访花的目的（Macior and Tang，1997；Macior et al.，2001；Wang and Li，2005）。为了验证这一假说，Huang等（2016）通过浇水和遮阴处理，人为操控长管类马先蒿属植物的花管长度，比较不同花管长度植株中熊蜂的访花差异，但结果也不支持该推测。还有研究者认为，花管的伸长可以增加花柱的长度，为雄配子体竞争提供场所或提高物种间的生殖隔离（Yang，2004；Yang and Guo，2004；Huang and Fenster，2007；Yang et al.，2007；Yang and Wang，2015）。值得注意的是，长管类马先蒿属植物蜜腺存在不同程度的退化，访花熊蜂只能获得花粉（Ree，2005）。

自20世纪初开始，Kunth（1909）、Sprague（1962）、Kwak（1977，1979）、Macior（1968a，1968b，1969，1973，1975，1977，1978，1982，1983b，1988，1990）、Macior et al.（1991）、Macior和Tang（1997，2001）、王红（1998）、王红和李德铢（1998）、王红等（2003）等先后对欧洲、北美、日本、中国的马先蒿进行了传粉生物学研究，证实了该属植物花冠多样性与传粉昆虫熊蜂的访花行为之间具有相互适应性。花的开放式样、花粉形态、花粉大小、蜜腺有无及形态与传粉昆虫取食行为和传粉方式存在一定的相关性；花粉形态、大小可能直接影响传粉者的传粉效率；雌雄资源的分配、种子产量等与繁育系统相关的指标与传粉方式都存在一定的联系（Yang et al.，2002；Yang，2004；Yang and Guo，2004；Sun et al.，2005a，2005b；孙士国，2005；Yang and Guo，2007；Wang et al.，2009）。

以往的传粉生物学研究表明，熊蜂是该属最有效的传粉者（Macior，1968a，1968b，1969，1973，1975，1977，1978，1982，1983b；Macior et al.，2001；Yang，2004；Ree，2005；Wang and Li，2005；孙士国，2005），尽管也有其他传粉者的报道，如壁蜂（Macior，1983a）、独居蜂（Macior，1982，1983a）、蜜蜂（Macior et al.，2001；孙士国，2005）和蜂鸟（Sprague，1962；Macior，1982，1986），但在喜马拉雅—横断山地区和日本分布的马先蒿属植物主要由熊蜂为其传粉（Macior，1988；Macior and Tang，1997；王红，1998；王红和李德铢，1998；Macior et al.，2001；王红等，2003；Yang，2004；Ree，2005；Wang and Li，2005；孙士国，2005；Tang and Xie，2006）。近年来，越来越多的研究表明，花冠形态的多样化，并不是单一的由传粉者的选择压力所造成的（Waser et al.，1996；Galen，1999；Johnson and Steiner，2000；Armbruster，2001；Galen and Cuba，2001；Vaknin et al.，2001；Irwin et al.，2003；Harder et al.，2004；Yang and Guo，2005），因此还应综合考虑植物所处生境中的其他生态因子。

3.2 花冠多样性与生殖隔离

分子证据表明，马先蒿属植物的花冠经历过多次演化，同一种类型花冠在不同的分支中经历过不同程度的获得和丢失，存在显著的平行演化（Ree，2005；Yu et al.，2015）。以往的研究认为杂交可能是该属植物物种形成的主要因素之一（Li，1951）。在横断山地区，马先蒿属植物集中分布于海拔2500~4000 m的亚高山和高山地带（Li，1948；钟补求，1955，1956），同域物种分布现象非常明显（王红和李德铢，1998）。另外，这些植物的花期集中在6~8月，不同物种的花期存在明显的重叠。早期的研究中，有关该属植物的生殖隔离机制涉及甚少（Adams，1983；Macior，1983b；Grant，1994a；Yang et al.，2007），至今还存在很多的疑问。最近研究发现，马先蒿属植物同域分布的物种之间主要通过花冠的多样化来实现物种间的机械隔离和传粉者的行为隔离（Eaton et al.，2012）。

尽管马先蒿属植物花冠变化极其多样，但主要的传粉者为熊蜂属昆虫。对于不同花冠类型的马先蒿，则需要同种或不同种的熊蜂采用不同的访花方式传粉，常见的有背触式和腹触式两种访花方式。Grant（1994a，1994b）认为马先蒿属植物的机械隔离是通过不同种类的柱头从熊蜂体表的不同位置获取特定的花粉而实现的。这种机制明显与花冠的结构密切相关，尤其是喙的结构。Macior（1982）通过研究北美的马先蒿属植物提出其花部形态与传粉者的体形和行为密切相关，残留在昆虫体表的一些特定位置的花粉将被精确地分配给相应的柱头而不被昆虫清理掉。通过花粉荧光染色的方法研究熊蜂身体上花粉的落置位置，表明同域分布马先蒿属植物通过多样化的花冠影响传粉者的行为，从而影响花粉落置的位置，降低不同马先蒿属植物之间的花粉干扰（Huang and Shi，2013；Armbruster，2014）。因此，合子前隔离在阻止物种间基因交流方面扮演了非常重要的角色（Adams，1983；Macior，1983b；Grant，1994a；Yang et al.，2007），并且这种隔离机制既可减少花粉折损，又可避免胚珠折损，是一种有效的隔离机制。虽然熊蜂属昆虫可以在多种马先蒿植物之间交叉传粉，但杂交种并不普遍（Macior，1975，1983b；Macior et al.，2001；Wang and Li，2005），因此传粉后隔离也在避免种间杂交中扮演重要角色（Liang et al.，2018)。

中国马先蒿属物种检索表

I. 直立茎，对生叶 / 轮生叶且基部膨大结合成斗状

1. 斗叶马先蒿*Pedicularis cyathophylla*
2. 拟斗叶马先蒿*Pedicularis cyathophylloides*
3. 大王马先蒿*Pedicularis rex*
4. 华丽马先蒿*Pedicularis superba*
5. 灌丛马先蒿*Pedicularis thamnophila*

II. 直立茎，对生叶 / 轮生叶

A. 花冠管短，上唇成盔状且无喙无齿型

A1. 植株叶对生

6. 柳叶马先蒿*Pedicularis salicifolia*
7. 丹参花马先蒿*Pedicularis salviiflora*

A2. 植株叶轮生，花盔长度与下唇长度接近，且萼前方明显开裂

8. 秦氏马先蒿*Pedicularis chingii*
9. 连齿马先蒿*Pedicularis confluens*
10. 微唇马先蒿*Pedicularis minutilabris*
11. 侏儒马先蒿*Pedicularis pygmaea*
12. 岩居马先蒿*Pedicularis rupicola*
13. 台湾马先蒿 *Pedicularis transmorrisonensis*
14. 轮叶马先蒿*Pedicularis verticillata*
15. 堇色马先蒿*Pedicularis violascens*

A3. 植株叶轮生，花盔长度与下唇长度接近，且萼前方不开裂或者开裂不明显

16. 高额马先蒿*Pedicularis altifrontalis*
17. 春黄菊叶马先蒿*Pedicularis anthemifolia*
18. 软弱马先蒿*Pedicularis flaccida*
19. 退毛马先蒿*Pedicularis glabrescens*
20. 甘肃马先蒿*Pedicularis kansuensis*
21. 四川马先蒿*Pedicularis szetschuanica*
22. 三角齿马先蒿*Pedicularis triangularidens*

A4. 植株叶轮生，花盔长度短于下唇的一半

23. 短盔马先蒿*Pedicularis brachycrania*
24. 铺散马先蒿*Pedicularis diffusa*
25. 全萼马先蒿*Pedicularis holocalyx*
26. 丽江马先蒿*Pedicularis likiangensis*
27. 条纹马先蒿*Pedicularis lineata*

28. 罗氏马先蒿*Pedicularis roylei*
29. 穗花马先蒿*Pedicularis spicata*

A5. 植株叶轮生，花管在靠近盔上部向前膝曲或者不弯曲

30. 密穗马先蒿*Pedicularis densispica*
31. 小根马先蒿*Pedicularis ludwigii*
32. 暗昧马先蒿*Pedicularis obscura*
33. 远志状马先蒿*Pedicularis polygaloides*
34. 矽镁马先蒿*Pedicularis sima*

A6. 植株叶轮生，花序或者植株多毛

35. 柔毛马先蒿*Pedicularis mollis*
36. 三叶马先蒿*Pedicularis ternata*

A7. 植株叶轮生，花盔前缘有向内的褶皱

37. 皱褶马先蒿*Pedicularis plicata*

B. 花冠管短，上唇成盔状且无喙有齿型

B1. 植株叶对生，基生叶发达

38. 皮氏马先蒿*Pedicularis bietii*
39. 俯垂马先蒿*Pedicularis cernua*
40. 贡山马先蒿*Pedicularis gongshanensis*
41. 休氏马先蒿*Pedicularis sherriffii*

B2. 植株叶对生，基生叶不发达

42. 五角马先蒿*Pedicularis pentagona*

B3. 植株叶对生，花盔下缘常有多对齿

43. 舟形马先蒿*Pedicularis cymbalaria*
44. 三角叶马先蒿*Pedicularis deltoidea*
45. 长舌马先蒿*Pedicularis dolichoglossa*
46. 不等裂马先蒿*Pedicularis inaequilobata*
47. 浅黄马先蒿*Pedicularis lutescens*
48. 琴盔马先蒿*Pedicularis lyrata*
49. 日照马先蒿*Pedicularis rizhaoensis*
50. 狭盔马先蒿*Pedicularis stenocorys*
51. 绒毛马先蒿*Pedicularis tomentosa*

B4. 植株叶轮生，花管在萼内强烈弯曲

52. 后生四川马先蒿*Pedicularis metaszetschuanica*
53. 小唇马先蒿*Pedicularis microchila*

B5. 植株叶轮生，花管不在萼内强烈弯曲

54. 康泊东叶马先蒿*Pedicularis comptoniifolia*
55. 多花马先蒿*Pedicularis floribunda*
56. 生驹氏马先蒿*Pedicularis ikomai*
57. 假山萝花马先蒿*Pedicularis pseudomelampyriflora*

58. 坚挺马先蒿*Pedicularis rigida*

C. 花冠管短，上唇成喙状：直喙型或略弯曲

C1. 植株叶对生，花序亚头状

59. 双生马先蒿*Pedicularis binaria*

60. 聚花马先蒿*Pedicularis confertiflora*

61. 弱小马先蒿*Pedicularis debilis*

62. 马克逊马先蒿*Pedicularis maxonii*

63. 费尔氏马先蒿*Pedicularis pheulpinii*

64. 疏裂马先蒿*Pedicularis remotiloba*

65. 团花马先蒿*Pedicularis sphaerantha*

C2. 植株叶对生，花序长穗状

66. 二歧马先蒿*Pedicularis dichotoma*

C3. 植株叶轮生，花序亚头状

67. 鸭首马先蒿*Pedicularis anas*

68. 碎米蕨叶马先蒿*Pedicularis cheilanthifolia*

69. 鹅首马先蒿*Pedicularis chenocephala*

70. 球花马先蒿*Pedicularis globifera*

71. 宽喙马先蒿*Pedicularis latirostris*

72. 打箭马先蒿*Pedicularis tatsienensis*

C4. 植株叶轮生，花序穗状

73. 阿拉善马先蒿*Pedicularis alaschanica*

74. 狐尾马先蒿*Pedicularis alopecuros*

75. 阿墩子马先蒿*Pedicularis atuntsiensis*

76. 具冠马先蒿*Pedicularis cristatella*

77. 弯管马先蒿*Pedicularis curvituba*

78. 纤细马先蒿*Pedicularis gracilis*

79. 长茎马先蒿*Pedicularis longicaulis*

80. 鹬形马先蒿*Pedicularis scolopax*

81. 史氏马先蒿*Pedicularis smithiana*

82. 颤喙马先蒿*Pedicularis tantalorhyncha*

83. 塔氏马先蒿*Pedicularis tatarinowii*

84. 马鞭草叶马先蒿*Pedicularis verbenifolia*

C5. 植株叶轮生，喙向上仰

85. 穆坪马先蒿*Pedicularis moupinensis*

D. 花冠管短，上唇成喙状：喙细长且扭旋

D1. 植株叶对生

86. 全叶马先蒿*Pedicularis integrifolia*

D2. 植株叶轮生

87. 杜氏马先蒿*Pedicularis duclouxii*

88. 费氏马先蒿*Pedicularis fetisowii*
89. 旋喙马先蒿*Pedicularis gyrorhyncha*
90. 翘喙马先蒿*Pedicularis meteororhyncha*
91. 奥氏马先蒿*Pedicularis oliveriana*
92. 拟篦齿马先蒿*Pedicularis pectinatiformis*
93. 喙毛马先蒿*Pedicularis rhynchotricha*
94. 劳氏马先蒿*Pedicularis roborowskii*
95. 半扭卷马先蒿*Pedicularis semitorta*

D3. 花盔下唇较大，常包裹喙部

96. 陈塘马先蒿*Pedicularis tamurensis*

E. 花冠管长，上唇成喙状

97. 曲茎马先蒿*Pedicularis flexuosa*

III. 直立茎，互生叶 / 部分假对生

A. 花冠管短，上唇成盔状且无喙无齿型

A1. 植株较为低矮，花管在靠近盔的上部向前膝曲

98. 藓状马先蒿*Pedicularis muscoides*
99. 欧氏马先蒿*Pedicularis oederi*
100. 直盔马先蒿*Pedicularis orthocoryne*

A2. 植株较为高大，花管几乎不弯曲

101. 野苏子*Pedicularis grandiflora*
102. 白氏马先蒿*Pedicularis paiana*
103. 旌节马先蒿*Pedicularis sceptrum-carolinum*
104. 阴郁马先蒿*Pedicularis tristis*
105. 茨口马先蒿*Pedicularis tsekouensis*

A3. 植株叶部分假对生，花管与盔几乎成直线

106. 阿洛马先蒿*Pedicularis aloensis*
107. 金黄马先蒿*Pedicularis aurata*
108. 勒氏马先蒿*Pedicularis legendrei*

B. 花冠管短，上唇成盔状且无喙有齿型

B1. 植株较为低矮，花管在靠近盔的上部向前膝曲

109. 哈巴山马先蒿*Pedicularis habachanensis*
110. 迈氏马先蒿*Pedicularis merrilliana*
111. 假多色马先蒿*Pedicularis pseudoversicolor*
112. 喙齿马先蒿*Pedicularis rhynchodonta*

B2. 植株较为高大，叶常二回羽状分裂

113. 蓍草叶马先蒿*Pedicularis achilleifolia*
114. 长根马先蒿*Pedicularis dolichorrhiza*
115. 红色马先蒿*Pedicularis rubens*

116. 水泽马先蒿*Pedicularis uliginosa*

117. 秀丽马先蒿*Pedicularis venusta*

B3. 植株较为高大，叶常一回羽状分裂

118. 高升马先蒿*Pedicularis elata*

119. 粗毛马先蒿*Pedicularis hirtella*

120. 红纹马先蒿*Pedicularis striata*

B4. 植株较为高大，常多枝

121. 江西马先蒿*Pedicularis kiangsiensis*

122. 拉不拉多马先蒿*Pedicularis labradorica*

123. 沼生马先蒿*Pedicularis palustris*

C. 花冠管短，上唇成喙状：直喙型或略弯曲

C1. 植株较为低矮，喙前端有小齿或者啮痕

124. 拟蕨马先蒿*Pedicularis filicula*

125. 勒公氏马先蒿*Pedicularis lecomtei*

126. 苍山马先蒿*Pedicularis tsangchanensis*

C2. 植株较为低矮，喙前端无小齿或开裂

127. 菌生马先蒿*Pedicularis mychophila*

C3. 植株较为低矮，茎花葶状，茎生叶较少

128. 迈亚马先蒿*Pedicularis mayana*

129. 小花马先蒿*Pedicularis micrantha*

130. 悬岩马先蒿*Pedicularis praeruptorum*

131. 伞花马先蒿*Pedicularis umbelliformis*

132. 王红马先蒿*Pedicularis wanghongiae*

133. 季川马先蒿*Pedicularis yui*

134. 云南马先蒿*Pedicularis yunnanensis*

C4. 植株高大，叶片仅具齿，花盔前端仅具短喙或不明显

135. 波齿马先蒿*Pedicularis crenata*

136. 细波齿马先蒿*Pedicularis crenularis*

137. 显盔马先蒿*Pedicularis galeata*

138. 龙陵马先蒿*Pedicularis lunglingensis*

139. 黑马先蒿*Pedicularis nigra*

140. 返顾马先蒿*Pedicularis resupinata*

141. 地黄叶马先蒿*Pedicularis veronicifolia*

C5. 植株较为高大，花盔前端仅具短喙或者凸尖，盔下缘有长须毛

142. 美观马先蒿*Pedicularis decora*

143. 邓氏马先蒿*Pedicularis dunniana*

144. 粗野马先蒿*Pedicularis rudis*

C6. 植株较为高大，叶有重锯齿，花仅具短喙，盔下缘有长须毛

145. 狭裂马先蒿*Pedicularis angustiloba*

146. 长舟马先蒿*Pedicularis dolichocymba*
147. 硕大马先蒿*Pedicularis ingens*
148. 东俄洛马先蒿*Pedicularis tongolensis*
149. 毛舟马先蒿*Pedicularis trichocymba*
150. 须毛马先蒿*Pedicularis trichomata*

C7. 植株较为高大，花盔喙约与下唇等长，盔或者萼多毛

151. 灰色马先蒿*Pedicularis cinerascens*
152. 克氏马先蒿*Pedicularis clarkei*
153. 绒舌马先蒿*Pedicularis lachnoglossa*
154. 毛颏马先蒿*Pedicularis lasiophrys*

C8. 植株较为高大，花序亚头状

155. 头花马先蒿*Pedicularis cephalantha*
156. 重头马先蒿*Pedicularis dichrocephala*
157. 细裂叶马先蒿*Pedicularis dissectifolia*
158. 法氏马先蒿*Pedicularis fargesii*
159. 国楣马先蒿*Pedicularis fengii*
160. 细瘦马先蒿*Pedicularis gracilicaulis*
161. 多茎马先蒿*Pedicularis hongii*
162. 法且利亚叶马先蒿*Pedicularis phaceliifolia*
163. 假头花马先蒿*Pedicularis pseudocephalantha*
164. 大山马先蒿*Pedicularis tachanensis*
165. 大海马先蒿*Pedicularis tahaiensis*

C9. 植株较为高大，花序总状，花较小

166. 汉姆氏马先蒿*Pedicularis hemsleyana*
167. 小萼马先蒿 *Pedicularis microcalyx*
168. 潘氏马先蒿*Pedicularis pantlingii*
169. 大理马先蒿*Pedicularis taliensis*

C10. 植株较为高大，花序总状，花较大

170. 糠秕马先蒿*Pedicularis furfuracea*
171. 鹤首马先蒿*Pedicularis gruina*
172. 吉隆马先蒿*Pedicularis gyirongensis*
173. 亨氏马先蒿*Pedicularis henryi*
174. 拉氏马先蒿*Pedicularis labordei*
175. 瘠瘦马先蒿*Pedicularis macilenta*
176. 蒙氏马先蒿*Pedicularis monbeigiana*
177. 歪盔马先蒿*Pedicularis obliquigaleata*
178. 尖果马先蒿*Pedicularis oxycarpa*
179. 松林马先蒿*Pedicularis pinetorum*
180. 鼻喙马先蒿*Pedicularis proboscidea*

181. 施氏马先蒿*Pedicularis stadlmanniana*
182. 斯氏马先蒿*Pedicularis stewardii*
183. 纤裂马先蒿*Pedicularis tenuisecta*

D. 花冠管短，上唇成喙状：喙细长且扭旋

D1. 植株较为低矮，花盔喙多少拳卷

184. 戛克氏马先蒿*Pedicularis garckeana*
185. 显著马先蒿*Pedicularis insignis*
186. 壮健马先蒿*Pedicularis robusta*

D2. 植株较为高大，花盔喙上仰

187. 康定马先蒿*Pedicularis kangtingensis*
188. 维氏马先蒿*Pedicularis vialii*

D3. 植株较为高大，花序总状，喙显著长于下唇且扭旋

189. 卓越马先蒿*Pedicularis excelsa*
190. 甲拉马先蒿*Pedicularis kialensis*
191. 宫布马先蒿*Pedicularis kongboensis*
192. 长喙马先蒿*Pedicularis macrorhyncha*
193. 雷丁马先蒿*Pedicularis retingensis*
194. 扭喙马先蒿*Pedicularis streptorhyncha*

D4. 植株较为高大，花序总状，喙扭旋成“S”形

195. 大卫氏马先蒿*Pedicularis davidii*
196. 伯氏马先蒿*Pedicularis petitmenginii*
197. 针齿马先蒿 *Pedicularis subulatidens*
198. 西藏马先蒿*Pedicularis tibetica*
199. 扭旋马先蒿*Pedicularis torta*

D5. 植株较为高大，花盔多毛

200. 红毛马先蒿*Pedicularis rhodotricha*
201. 毛盔马先蒿*Pedicularis trichoglossa*

D6. 植株较为高大，花序亚头状

202. 环喙马先蒿*Pedicularis cyclorhyncha*
203. 拟鼻花马先蒿*Pedicularis rhinanthoides*

D7. 花盔下唇较大，常包裹喙部

204. 伞房马先蒿*Pedicularis corymbifera*
205. 哀氏马先蒿*Pedicularis elwesii*
206. 阜莱氏马先蒿*Pedicularis fletcheri*
207. 大唇马先蒿*Pedicularis megalochila*
208. 谬氏马先蒿*Pedicularis mussotii*
209. 熊猫马先蒿*Pedicularis pandania*

E. 花冠管长，上唇成喙状

210. 硕花马先蒿*Pedicularis megalantha*

IV. 匍匐茎，对生叶 / 部分假对生

E. 花冠管长，上唇成喙状

211. 巴塘马先蒿*Pedicularis batangensis*
212. 爱氏马先蒿*Pedicularis elliotii*
213. 坛萼马先蒿*Pedicularis urceolata*

V. 匍匐茎 / 无茎，互生叶 / 基生叶

A. 花冠管短，上唇成盔状且无喙无齿型

A1. 植株无茎

214. 埃氏马先蒿*Pedicularis artselaeri*

A2. 植株茎铺散

215. 拟紫堇马先蒿*Pedicularis corydaloides*
216. 隐花马先蒿*Pedicularis cryptantha*

C. 花冠管短，上唇成喙状：直喙型或略弯曲

217. 腋花马先蒿*Pedicularis axillaris*
218. 长梗马先蒿*Pedicularis longipes*
219. 蔊菜叶马先蒿*Pedicularis nasturtiifolia*
220. 蔓生马先蒿*Pedicularis vagans*

E. 花冠管长，上唇成喙状

E1. 植株茎多而细长，铺散在地，喙上仰

221. 峨嵋马先蒿*Pedicularis omiiana*

E2. 植株茎多而细长，铺散在地，喙扭旋

222. 地管马先蒿*Pedicularis geosiphon*
223. 细管马先蒿*Pedicularis gracilituba*
224. 大管马先蒿*Pedicularis macrosiphon*
225. 藓生马先蒿*Pedicularis muscicola*
226. 假藓生马先蒿*Pedicularis pseudomuscicola*
227. 花楸叶马先蒿*Pedicularis sorbifolia*

E3. 植株不铺散，常无茎，基生叶丛状，下唇平展，喙较直或略弯

228. 丰管马先蒿*Pedicularis amplituba*
229. 粗管马先蒿*Pedicularis latituba*
230. 普氏马先蒿*Pedicularis przewalskii*
231. 泰氏马先蒿*Pedicularis tayloriana*
232. 药山马先蒿*Pedicularis yaoshanensis*

E4. 植株不铺散，常无茎，基生叶丛状，喙多少拳卷

233. 美丽马先蒿*Pedicularis bella*
234. 二齿马先蒿*Pedicularis bidentata*
235. 中国马先蒿*Pedicularis chinensis*
236. 凸额马先蒿*Pedicularis cranolopha*

237. 克洛氏马先蒿*Pedicularis croizatiana*

238. 独龙马先蒿*Pedicularis dulongensis*

239. 长花马先蒿*Pedicularis longiflora*

240. 三色马先蒿*Pedicularis tricolor*

241. 魏氏马先蒿*Pedicularis wilsonii*

E5. 植株不铺散，常无茎，基生叶丛状，喙较长呈松散的“S”形

242. 刺齿马先蒿*Pedicularis armata*

243. 极丽马先蒿*Pedicularis decorissima*

E6. 植株不铺散，常无茎，基生叶丛状，喙呈“S”形而端上举

244. 台式马先蒿*Pedicularis delavayi*

245. 修花马先蒿*Pedicularis dolichantha*

246. 帚状马先蒿*Pedicularis fastigiata*

247. 矮马先蒿*Pedicularis humilis*

248. 纤管马先蒿*Pedicularis leptosiphon*

249. 滇西北马先蒿*Pedicularis milliana*

250. 之形喙马先蒿*Pedicularis sigmoidea*

251. 管花马先蒿*Pedicularis siphonantha*

252. 狭管马先蒿*Pedicularis tenuituba*

253. 变色马先蒿*Pedicularis variegata*

分论

中国马先蒿属物种分述

I

直立茎，对生叶 / 轮生叶且基部膨大结合成斗状

1. 斗叶马先蒿 dǒu yé mǎ xiān hāo

Pedicularis cyathophylla **Franchet**, Bull. Soc. Bot. France. 47: 25. 1900.

生活型：多年生草本，高 15~55 cm。

根：主根圆锥形，主根上方近地表处生有成丛须根。

茎：茎直立，不分枝，被毛。

叶：叶 3~4 轮生，基部结合，成斗状体；叶片长椭圆形，羽状全裂；裂片边缘有锯齿，齿端刺毛状，背面叶脉上被稀纤毛。

花：花序穗状，苞片基部合生。萼被长毛，前方强开裂，先端具 2 齿；齿长圆状披针形，有缺刻状重锯齿。花冠紫红色；花管细，长 3.5~6.0 cm，近端处以直角向前转折，使盔强烈前俯；盔的直立部分因管的向前转折而成横置，盔膨大的含有雄蕊部分更俯向前下方，然后又向后下方急折为长喙，先端向下方转折，尖端指向前下方；下唇宽过于长，包裹盔部；雄蕊花丝 2 对均被毛。

花果期：花期 5~7 月；果期 7~8 月。

生境：生于海拔约 4,700 m 的高山草甸。

分布：中国特有种。产四川西南部，云南西北部。

Habit: Herbs perennial, 15-55 cm tall.

Root: Roots conical, with a tuft of fibrous roots near apex.

Stem: Stems pubescent.

Leaf: Leaves in whorls of 3 or 4, petioles and bract bases greatly dilated, connate, cupular, to 5 cm high; leaf blade long elliptic, abaxially sparsely ciliate along veins, pinnatisect; segments incised-dentate.

Flower: Inflorescences spicate; bracts leaflike apically, pinnatilobate, pubescent. Calyx long pubescent, deeply cleft anteriorly; lobes 2, oblong-lanceolate. Corolla purple-red; tube bent at a right angle apically, slender, 3.5-6.0 cm; galea strongly bent, not crested; beak curved inward; lower lip wider than long, ± enveloping galea, middle lobe entire. Filaments pubescent throughout.

Phenology: Fl. May-Jul; fr. Jul-Aug.

Habitat: Alpine meadows; ca. 4,700 m.

Distribution: Endemic species in China. SW Sichuan, NW Yunnan.

2. 拟斗叶马先蒿 nǐ dǒu yè mǎ xiān hāo

***Pedicularis cyathophylloides* H. Limpricht**, Repert. Spec. Nov. Regni Veg. 18: 243. 1922.

生活型：多年生直立草本。

根：根粗壮，在近地表处有密集的须根。

茎：茎被毛，常自基部分枝或不分枝，茎及枝均三棱形或四方形。

叶：叶3~4轮生；有柄，基部常膨大而互相结合为斗状体，有时下部之叶柄仅在基部微膨大而不结合；叶片两面被疏毛，下面中脉生有纤毛，羽状全裂；裂片线形，边缘有缺刻状齿或粗锯齿。

花：花大，生于苞片的斗中。萼筒状，草质，被毛，具2齿；齿卵状披针形，基部狭缩，边缘有缺刻状重锯齿。花冠浅红色，花管与萼筒等长或稍长；盔基部直立，其含有雄蕊部分多少作斜卵形膨大，外面有细毛，先端有棱角而略作双齿状；下唇比盔长，中裂长圆形或倒卵形，长过于宽，侧裂斜圆形；雄蕊花丝前后2对均被长柔毛。

果实：蒴果半卵形，2室不等，无毛，基部圆形，先端具刺尖，具纵纹。

花果期：花期7~8月；果期7~8月。

生境：生于海拔3,500~3,900 m的云杉、桦木混交林中隙地半阴处。

分布：中国特有种。产西藏东北部，四川西北部。

Habit: Herbs perennial.

Root: Roots thickened, fascicled.

Stem: Stems erect, pubescent.

Leaf: Leaves in whorls of 3 or 4; petiole bases enlarged, connate, cupular; leaf blade long ovate or broadly lanceolate, sparsely pubescent, abaxially ciliate along midvein, pinnatisect; segments linear, incised-dentate.

Flower: Flower whorls few, lax; bracts leaflike, base enlarged, connate. Calyx cylindric, pubescent; lobes 2, ovate-lanceolate, serrate. Corolla pink to rose; tube slender; galea erect basally, rounded and expanded apically, finely pubescent, apex slightly protruding, pointing outward, obscurely 2-toothed, truncate; lower lip slightly longer than galea. Filaments villous.

Fruit: Capsule compressed, apex acute.

Phenology: Fl. Jul-Aug; fr. Jul-Aug.

Habitat: *Picea* forests, *Betula* woodlands; 3,500-3,900 m.

Distribution: Endemic species in China. NE Xizang, NW Sichuan.

3. 大王马先蒿 dà wáng mǎ xiān hāo

***Pedicularis rex* C. B. Clarke ex Maximowicz**, Bull. Acad. Imp. Sci. Saint-Pétersbourg. 32: 589. 1888.

生活型： 多年生草本，高 10~90 cm，干时不变黑色。

根： 主根粗壮，在接近地表的根颈上生有丛密细根。

茎： 茎直立，有棱角和条纹，有毛或几无毛，分枝或不分枝，但在顶芽受损的情况下则上部大量分枝。

叶： 叶常以 3~4 枚轮生，有叶柄，其柄在最下部者常各自分离，其较上者多强烈膨大，而与同轮中者互相结合成斗状体；叶片羽状全裂或深裂；裂片线状长圆形至长圆形，缘有锯齿。

花： 花序总状，其花轮尤其在下部者远距，苞片基部均膨大而结合成斗状；花无梗。萼膜质无毛；齿退化成 2 枚或者 3 枚，宽而圆钝。花冠黄色、紫红色或者白色；管在萼内微弯曲使花前俯，长 2~2.5 cm；盔背部有毛，先端下缘有细齿 1 对或无齿；下唇以锐角开展，中裂小；雄蕊花丝 2 对被毛。

果实： 蒴果卵圆形，先端有短喙。

花果期： 花期 5~8 月；果期 8~9 月。

生境： 生于海拔 2,500~4,300 m 的空旷山坡草地与疏稀针叶林中，也见于山谷中。

分布： 我国产贵州中南部，湖北西部，四川西部、西南部，西藏东南部，云南中部、东北部及西北部。国外分布于印度北部与缅甸北部。

Habit: Herbs perennial, 10-90 cm tall, not drying black.

Root: Roots thickened, fascicled.

Stem: Stems erect, pubescent or subglabrous, branched or not; branches whorled.

Leaf: Leaves in whorls of (3 or) 4; most petiole bases enlarged, connate, cupular; leaf blade linear-oblong to lanceolate-oblong, pinnatisect to pinnatipartite; segments linear-oblong to oblong, dentate.

Flower: Inflorescences spicate, interrupted basally; bracts leaflike, longer than flowers, base enlarged, connate, cupular. Calyx membranous, glabrous; lobes 2 or 3, rounded. Corolla yellow, purple-red, or white, erect; tube 2-2.5 cm; galea sparsely pubescent, apex bent downward, truncate, marginal teeth 2 or none;

lower lip shorter than galea, ciliate; middle lobe very small. Filaments at least 2 pubescent.

Fruit: Capsule ovoid, apex acute.

Phenology: Fl. May-Aug; fr. Aug-Sep.

Habitat: Open pastures, slopes, coniferous forests, alpine *Pinus* forests; 2,500-4,300 m.

Distribution: SC Guizhou, W Hubei, SW and W Sichuan, SE Xizang, C, NE, and NW Yunnan. Also distributed in N India and N Myanmar.

4. 华丽马先蒿 huá lì mǎ xiān hāo

***Pedicularis superba* Franchet ex Maximowicz**, Bull. Acad. Imp. Sci. Saint-Pétersbourg. 32: 588. 1888.

生活型：多年生草本，高 30~90 cm。
根：根粗壮而长，近地表处有成丛须根。
茎：茎直立，中空，被有疏毛或无毛，不分枝，节明显。
叶：叶 3~4 轮生，叶柄有毛或至后光滑，下部者分离，上部者常膨大结合成斗；叶片长椭圆形，羽状全裂；裂片披针形或线状披针形，边缘具有缺刻状齿或小裂片。
花：穗状花序生于植株顶端。萼膨大，脉纹显著，萼筒高出于斗上；萼齿 5，不等长，后方 1 齿最小，后侧方 2 齿大。花冠紫红色至红色，花管长 1.5~3 cm；盔部直立，无毛，近端处转折成指向前下方的三角形短喙；下唇宽过于长，边缘有时被疏生的纤毛，3 裂，中裂片较小，顶端钝平，两侧裂片宽，半圆形；雄蕊花丝 2 对均被毛。
果实：蒴果卵圆形而稍扁，2 室不等。
花果期：花期 6~8 月；果期 7~8 月。
生境：生于海拔 2,800~4,000 m 的高山草地或开旷山坡，见于林缘阴处。
分布：中国特有种。产云南西北部，四川西南部。

Habit: Herbs perennial, 30-90 cm tall.
Root: Roots thickened, fascicled.
Stem: Stems hollow, unbranched, sparsely pubescent or glabrous.
Leaf: Leaves in whorls of 3 or 4; bases of distal petioles and bracts greatly dilated, connate; leaf blade long elliptic, pinnatisect; segments lanceolate or linear-lanceolate, incised-dentate.
Flower: Inflorescences spicate. Calyx, slightly cleft anteriorly; lobes 5, unequal. Corolla purplish red to red; tube 1.5-3 cm, slightly enlarged and curved apically; galea erect, glabrous; beak straight, triangular; lower lip ca. as long as galea, ciliate. Filaments pubescent.
Fruit: Capsule compressed, ovoid.
Phenology: Fl. Jun-Aug; fr. Jul-Aug.
Habitat: Alpine meadows, open stony pastures, shaded places near forest margins; 2,800-4,000 m.
Distribution: Endemic species in China. NW Yunnan, SW Sichuan.

5. 灌丛马先蒿 guàn cóng mǎ xiān hāo

Pedicularis thamnophila **(Handel-Mazzetti) H. L. Li**, Proc. Acad. Nat. Sci. Philadelphia. 100: 339. 1948.

生活型： 多年生草本，高达 20~60 cm，干时略变黑色。

根： 根多少肉质，长而有分枝。

茎： 茎方形，较细弱，多分枝，枝对生或 3 条轮生，茎枝均有成行之毛 4 条，毛具腺。

叶： 叶均茎生，有长柄，对生或 3 枚轮生，柄长有毛，几全部不膨大而结合为斗状体；叶片一般较狭，羽状全裂；裂片狭披针形而疏远，羽状深裂，小裂片有锐锯齿。

花： 花对生或 3 花轮生于茎端，苞片柄膨大而结合为斗状体。萼卵圆形，膜质，有 4 主脉及数条次脉，无网纹，前方约开裂至一半，后方有 2 齿；齿圆钝而全缘。花冠黄色；管盔均有毛，管长约为萼的 2 倍；盔约与管等长，直立但近端处弓曲，端的下缘各有 1 齿；下唇裂片均圆钝，中裂较小，缘均有细毛；雄蕊花丝 2 对均被毛。

花果期： 花期 6~7 月；果期 8 月。

生境： 生于海拔 3,200~4,000 m 的云杉林中或高山灌丛、草坡。

分布： 中国特有种。产四川西部、西南部，西藏东南部，云南西北部。

Habit: Herbs perennial, to 20-60 cm tall, drying black.

Root: Roots fleshy, branched.

Stem: Stems long branched throughout entire length or near base only; branches opposite or in whorls of 3, with 4 lines of glandular hairs.

Leaf: Leaves mostly in whorls of 3, sometimes opposite; petiole pubescent, usually not enlarged and connate; leaf blade oblong or linear-oblong, pinnatisect; segments, narrowly lanceolate, pinnatipartite, incised-dentate.

Flower: Inflorescences spicate; bracts leaflike, bases enlarged, connate, cupular. Calyx membranous, glabrous, cleft anteriorly to 1/2 as long as tube; lobes rounded. Corolla yellow, pubescent; tube as long as calyx; galea erect, bowed apically, ca. as long as tube, with 2 marginal teeth; lower lip ciliate. Filaments pubescent.

Phenology: Fl. Jun-Jul; fr. Aug.

Habitat: *Picea* forests, alpine meadows, meadows of canopy gaps in *Abies* forests; 3,200-4,000 m.

Distribution: Endemic species in China. W and SW Sichuan, SE Xizang, NW Yunnan.

II

直立茎，对生叶 / 轮生叶

6. 柳叶马先蒿 liǔ yè mǎ xiān hāo

Pedicularis salicifolia **Bonati**, Bull. Soc. Bot. Geneve, Ser. 2. 15: 112. 1923.

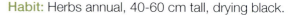

生活型：一年生草本，直立，高 40~60 cm，干时变黑。

根：根须状成丛，细长。

茎：茎基部木质化，圆筒形，上部草质，无毛或近端处微有毛。

叶：叶无柄而对生，披针形渐尖头，全缘或近端处有不显著的细波齿，肉质而光亮，近基处有长而疏的缘毛。

花：花多聚集成顶生穗状花序。萼膜质而有角，有黏质，全面与齿的边缘均有短绵毛；齿 5，不等，三角状披针形至三角形，全缘。花冠深玫瑰色，无毛；管伸直，长 1.5~1.6 cm，被包于萼内或多少伸出，端微微扩大；盔背有微毛，端几方形；下唇基部缢缩，端展开，裂片不等，侧裂较大；雄蕊花丝在着生处有微毛。

果实：蒴果包于萼内，卵形，端渐狭，具凸尖。

花果期：花期 7~9 月；果期 7~9 月。

生境：生于海拔 900~3,500 m 的空旷多石的草滩中。

分布：中国特有种。产云南西北部。

Habit: Herbs annual, 40-60 cm tall, drying black.

Root: Roots fibrous, fascicled.

Stem: Stems erect, many branched or sometimes unbranched, glabrescent.

Leaf: Leaves sessile, lanceolate to linear, fleshy, shiny, sparsely long ciliate basally, ± entire, apex acute.

Flower: Inflorescences spikes. Calyx membranous, woolly pubescent; lobes 5, unequal, triangular-lanceolate to triangular, entire, posterior one smallest. Corolla dark rose, glabrous; tube erect, 1.5-1.6 cm; galea apex truncate; lower lip middle lobe elliptic-ovate, smaller than lateral pair. Filaments villous toward both ends; anthers apiculate.

Fruit: Capsule enclosed by calyx, ovoid, apex acuminate.

Phenology: Fl. Jul-Sep; fr. Jul-Sep.

Habitat: Open stony pastures, forest margins; 900-3,500 m.

Distribution: Endemic species in China. NW Yunnan.

7. 丹参花马先蒿 dān shēn huā mǎ xiān hāo

***Pedicularis salviiflora* Franchet ex Forbes & Hemsley**, J. Linn. Soc., Bot. 26: 215. 1890.

生活型：多年生草本，高达 1.3 m，干时不变黑色。

根：根茎有不规则分枝，有节，多少木质化，有时略作纺锤形。

茎：茎直立，下部常木质化，中空，上部多分枝，枝对生，茎枝常多少方形而有纵条纹，沿纹有排列成条的密毛。

叶：叶对生，有柄，渐上渐短；叶片两面皆被密短毛，羽状深裂至全裂；裂片卵状披针形至长圆形，开裂至中脉 3/4 处或全裂而中脉有翅及不规则的小裂片。

花：花序疏总状；花梗被密毛。萼长管状钟形，5 开裂，基部全缘，上部叶状而有锐锯齿的萼齿，有显著的网脉，全部密被腺毛。花冠大，玫红色至红色，全部有疏毛；花管长 1.4~2.4 cm；盔约与下唇等长，上部作镰状的弓曲，端圆钝，有长毛，其下缘近端处亦有长毛；下唇几与管同一指向，开裂很浅；雄蕊花丝 2 对均无毛。

果实：蒴果卵圆形而稍扁，端成强烈弯曲的尖喙，有相当密的毛被。

花果期：花期 8~9 月；果期 10~11 月。

生境：生于海拔 2,000~3,900 m 的荒草坡、灌丛下。

分布：中国特有种。产云南西北部，四川西部。

Habit: Herbs perennial, to 1.3 m tall, not drying black.

Root: Root woody, branched.

Stem: Stems erect, often woody basally; branches spreading, slender, often somewhat repent, pubescent.

Leaf: Leaves opposite; leaf blade ovate to oblong-lanceolate, densely pubescent, pinnatipartite to pinnatisect; segments ovate-lanceolate to oblong, serrate.

Flower: Inflorescences sparse racemes. Pedicel slender, pubescent. Calyx cleft anteriorly to 2/5 length, densely glandular pubescent; lobes 5, ± equal, serrate. Corolla rose to red, sparsely pubescent; tube 1.4-2.4 cm; galea ca. as long as lower lip, falcate, villous near apex; lower lip lobes rounded. Filaments glabrous.

Fruit: Capsule ovoid, densely pubescent or glabrous, apiculate.

Phenology: Fl. Aug-Sep; fr. Oct-Nov.

Habitat: Grassy slopes, forests; 2,000-3,900 m.

Distribution: Endemic species in China. NW Yunnan, W Sichuan.

8. 秦氏马先蒿 qín shì mǎ xiān hāo

***Pedicularis chingii* Bonati**, Arch. Bot. Bull. Mens. 1: 4. 1927.

生活型： 植物干后变光滑，仅稍有毛，铺散而多枝。

茎： 茎基部木质化，很伸长，多分枝，枝 4 轮生，仅在节间与沟中有毛。

叶： 叶 4 轮生，叶柄多毛，叶片无毛，羽状全裂；裂片线形，有锯齿。

花： 花以 4 枚成轮，生于叶与苞片的腋中，梗短，丝状。萼卵圆形，多毛；齿 5，缘有毛，三角形。花冠紫色；花管在萼喉约中部屈曲；盔伸直，线形，背圆形，至顶突然以直角下转而成为截形，无喙亦无齿；下唇比盔为长，缘有短而有腺之毛，3 深裂，中裂伸出于侧裂之前，全缘而几无缘毛。雄蕊花丝 1 对有毛。

果实： 蒴果无毛，长于萼 2 倍，有短锐尖头，有明显的脉。

花果期： 花期 8 月；果期 8~9 月。

生境： 生于海拔 3,000~4,200 m 的林中。

分布： 中国特有种。产甘肃南部。

Habit: Herbs perennial, diffuse, puberulent when young, glabrescent.

Stem: Stems woody basally, many branched; branches in whorls of 4, ascending.

Leaf: Leaves in whorls of 4; petiole basally, whitish, pubescent; leaf blade glabrous on both surfaces, pinnatisect; segments linear, pinnatifid, incised-dentate.

Flower: Flowers in whorls of 4. Calyx white, ovate, membranous, pubescent, deeply cleft anteriorly; lobes 5, unequal, posterior one linear, lateral lobe triangular, ciliate. Corolla purple; tube decurved at middle; galea erect, apex truncate; lower lip longer than galea, ciliate; lobes ovate. 2 filaments pubescent, 2 glabrous.

Fruit: Capsule ca. 2× as long as calyx, apiculate.

Phenology: Fl. Aug; fr. Aug-Sep.

Habitat: Woodlands; 3,000-4,200 m.

Distribution: Endemic species in China. S Gansu.

9. 连齿马先蒿 lián chǐ mǎ xiān hāo

***Pedicularis confluens* P. C. Tsoong**, Fl. Reipubl. Popularis Sin. 68: 404. 1963.

生活型： 多年生草本，高 20~50 cm，干时几不变黑色。

根： 根须状，粗细不等，成丛；根颈上有宿存的卵形鳞片多枚。

茎： 茎单条，或自基发出多至 4 条，有条纹而无明显的沟，有成行的毛 4 条，近节处与节上尤多伸张之白毛，上部常多短分枝。

叶： 叶基出者柄长达 5 cm，茎上部者几无柄，柄密生伸张之白毛；叶片中上部者最大，基出及茎生者最下一对多为羽状全裂，中部叶羽状深裂，上部叶有时为长三角状披针形，上面均有疏散压平之毛，中肋沟中密生短毛，背面网纹细密，沿主肋及侧脉有疏散长毛，常具白色肤屑状物。

花： 花序短穗状。萼膜质，基部圆鼓，口多少收缩，前方开裂，厚膜质而色暗，上部 2/5 有网纹，尤以近齿处较密；齿 3，后方 1 齿三角形微锐，其余前侧方者与后侧方者各自结合为一大齿，端有三角形浅缺，较短很多，亦均有网纹。花冠粉红色；管粗壮，长 8~9 mm；下唇侧裂椭圆状卵形钝圆，中裂有短柄；盔前缘基部三角形而宽，额完全以直角由背线转折而为平截，前缘无凸出；雄蕊花丝 2 对均无毛。

花果期： 花期 5 月；果期 6~7 月。

生境： 生于海拔 1,500~2,500 m 的路旁湿润处。

分布： 中国特有种。产重庆南部。

Habit: Herbs perennial, 20-50 cm tall, drying black.

Root: Roots clustered, fibrous.

Stem: Stems 1-4, often short branched apically, with 4 lines of hairs.

Leaf: Leaves in whorls of 4. Basal leaf petiole long. Distal stem leaves ± sessile, ovate-oblong to oblong-lanceolate, abaxially sparsely villous along veins and often white scurfy, adaxially sparsely adnate pubescent and densely pubescent along midvein, pinnatipartite to pinnatisect; segments ovate to oblong-lanceolate or linear-oblong, winged, lobed or incised-dentate, proximal segments becoming leaflet like.

Flower: Inflorescences spicate. Calyx membranous, 2/5 cleft anteriorly; lobes 3, unequal, posterior one triangular; lateral lobes obscure. Corolla red; tube 8-9 mm, basal strongly decurved, enlarged; lower lip longer than galea, middle lobe rounded, smaller than lateral pair. Filaments glabrous.

Phenology: Fl. May; fr. Jun-Jul.

Habitat: Damp slopes near the road; 1,500-2,500 m.

Distribution: Endemic species in China. S Chongqing.

10. 微唇马先蒿 wēi chún mǎ xiān hāo

***Pedicularis minutilabris* P. C. Tsoong**, Fl. Reipubl. Popularis Sin. 68: 407. 1963.

生活型：一年生草本，高可达 30 cm，干时绿色，完全光滑无毛。

根：根圆锥状，根颈有卵形至披针形鳞片若干。

茎：茎有纵条纹，多条直立或稍倾斜上升。

叶：叶下部者有时对生，中部以上者轮生，下部者具细长柄，上部者柄较短；叶片卵形至椭圆状卵形，羽状深裂；裂片倒卵形、长圆形或多少方形，缘有缺刻状重齿，齿有刺尖。

花：花序之花轮均疏远。萼卵状钟形，前方开裂达 2/5 处，脉 8~10，粗而黑，其余部分薄膜质而无脉；齿 5，后方 1 枚最小，均基部三角形，几无齿。花小，在萼口以 45° 角向前膝曲；盔狭而长，上下几等宽，顶平截而额不圆凸；下唇中裂倒卵形，基部狭缩，端有微凹，侧裂倒卵形，端几方而截形，中间有明显之凹缺，雄蕊花丝均无毛。

果实：蒴果三角状卵形，有清晰的网纹，前端有刺尖，柄端弯曲而使蒴果水平生长或多少横展。

花果期：花期 6~7 月；果期 7~8 月。

生境：生于海拔 3,300~3,900 m 的冷杉林中有苔藓处。

分布：中国特有种。产四川西北部。

Habit: Herbs annual, to 30 cm tall, glabrous throughout, not drying black.

Root: Roots conical.

Stem: Stems 1-8, erect or slightly ascending.

Leaf: Proximal leaves opposite, distal ones whorled; leaf blade ovate to elliptic-ovate, pinnatipartite; segments obovate to oblong, incised-double dentate.

Flower: Inflorescences nearly 2/3 height of stems, lax. Calyx ovate-campanulate, membranous, 2/5 cleft anteriorly; lobes 5, triangular, unequal, posterior one barely, lateral lobes, serrate. Corolla tube decurved basally, ca. 6 mm; galea apex truncate; lower lip shorter than galea, lobes emarginate, middle lobe obovate, smaller than lateral pair, projecting. Filaments glabrous.

Fruit: Capsule enclosed by calyx basally, compressed, triangular-ovoid, apex acute.

Phenology: Fl. Jun-Jul; fr. Jul-Aug.

Habitat: *Abies* forests; 3,300-3,900 m.

Distribution: Endemic species in China. NW Sichuan.

11. 侏儒马先蒿 zhū rú mǎ xiān hāo

***Pedicularis pygmaea* Maximowicz**, Bull. Acad. Imp. Sci. Saint-Pétersbourg. 32: 595. 1888.

生活型：一年生矮小草本，高不及 3 cm，干时不变黑色。

根：主根略萝卜状，有少数须状分枝；根颈之端有 1~2 对宽卵形鳞片。

茎：茎直立，不分枝，多少四棱形，沟中有成行的毛。

叶：叶基生者具细长而膜质的柄；叶片线状长圆形，下面有时疏生白毛，前方多羽状深裂，近叶柄处则为全裂；裂片三角状卵形，缘有不规则的缺刻状重齿，齿端常有白色胼胝。

花：花序密而头状。萼球状，膜质，具 10 褐色脉，脉上密被黄柔毛，前方开裂；齿 5，不等，后方 1 齿狭三角形。花紫色；花管向前作直角膝曲，由萼的缺口中伸出；盔额正圆形，略似有鸡冠状凸起，前缘端有三角状凸出；下唇侧裂斜卵形，中裂圆形而有柄，宽仅为侧裂的一半；花丝无毛。

花果期：花期 7 月；果期 8 月。

生境：生于海拔约 4,000 m 的河岸。

分布：中国特有种。产青海西北部。

Habit: Herbs annual, to 3 cm tall, not drying black.

Root: Main root enlarged-fusiform.

Stem: Stems erect, unbranched, with 4 lines of hairs.

Leaf: Leaves in whorls of 4; petiole of basal leaves slender, membranous; leaf blade linear-oblong, abaxially sparsely white pubescent, pinnatipartite to pinnatisect; segments triangular-ovate, incised-double dentate, teeth white and callose.

Flower: Inflorescences capitate, dense. Calyx ovoid, membranous, densely yellow villous along veins, relatively deeply cleft anteriorly; lobes 5, unequal, triangular, barely 1/5 as long as calyx tube, entire. Corolla purple; tube decurved near base, only slightly longer than calyx; galea slightly falcate, apex mucronulate; lower lip middle lobe rounded, smaller than lateral lobes. Filaments glabrous.

Phenology: Fl. Jul; fr. Aug.

Habitat: Grassy slopes, river banks; ca. 4,000 m.

Distribution: Endemic species in China. NW Qinghai.

12. 岩居马先蒿 yán jū mǎ xiān hāo

***Pedicularis rupicola* Franchet ex Maximowicz**, Bull. Acad. Imp. Sci. Saint-Pétersbourg. 32: 599. 1888.

生活型：多年生草本，干时多变黑。

根：根粗壮，有环状之痕。

茎：茎多数自根颈直接发出或根颈分成 2~3 条，再从其上分枝成茎状长枝，主茎直立而侧茎或长枝则多弯斜上升，具有纵棱，棱上有成行的密毛。

叶：基出叶常长久宿存，与茎叶均 4 枚成轮，均有长柔毛；叶片羽状全裂；裂片羽状浅裂，多少卵形。

花：花序顶生，穗状，一般伸长而花轮疏距，多达 8~9 轮。萼有短梗，歪卵圆形而前方强开裂，膜质，主脉 5 极粗厚而明显，脉上及齿缘有长毛；齿 5，后方 1 齿三角形较小，其余三角状卵形有粗齿。花冠紫红；管约萼中部以近乎直角的角度向前膝曲，向喉渐扩大；盔略作镰状弓曲，额顶圆形，有 1 狭仄的鸡冠状凸起，前缘先端三角形向前微凸；下唇基部亚心形，侧裂椭圆形，外缘有浅凹缺，中裂仅侧裂的半大，瓣片宽过于长，有明显狭缩之柄；雄蕊花丝 2 对均无毛。

果实：蒴果大小相去甚远，为歪斜之披针状卵形，约半部为膨大膜质的宿萼所包裹。

花果期：花期 5~6 月；果期 7~8 月。

生境：生于海拔 2,700~4,800 m 的高山草地中。

分布：中国特有种。产四川西南部，西藏东南部和云南西北部。

Habit: Herbs perennial, usually drying black.

Root: Roots thick, fleshy.

Stem: Stems numerous, central stem erect, lateral branches erect to ascending, with lines of dense hairs.

Leaf: Leaves in whorls of 4. Basal leaves usually persistent. Stem leaf petiole short; leaf blade ovate-oblong or oblong-lanceolate, villous, pinnatisect; segments ± ovate, pinnatifid, dentate.

Flower: Inflorescences spicate, compact to lax. Calyx obliquely ovate, membranous, deeply cleft anteriorly, densely hirsute or only villous along veins and apices; lobes 5, unequal, broadly ovate, distinctly lobulate and serrate. Corolla purple-red; tube ± bent at a right angle near base; galea slightly falcate, apex rounded; lower lip middle lobe ca. 1/2 as long as lateral lobes. Filaments glabrous.

Fruit: Capsule ca. 1/2 enclosed by accrescent calyx, apex acute to acuminate.

Phenology: Fl. May-Jun; fr. Jul-Aug.

Habitat: Alpine meadows, rocky slopes; 2,700-4,800 m.

Distribution: Endemic species in China. SW Sichuan, SE Xizang, NW Yunnan.

13. 台湾马先蒿 tái wān mǎ xiān hāo

***Pedicularis transmorrisonensis* Hayata**, Icon. Pl. Formosan. 5: 126. 1915.

生活型：一年生草本，高达 40 cm，基部多少木质化。
茎：茎下部几圆筒形，上部四角形，有 4 行毛，不分枝。
叶：叶 4 轮生，每茎约 4 轮，有短柄；叶片羽状深裂至几乎全裂；裂片长圆状三角形，基部很宽而端微锐，缘有锯齿而常反卷，齿有胼胝，上面散生短毛，下面毛较密，并有少量肤屑状物。
花：花序穗状，近端处花轮密，下方数轮疏距；花梗无毛。萼厚膜质而暗色，管圆筒形，前方开裂至一半，外面有白色长毛，基部外侧多少膨鼓，上部近喉部多少缩小；齿 5，后方 1 齿三角形；花冠红色；管在基部以上 3 mm 处向前膝曲，使管的上部与盔指向前上方，上部向喉渐扩大但不强烈；盔与管的上部几为同一指向而背线几不弓曲；下唇近乎直角伸展，边缘不圆整，侧裂较卵形的中裂几宽 2 倍，菱状斜卵形，基部多少狭缩；雄蕊花丝前方 1 对仅基部有疏短毛。
果实：蒴果三角状短披针形，3/5 为宿萼所包裹，室稍不等，端有下弯的小尖。
分布：中国特有种。产台湾。

Habit: Herbs annual,to 40 cm tall, ± woody at base.
Stem: Stems unbranched, internodes to 8 cm, with 4 lines of hairs.
Leaf: Leaves in whorls of 4; petiole short; leaf blade ovate-oblong to lanceolate-oblong, abaxially pubescent and slightly scurfy, adaxially sparsely pubescent, pinnatipartite to nearly pinnatisect; segments oblong-triangular, cuspidate-dentate, teeth callose.
Flower: Inflorescences racemose, interrupted basally. Pedicel glabrous. Calyx 1/2 cleft anteriorly, white villous; lobes 5, unequal, posterior one triangular, lateral lobes obscure. Corolla red; tube slightly decurved basally, slightly expanded apically; galea erect, front nearly truncate; lower lip spreading, margin erose, middle lobe ovate, much smaller than lateral lobes. 2 filaments sparsely pubescent at base, 2 glabrous.
Fruit: Capsule 3/5 enclosed by accrescent calyx, short lanceolate-triangular.
Distribution: Endemic species in China. Taiwan.

注：Formosa是葡萄牙人所用的旧称，现已废弃，“台湾”的正确英文表达方式为Taiwan。为了读者便于检索考证资料来源，此处保留了Formosan一词，但该词的使用不代表本书作者和出版社立场。特此说明。

14. 轮叶马先蒿 lún yè mǎ xiān hāo

Pedicularis verticillata **Linnaeus**, Sp. Pl. 2: 608. 1753.

生活型：多年生草本，干时不变黑，高 15~35 cm，极低矮。

根：主根多少纺锤形，一般短细；根茎端有三角状卵形至长圆状卵形的膜质鳞片数对。

茎：茎直立，外方者弯曲上升，下部圆形，上部多少四棱形，具毛 4 行。

叶：叶基出者发达而长存，柄长约 3 cm，被疏密不等的白色长毛；叶片羽状深裂至全裂；裂片线状长圆形至三角状卵形，具不规则缺刻状齿，齿端常有多少白色胼胝。茎生叶下部者偶对生，4 叶成轮，具较短之柄或几无柄，叶片较基生叶为宽短。

花：花序总状，常稠密，基部花轮多少疏远，或偶有花轮有间隙。萼球状卵圆形，常变红色，膜质，具 10 暗色脉纹，外面密被长柔毛，前方深开裂；齿 3~5，不很明显而偏聚于后方，后方 1 齿多独立，较小，缘无清晰的锯齿而多为全缘。花冠紫红色；盔略镰状弓曲，额圆形，无明显的鸡冠状凸起，下缘之端似微有凸尖；下唇约与盔等长或稍长，中裂圆形而有柄，甚小于侧裂，裂片上红脉显著；花丝前方 1 对有毛。

果实：蒴果形状大小多变，多少披针形，端渐尖，前端成一小凸尖。

花果期：花期 7~8 月；果期 7~9 月。

生境：生于海拔 2,100~4,400 m 的湿润处，在北极则生于海岸及冻原中。

分布：我国产黑龙江，吉林，辽宁，内蒙古，河北，四川北部及西部。国外广布于北温带较寒地带，北极，欧亚大陆北部及北美西北部。

Habit: Herbs perennial, 15-35 cm tall, not drying black.

Root: Roots ± fusiform.

Stem: Stems 1 to more than 7, central erect, outer ascending, with 4 lines of hairs.

Leaf: Leaves usually in whorls of 4. Basal leaves numerous, persistent; petiole to ca. 3 cm, white villous; leaf blade oblong to linear-lanceolate, adaxially slightly pubescent, pinnatifid to pinnatisect; segment linear-oblong to triangular-ovate, ± incised-dentate, teeth white and callose. Stem leaves similar to basal leaves but shorter petiolate or ± sessile and leaf blade smaller.

Flower: Inflorescences racemose, usually dense. Calyx usually red, ovoid, membranous, densely villous, deeply cleft anteriorly; lobes 3-5, unequal, when 3-lobed grouped posteriorly, serrate. Corolla purple-red; tube bent at a right angle basally; galea slightly falcate, rounded in front; lower lip ca. as long as galea, middle lobe much smaller than lateral pair, rounded. Anterior filament pair pubescent.

Fruit: Capsule lanceolate, apiculate.

Phenology: Fl. Jun-Aug; fr. Jul-Sep.

Habitat: Mossy and lichenous tundra, alpine pastures, damp places; 2,100-4,400 m.

Distribution: Heilongjiang, Jilin, Liaoning, Nei Mongol, Hebei, N and W Sichuan. Also distributed in northern temperate zone, North Pole, N Eurasia, and NW North America.

15. 堇色马先蒿 jǐn sè mǎ xiān hāo

Pedicularis violascens **Schrenk ex Fischer & C. A. Meyer**, Enum. Pl. Nov. 2: 22. 1842.

生活型： 多年生草本，干时不变黑，高 8~10 cm，有时可高达 30 cm。

根： 根多条，略肉质变粗作纺锤形。

茎： 茎单一或从根颈发出多条，幼时暗紫黑色，老时多少变浅而带稻草色，不分枝，下部有线条，上部有较深的沟棱，有成行的毛。

叶： 叶基生者常宿存，仅在很大的植株中丛密，有长柄，纤细，基部多少变宽而为膜质，两边有狭翅；叶片羽状全裂，基部狭缩，端锐头，大者羽状深裂。茎生叶与基出叶相似而柄较短，每茎多仅有两轮。

花： 花序在当年生低矮植株中多密而头状，在稍大的植株中更长，其下部的 1~2 花轮常疏距。花萼在花后强烈膨大，膜质，有不明显的支脉作网状；齿 5，后方 1 齿三角形而较小，几全部膜质，其余 4 齿基部三角形。花冠紫红色；管长约 1.1 cm，约在中部向前上方膝曲；盔多少镰状弓曲，额部圆钝或略方，下端无齿与凸尖；下唇小，裂片全无脉纹，侧裂椭圆形，中裂较小而向前凸出，多少卵形或圆形；雄蕊 2 对，前方 1 对有微毛。

果实： 蒴果披针状扁卵圆形而歪斜，端向下弓曲而有凸尖。

花果期： 花期 7~8 月；果期 8~9 月。

生境： 生于海拔 4,000~4,300 m 的多石山坡上。

分布： 我国产新疆北部。国外分布于中亚东部及东北部，俄罗斯西伯利亚西北部至西部。

Habit: Herbs perennial, 8-10 (-30) cm tall, drying slightly black.

Root: Roots numerous, fusiform.

Stem: Stems unbranched, with lines of hairs. Leaves opposite or in whorls of 3 proximally, in whorls of 4 distally.

Leaf: Basal leaves usually persistent; petiole narrowly winged; leaf blade lanceolate to linear-oblong, pinnatisect; segments ovate, pinnatipartite, incised-double dentate. Stem leaves similar to basal leaves but shorter petiolate.

Flower: Inflorescences interrupted basally. Calyx membranous, 2/5 cleft anteriorly; lobes 5, unequal, slender, serrulate. Corolla purple-red; tube decurved at middle, ca. 1.1 cm; galea ± falcate, rounded in front, longer than lower lip; lower lip middle lobe smallest, projecting. Anterior filament pair slightly pubescent.

Fruit: Capsule compressed, lanceolate-ovate, obliquely apiculate.

Phenology: Fl. Jul-Aug; fr. Aug-Sep.

Habitat: Rocky mountain slopes, near summits; 4,000-4,300 m.

Distribution: N Xinjiang. Also distributed in E and NE Central Asia, and Russia (NW to W Siberia).

16. 高额马先蒿 gāo é mǎ xiān hāo

***Pedicularis altifrontalis* P. C. Tsoong**, Fl. Reipubl. Popularis Sin. 68: 404. 1963.

生活型：多年生草本，高达 20 cm，干时变黑，草质。

根：根短粗，下方有多数侧根，或单条，多少肉质。

茎：茎常多条，主茎较粗，侧茎常弯曲上升，有深且狭的沟，沟中密生成行的毛。

叶：叶基生者开花时尚宿存，有膜质长柄，缘有疏而长的白毛；叶片约与柄等长，羽状深裂，两面无毛，下面有明显的密网纹。茎生叶柄较短，4 叶轮生，每茎一般仅一轮；叶片较短，其柄与茎节均密生带紫褐色的长毛，面无毛，背面有白色肤屑状物。

花：花序头状或下方一轮疏距而其余头状。萼膜质，前方不裂，萼齿 5，端常反卷。花冠喉部白色，其余浅玫瑰色；花管细长，长于花盔的 3 倍；下唇侧裂斜卵形，基部与端均圆形，中裂向前凸出一半，宽卵形，基部狭缩成明显之柄；盔中部狭缩，上部稍变宽，额卵形微尖，且顶狭而圆；花丝无毛。

果实：蒴果长卵形锐头，有小凸尖。

花果期：花期 5~6 月；果期 7~8 月。

生境：生于海拔 3,800~4,600 m 的湿草地中。

分布：中国特有种。产西藏东南部。

Habit: Herbs perennial, to 20 cm tall, ± drying black.

Root: Roots fleshy.

Stem: Stems often numerous, outer ones usually ascending, with 4 lines of dense hairs.

Leaf: Basal leaves persisting at anthesis; petiole membranous, sparsely long white ciliate; leaf blade ca. as long as petiole, ovate-oblong to oblong; segments ovate-oblong, glabrous on both surfaces, incised-dentate. Stem leaves few, similar to basal leaves but smaller.

Flower: Inflorescences capitate. Calyx membranous, slightly cleft anteriorly; lobes 5, unequal. Corolla pale rose, with white throat; tube ± bent at a right angle basally, ca. 3× as long as galea, slender; galea apex ovate, acute; lower lip middle lobe broadly ovate, smaller than lateral lobes. Filaments glabrous.

Fruit: Capsule long ovoid, oblique, short apiculate.

Phenology: Fl. May-Jun; fr. Jul-Aug.

Habitat: Swampy meadows; 3,800-4,600 m.

Distribution: Endemic species in China. SE Xizang.

17. 春黄菊叶马先蒿 chūn huáng jú yè mǎ xiān hāo

***Pedicularis anthemifolia* Fischer ex Colla**, Herb. Pedan. 4: 370. 1835.

生活型： 多年生草本，干时不变黑色。

根： 根多数，多少肉质而变粗，圆柱形；根颈有褐色鳞片数对。

茎： 茎单一或自根颈发出数条，上部不分枝，直立，无毛或有 2~4 成行的毛。

叶： 叶基出者多数或稍稀，有长柄，细弱，似具翅，茎生者 4 叶轮生，柄长短不一，有毛或光滑；叶片卵状长圆形至长圆状披针形，有疏毛或几光滑，锐尖头，羽状全裂，轴有翅；裂片疏距，线形，锐尖头，有明显的锯齿。

花： 花序顶生穗状，上部之花轮密集，下部者疏离。萼杯状膜质，有 10 脉而无网纹，有疏毛或光滑，有极明显的 5 齿，齿三角状披针形，全缘或有不显之齿，锐尖头。花冠紫红色；管长 1 cm，在萼上膝曲，上段多少弓曲而向喉扩大；盔略作镰状弓曲，额多少圆形而稍鸡冠状凸起，顶端下缘无齿及凸尖；下唇略与盔相等，缘无毛，侧裂圆形，中裂相当小而向前伸出，端多少截头或凹头；雄蕊花丝后方 1 对上半部有毛。

花果期： 花期 5~7 月；果期 7~8 月。

生境： 生于海拔 2,000~2,500 m 的草坡中。

分布： 我国产新疆西部、北部。国外分布于蒙古，俄罗斯欧洲部分及西伯利亚。

Habit: Herbs perennial, 8-30 (-50) cm tall, not drying black.

Root: Roots numerous, ± fleshy.

Stem: Stems 1 to several, erect, unbranched apically, glabrous or with 2-4 lines of hairs.

Leaf: Leaves in whorls of 4. Basal leaf petiole 3-4 cm, slender. Stem leaf petiole 3-5 mm; ± glabrescent; leaf blade ovate-oblong to oblong-lanceolate, glabrescent, pinnatipartite; segments widely spaced, linear, dentate; rachis narrowly winged.

Flower: Inflorescences racemose, interrupted basally. Calyx cupular, membranous, glabrescent, slightly cleft anteriorly; lobes 5, equal, triangular-lanceolate. Corolla purple-red, tube ± decurved at middle, expanded apically, ca. 1 cm; galea slightly falcate, rounded in front; lower lip ca. as long as galea, glabrous; lobes rounded, middle lobe smallest, apex slightly truncate or emarginate. Posterior filaments pubescent apically; anthers acuminate at base.

Phenology: Fl. May-Jul; fr. Jul-Aug.

Habitat: Subalpine grassy slopes; 2,000-2,500 m.

Distribution: N and W Xinjiang. Also distributed in Mongolia and Russia (European part, Siberia).

18. 软弱马先蒿 ruǎn ruò mǎ xiān hāo

Pedicularis flaccida **Prain**, J. Asiat. Soc. Bengal, Pt. 2, Nat. Hist. 62(1): 8. 1893.

生活型：一年生草本，高 20~25 cm，草质，光滑无毛。

根：根短，有分枝。

茎：茎细而软弱，多少弯曲，下部与中部均有分枝。

叶：叶 3~4 轮生，基出者早枯，茎生者有短柄；叶片卵状长圆形至卵形，羽状浅裂，裂片 5~6 对。

花：花以 4 枚成轮，2~4 轮，疏距。萼无毛，小而钟形，具 5 齿，齿长圆形。花冠在基部几以直角向前而略偏上方作膝曲，在其中上部再度向上弯曲；盔指向前上方或有时几垂直而指向上方，全长多少作镰状弓曲；下唇小，中裂约等侧裂的半大，雄蕊花丝 2 对均无毛。

花果期：花期 7~8 月。

分布：中国特有种。产四川西部。

Habit: Herbs annual, 20-25 cm tall, glabrous.

Root: Root short, branched.

Stem: Stems ascending, slender, many branched basally and at middle; branches slender, weak.

Leaf: Basal leaves withering early. Stem leaves in whorls of 3 or 4; leaf blade ovate-oblong to ovate, pinnatifid; segments 5 or 6 pairs, incised-dentate.

Flower: Inflorescences spicate, 2-4 flowered, fascicled, lax. Calyx campanulate, glabrous throughout, slightly cleft anteriorly, with sparse reticulate veins; lobes 5, oblong, membranous, entire. Corolla tube bent at a right angle basally, slightly ascending at junction of tube and galea, expanded apically; galea; falcate, not projecting in front; lower lip middle lobe obovate, ca. 1/2 as large as lateral lobes. Filaments glabrous.

Phenology: Fl. Jul-Aug.

Distribution: Endemic species in China. W Sichuan.

19. 退毛马先蒿 tuì máo mǎ xiān hāo

***Pedicularis glabrescens* H. L. Li**, Proc. Acad. Nat. Sci. Philadelphia. 100: 317. 1948.

生活型： 多年生草本，高 10~25 cm，干时变黑，少毛。

根： 根多少木质化，生有短侧根，略作胡萝卜状，近端处有时分枝。

茎： 茎多条自根颈发出，不分枝，略方形而有沟，无毛，仅花序轴上有极短的毛，均多少弯曲上升。

叶： 叶基出者早枯，茎生者下部对生或 3 叶轮生，上部者 4 叶轮生，有柄，内面近基处沟中有毛，其他处光滑；叶片长圆状披针形，羽状全裂，基部除近叶基者完全断裂外，多在轴上延下而为翅，缘均有锯齿。

花： 花序穗状。萼宽卵圆形而歪斜，膜质，无毛，几无网脉；齿 5，不等，宽卵形，有不整之锯齿。花冠紫色；管长 8~9 mm，略在萼中弓曲，中部以上渐扩大；盔自管的上段中部（自转折处至喉部的中间）即转而向前上方，基部极宽，向上狭细，额几为截形而仅微凸，下缘之端微微向前凸出；下唇侧裂斜椭圆形，中裂有明显的柄；花丝 1 对，有毛。

花果期： 花期 7 月；果期 8 月。

生境： 生于海拔约 3,500 m 的山路旁湿润处。

分布： 中国特有种。产云南西北部。

Habit: Herbs perennial, 10-25 cm tall, glabrescent, drying black.

Root: Roots slightly conical, ± woody.

Stem: Stems several, ± ascending, unbranched, glabrescent.

Leaf: Proximal leaves opposite or in whorls of 3, distal ones in whorls of 4; petiole to 1.5 cm; leaf blade oblong-lanceolate, pinnatisect; segments ovate to lanceolate-oblong, widely-spaced and 1-3 pairs deeply cut basally, dentate; rachis winged.

Flower: Inflorescences spicate, interrupted. Pedicel erect, slender, glabrous. Calyx obliquely broadly ovate, membranous, glabrous, slightly cleft anteriorly; lobes 5, unequal, broadly ovate, serrate. Corolla purple; tube decurved basally, 8-9 mm, expanded apically; galea slightly falcate apically, not crested, truncate in front; lower lip glabrous, middle lobe rounded, ca. 1/2 as large as lateral lobes. 2 filaments pubescent, 2 glabrous.

Phenology: Fl. Jul; fr. Aug.

Habitat: Damp slopes; ca. 3,500 m.

Distribution: Endemic species in China. NW Yunnan.

20. 甘肃马先蒿 gān sù mǎ xiān hāo

***Pedicularis kansuensis* Maximowicz**, Bull. Acad. Imp. Sci. Saint-Pétersbourg. 27: 516. 1881.

生活型：一年或二年生草本，干时不变黑，体多毛，高可达 40 cm 以上。

根：根垂直向下，不变粗，或在极偶然的情况下多少变粗而肉质，有时有纺锤形分枝，有少数横展侧根。

茎：茎常多条自基部发出，中空，多少方形，草质，有 4 成行的毛。

叶：叶基出者常长久宿存，有长柄，具密毛；茎生叶叶柄较短，4 叶轮生；叶片长圆形，锐头，羽状全裂；裂片披针形羽状深裂，小裂片具少数锯齿，齿常有胼胝而反卷。

花：花序长达 25 cm 或更长，花轮极多而均疏距，仅顶端者较密。萼有短梗，膨大而为亚球形，前方不裂，膜质，主脉明显；齿 5，不等，三角形而有锯齿。花冠粉红色至紫红色，有时白色；花冠管在基部以上向前膝曲，其长为萼的 2 倍，向上渐扩大；盔多少镰状弓曲，额高凸，常有具波状齿的鸡冠状凸起；下唇长于盔，裂片圆形，中裂较小，基部狭缩；花丝 1 对，有毛。

果实：蒴果斜卵形，略自萼中伸出，长锐尖头。

花果期：花期 6~8 月；果期 7~9 月。

生境：生于海拔 1,800~4,600 m 的草坡和有石砾处，而田埂旁尤多。

分布：中国特有种。产甘肃南部、西南部，青海，四川西部，云南西北部，西藏东北部。

Habit: Herbs annual or biennial, 20-40 (-45) cm tall, pubescent throughout, not drying black.

Root: Roots single, ± woody.

Stem: Stems usually several, with 4 lines of hairs.

Leaf: Basal leaves persistent; petiole densely pubescent. Stem leaves in whorls of 4, shorter petiolate; leaf blade oblong, sometimes ovate, pinnatisect; segments lanceolate, pinnatipartite, dentate, teeth callose.

Flower: Inflorescences with many whorls, compact to interrupted. Pedicel short. Calyx ovoid, membranous, slightly cleft anteriorly; lobes 5, unequal, triangular, serrate. Corolla purple-pink to purple-red, sometimes white; tube decurved near base, ca. 2× as long as calyx, expanded apically; galea ± falcate, usually crenulate-crested, apex slightly acute; lower lip slightly longer than galea, lobes rounded, middle lobe smallest, ± emarginate. 2 filaments pubescent, 2 glabrous.

Fruit: Capsule slightly exceeding calyx, obliquely ovoid, apiculate.

Phenology: Fl. Jun-Aug; fr. Jul-Sep.

Habitat: Gravelly ground and grassy slopes in subalpine zone, damp grassy areas along field margins, damp slopes, valleys; 1,800-4,600 m.

Distribution: Endemic species in China. S and SW Gansu, Qinghai, W Sichuan, NW Yunnan, NE Xizang.

21. 四川马先蒿 sì chuān mă xiān hāo

Pedicularis szetschuanica **Maximowicz**, Bull. Acad. Imp. Sci. Saint-Pétersbourg. 32: 601. 1888.

生活型：一年生草本，具毛，干时不变黑色。

根：根单条，垂直向下渐细，老时木质化，生有少数须状侧根，或有时从中部以上分为数条较粗的支根。

茎：茎基有时有宿存的膜质鳞片，单条或自根颈上分出 2~8 条，侧生者多少弯曲上升，一般不分枝，尤其上部决不分枝，有棱沟，生有 4 条毛线，毛在茎节及花序中较密。

叶：叶在大小、形状与柄的长短上变化极大，下部者有长柄，柄一般长于叶片，生有白色长毛，中上部之叶柄较短或几无柄；叶片羽状浅裂至半裂；裂片多少卵形至倒卵形，缘下部全缘，端圆钝而有锯齿，齿常反卷而有白色胼胝，两面有毛或几无毛。

花：花序穗状而密。萼膜质，钟形，主次脉明显，10 条；齿 5，后方 1 齿三角形，最小。花冠紫红色；管长约为盔的 2 倍，在萼内约以 45° 或偶有以较强烈的角度向前膝曲，其上半部稍向上仰起，向喉渐扩大；盔下半部向基渐宽，仅极微或几不向前弓曲，额稍圆，转向前方与下部结合成一个多少突出的三角形尖头；下唇基部圆形，侧裂斜圆卵形，中裂圆卵形，端有微凹，仅略小于侧裂，其两侧为后者所盖叠；雄蕊花丝 2 对均无毛。

花果期：花期 6~8 月；果期 8~9 月。

生境：生于海拔 3,400~4,600 m 的高山草地、云杉林、水流旁及溪流岩石上。

分布：中国特有种。产甘肃西南部，青海东南部，四川西部、北部，西藏东部。

Habit: Herbs annual, often (10-) 20 (-30) cm tall, pubescent to glabrescent, not drying black.

Root: Roots single, woody when old.

Stem: Stems 1-8, rigid, outer stems ± ascending, often unbranched, with 4 lines of hairs.

Leaf: Leaves in whorls of 4; petiole of proximal leaves long, of distal leaves shorter or ± sessile, white villous; leaf blade ovate to oblong-lanceolate, pinnatifid; segments ovate to obovate, dentate, teeth white and callose, ± white pubescent or glabrescent on both surfaces.

Flower: Inflorescences spicate, dense or interrupted basally. Calyx often tinged with purplish red, membranous, sometimes with red dots, slightly cleft anteriorly; lobes 5, unequal, ± serrate, posterior one triangular, smaller than lateral lobes. Corolla purple-red; tube ca. 2× as long as galea, strongly decurved basally, expanded apically; galea barely falcate, slightly rounded in front; lower lip middle lobe ovate, slightly smaller than lateral pair, margin entire or erose-serrulate. Filaments glabrous.

Phenology: Fl. Jun-Aug; fr. Aug-Sep.

Habitat: Alpine meadows, grassy slopes, ravines; 3,400-4,600 m.

Distribution: Endemic species in China. SW Gansu, SE Qinghai, N and W Sichuan, E Xizang.

22. 三角齿马先蒿 sān jiǎo chǐ mǎ xiān hāo

***Pedicularis triangularidens* P. C. Tsoong**, Fl. Reipubl. Popularis Sin. 68: 406. 1963.

生活型：一年生草本，干时不变黑色，高可达 40 cm。
根：根木质化，常生有丝状长须根；根颈偶有少数鳞片。
茎：茎草质，几光滑或多少有毛，有时毛很多，有沟纹，单条或自基部分枝而成丛，中上部多不分枝，但有时在中部叶腋中发出短枝。
叶：叶基出者有时宿存，有时至开花时已枯死，有长柄，具疏毛；中部茎叶柄较短；叶片羽状浅裂；裂片两边多全缘，顶宽阔而有细重锯齿，上面被疏毛，下面沿中肋有疏长毛或几光滑。
花：花序多变，多数情况下成顶生密集的头状或稍伸长的穗状花序，在低矮的植株中有时花轮仅 1 轮。萼膜质透明，一般无色，不开裂，宽钟形，沿脉无网纹，至中部以上则与萼齿中一样均有网脉；齿 5，后方 1 齿三角形锐头；萼管外方脉上均多少有长毛。花冠淡紫红色；管长 7~8 mm，在基部约以直角向前膝曲；盔几伸直，指向前上方，下部稍圆凸；下唇基部宽楔形或亚截形，边缘均有极细的腺毛，侧裂斜方状卵形，或略作倒卵形，显较中裂为大，中裂多少狭倒卵形，向前凸出，基部狭缩有短柄；花丝无毛。
果实：蒴果三角状披针形，2 室稍不等，但轮廓几不歪斜，前方锐头而短或狭而锐尖。
花果期：花期 5~7 月；果期 7~8 月。
生境：生于海拔 2,600~3,800 m 的树林及草坝中。
分布：中国特有种。产四川中部、北部及西北部。

Habit: Herbs annual, (6-) 40 cm tall, not drying black.
Root: Roots ± woody.
Stem: Stems usually numerous, cespitose, unbranched to many branched basally and unbranched apically, densely pubescent to glabrescent.
Leaf: Leaves in whorls of 4. Basal leaf petiole sparsely pubescent. Stem leaf petiole short; leaf blade ovate to linear-oblong or ovate-oblong, abaxially long pilose along midvein, adaxially sparsely appressed-pubescent, pinnatifid; segments rounded, margin double dentate.
Flower: Inflorescences spicate, interrupted basally. Calyx membranous, slightly cleft anteriorly; lobes 5, unequal, villous along veins, ciliate. Corolla pale purple-red; tube 7-8 mm, ± bent at a right angle basally, expanded apically; galea nearly straight, slightly rounded in front, apex truncate; lower lip lobes ± obovate; middle lobe narrowly obovate, smaller than lateral pair, finely glandular ciliate. Filaments glabrous.
Fruit: Capsule triangular-lanceolate, apex acute.
Phenology: Fl. May-Jul; fr. Jul-Aug.
Habitat: Forests, grassy slopes, river banks, moss-covered forest floor, coniferous forests; 2,600-3,800 m.
Distribution: Endemic species in China. C, N, and NW Sichuan.

23. 短盔马先蒿 duǎn kuī mǎ xiān hāo

***Pedicularis brachycrania* H. L. Li**, Proc. Acad. Nat. Sci. Philadelphia. 100: 307. 1948.

生活型：二年生或多年生草本，高达 30 cm。

根：根小，略粗肥。

茎：茎多数，直立，细而不分枝，无毛或有疏毛。

叶：叶 3~4 轮生，基出者有长柄，无翅，茎生者柄短；叶片膜质，卵状长圆形，钝头，羽状全裂，轴略有翅，裂片卵状长圆形，羽状浅裂。

花：花序穗状顶生，下部花轮疏离，上部密集。萼宽卵形，有疏毛，具 10 肋 10；齿 5，多少相等，三角形，全缘或有不明显之齿。花冠紫色，全部无毛；管长 8~9 mm，在萼中内弯，上部伸直；盔多少伸直，额圆，下端截形，下缘全缘；下唇裂片圆形而全缘，中裂小而前伸；雄蕊花丝无毛。

花果期：花期 5 月。

生境：近冰川湖旁。

分布：中国特有种。产云南西北部，四川西南部。

Habit: Herbs biennial or perennial, to 30 cm tall.

Root: Roots single, small, not fleshy, slightly robust.

Stem: Stems numerous, erect, slender, unbranched, glabrous or pilose, internode to 12 cm.

Leaf: Basal leaf petiole long. Stem leaves in whorls of 3 or 4; leaf blade ovate-oblong, membranous, glabrous, pinnatisect or -partite; segments ovate-oblong, pinnatifid.

Flower: Inflorescences racemose, to 10 cm, interrupted basally. Pedicel short. Calyx broadly ovate, slightly cleft anteriorly, pilose; lobes 5, ± equal, triangular, entire or obscurely serrate. Corolla purple, glabrous throughout; tube decurved in calyx, erect apically, 8-9 mm; galea ± erect, rounded in front, margin entire, apex truncate; lower lip lobes rounded, margin entire, middle lobe smaller than lateral pair, placed apically. Filaments glabrous.

Phenology: Fl. May.

Habitat: Near glacial lakes.

Distribution: Endemic species in China. NW Yunnan, SW Sichuan.

24. 铺散马先蒿 pù sàn mǎ xiān hāo

***Pedicularis diffusa* Prain**, J. Asiat. Soc. Bengal, Pt. 2, Nat. Hist. 62(1): 7. 1893.

生活型：高升，高 40~60 cm。

根：根简单或分枝；根颈无鳞片。

茎：茎直立，多数，不分枝，有纵沟，沟中有成行的毛。

叶：叶 4 轮生，有柄，具疏白毛；叶片卵状长圆形，羽状深裂或羽状全裂；裂片有缺刻状齿。

花：花序以多数疏距的花轮组成，长达 15 cm 或更长，有时亚头状而短。萼钟形，膨大，前方几不裂，齿 5。花冠玫瑰色，管在基部约以 45° 角向前膝曲；盔稍弓曲，端向内弯而无喙；下唇 3 裂，侧裂片斜方状卵形，大于略带方形而为倒卵形的中裂，缘有啮痕状齿，雄蕊前方 1 对花丝上部有毛。

果实：蒴果披针形锐头。

花果期：花期 5~7 月；果期 5~7 月。

生境：生于海拔约 3,800 m 的河边及岩石堆。

分布：我国产西藏南部、东南部。国外分布于尼泊尔，不丹和印度锡金。

Habit: Herbs to 40-60 cm tall.

Root: Root simple or branched.

Stem: Stems 1 to several, erect or diffuse and ascending, with 4 lines of hairs.

Leaf: Leaves in whorls of 4; petiole white pilose; leaf blade ovate-oblong, pinnatipartite to pinnatisect; segments oblong to linear-oblong, incised-dentate.

Flower: Inflorescences capitate, interrupted basally. Calyx campanulate, membranous, with sparse reticulate veins throughout, scarcely cleft anteriorly; lobes 5, unequal, posterior one triangular and entire, lateral lobes ovate and incised-serrate. Corolla rose; tube decurved basally; galea slightly curved, rounded in front; lower lip middle lobe obovate, ca. 1/2 as large as lateral lobes, erose-serrulate. Anterior filaments pubescent apically.

Fruit: Capsule lanceolate, apex acute.

Phenology: Fl. May-Jul; fr. May-Jul.

Habitat: Riversides, stony surfaces; ca. 3,800 m.

Distribution: S and SE Xizang. Also distributed in Nepal, Bhutan and India (Sikkim).

25. 全萼马先蒿 quán è mǎ xiān hāo

Pedicularis holocalyx **Handel-Mazzetti**, Symb. Sin. 7: 849. 1936.

生活型：一年生草本，干时不变黑色，少毛，高达 50 cm。
根：主根强烈木质化，侧根成丛，胡萝卜状而端细长，端须状。
茎：茎老时基部木质化，上部草质而略作方形，有沟纹，有 4 成行的毛，此毛在茎下部不显著，上部渐显著，至花序轴上则毛很长而密，上部常多分枝，枝对生或 4 枝轮生。
叶：叶基出者早枯，很小，向上渐大，柄可长达 1 cm，有膜质之翅；叶片羽状深裂；裂片缘有锐锯齿，基部常三角形变宽，老时上部常因边缘反卷而形成狭三角形，上面有极疏的微毛，下面无毛或有白色肤屑状物，细网脉明显。
花：花序生于主茎与短枝之端。萼圆卵形，膜质透明；齿 3，后方 1 齿三角形较显著，主脉上及齿缘有长毛。花冠淡紫红色；管在近基处强烈向前膝曲，初开时约 45° 角，至凋落几成直角，管的上段指向前上方，稍向下弓曲；盔稍自管喉仰起，几伸直，额方形，在转角处略圆，微有鸡冠状凸起，前缘无凸尖；下唇侧裂卵状椭圆形，中裂很小，圆形，两侧为侧片盖叠；花丝 1 对上部有长毛。
果实：蒴果三角状披针形，2 室不等，尖端稍偏向下方而具小凸尖。
花果期：花期 6 月；果期 6~7 月。
生境：生于海拔 2,000 m 左右的开放草坡。
分布：中国特有种。产湖北西部，四川东部。

Habit: Herbs annual, more than 50 cm tall, sparsely pubescent, not drying black.
Root: Root strongly woody, fascicled.
Stem: Stems single, erect, often many branched apically, with 4 lines of hairs.
Leaf: Leaves in whorls of 3 or 4; proximal petioles to 1 cm, winged; leaf blade oblong-lanceolate, abaxially glabrous, adaxially sparsely pubescent, pinnatipartite; segments linear-oblong to triangular-ovate, incised-dentate.
Flower: Inflorescences spicate. Flowers small. Calyx ovoid, membranous; lobes by fusion appearing 3, unequal, posterior one triangular, villous along midvein and ciliate. Corolla purplish red; tube strongly bent in calyx, deflexed, straight and gradually expanded apically; galea margin entire, rounded in front; lower lip spreading, longer than galea, middle lobe rounded, much smaller than lateral lobes. 2 filaments villous, 2 glabrous.
Fruit: Capsule triangular-lanceolate, 1/2 exceeding calyx, short apiculate.
Phenology: Fl. Jun; fr. Jun-Jul.
Habitat: Grassy slopes; ca. 2,000 m.
Distribution: Endemic species in China. W Hubei, E Sichuan.

秦隆/摄影

秦隆/摄影

26. 丽江马先蒿 lì jiāng mǎ xiān hāo

Pedicularis likiangensis **Franchet ex Maximowicz**, Bull. Acad. Imp. Sci. Saint-Pétersbourg. 32: 597. 1888.

生活型： 多年生草本，高（3~）9~18 cm，干后多少变黑。

根： 无主根，从根颈上发出多数须状侧根，根颈端有卵形至披针形的鳞片数对。

茎： 茎在当年的植株中多单条，在壮大的植株中可多至20条，有4行毛，节上毛尤多而长。

叶： 叶基出者茂密宿存，柄扁平有宽翅，有疏缘毛或无毛，叶片羽状深裂至全裂。茎生叶仅1~2轮，以4叶成轮，柄较短，叶片较大。

花： 花在很小的植株中仅1轮，在较大植株中总状。萼管部卵圆形，基部圆，前方浅裂，脉高凸，无网纹，沿脉有长毛；齿5，几相等，全缘或偶尔顶端略膨大而有不明显之齿。花冠红色或浅紫红色；盔下半部前缘有厚皱褶，额顶微圆，前缘之端无凸尖；下唇部楔形，侧裂仅稍大于中裂，中裂为不整齐的卵形，边缘均有不整齐的啮痕状齿；雄蕊前方1对花丝有长柔毛。

果实： 蒴果卵状披针形，上线至近端处突弯向下，顶端有一凸尖。

花果期： 花期6~8月；果期9月。

生境： 生于海拔3,200~4,600 m的林缘、石砾草地与高山草甸中。

分布： 中国特有种。产云南西北部，四川西南部，西藏东部。

Habit: Herbs perennial, (3-) 9-18 cm tall, drying black.

Root: Roots fibrous, clustered.

Stem: Stems 1 to several, central erect, outer ascending, with 4 lines of hairs.

Leaf: Leaves in whorls of 4. Basal leaves numerous, persistent; petiole broadly winged, sparsely ciliate; leaf blade ovate-oblong, pinnatipartite to pinnatisect; segments ovate, pinnate, margin double dentate. Stem leaves 1 or 2 whorls, similar to basal leaves, but shorter petiolate.

Flower: Inflorescences racemose, interrupted. Calyx slightly cleft anteriorly, rust colored villous along veins; lobes 5, ± equal, linear-lanceolate. Corolla pink or red to pale purple-red, tube ± bent at a right angle basally; galea rounded in front; lower lip not ciliate but erose. 2 filaments villous, 2 glabrous.

Fruit: Capsule ovoid-lanceolate, short apiculate.

Phenology: Fl. Jun-Aug; fr. Sep.

Habitat: Alpine meadows, forest margins, grassy slopes; 3,200-4,600 m.

Distribution: Endemic species in China. NW Yunnan, SW Sichuan, E Xizang.

27. 条纹马先蒿 tiáo wén mǎ xiān hāo

***Pedicularis lineata* Franchet ex Maximowicz**, Bull. Acad. Imp. Sci. Saint-Pétersbourg. 32: 597. 1888.

生活型： 多年生草本，直立，高 20~35（~60）cm，干时不变黑色。

根： 根多丛生，几不变粗，多少圆锥状而细。

茎： 茎单条或自根茎发出多条，中空，圆柱形，有条纹，沟中有成行的毛。

叶： 叶基生者早枯，柄长而膜质，叶片圆卵形而小；茎叶中部者具短柄，上部者几无柄，叶片正面有疏短毛，背面脉上有白色疏长毛，缘羽状浅裂至半裂。

花： 花序之轮多疏距，有时短穗状而密。萼膜质卵圆形，前方不裂，沿脉有长柔毛，几无网脉；齿 5，后方 1 齿三角形而尖锐，其余 4 齿较大，作不同程度的卵形膨大。花冠紫红色；管纤细，萼口转向前方而花平展；盔顶多少圆凸，前额斜下，前缘之端稍凸出；下唇无缘毛，中裂仅稍小于侧裂，倒卵形；雄蕊花丝 2 对均无毛。

果实： 蒴果三角状披针形而狭，端有小刺尖。

花果期： 花期 4~7 月；果期 7~9 月。

生境： 生于海拔 1,900~4,600 m 的林中或草地上。

分布： 我国产陕西南部，甘肃，四川，云南西北部。国外分布于缅甸北部。

Habit: Herbs perennial, 20-35 (-60) cm tall, not drying black.

Root: Roots often cespitose, ± conical, slender.

Stem: Stems 1 to several, erect, with 2-4 lines of hairs to glabrescent, unbranched basally but branched apically; branches slender, opposite or whorled.

Leaf: Leaves in whorls of 4. Basal leaves withering early; petiole very long; leaf blade ovate, pinnatifid; segments dentate. Stem leaf petiole short to ± absent; leaf blade elliptic-oblong to linear-oblong or ovate, abaxially sparsely white villous along veins, adaxially sparsely glandular pubescent, pinnatifid; segments ovate to oblong-ovate, margin double dentate, teeth callose.

Flower: Inflorescences lax. Calyx ovate, membranous, slightly cleft anteriorly, villous along veins; lobes 5, unequal, serrate. Corolla purple-red; tube decurved, slender, expanded apically; galea wide apically, ± rounded in front, apex slightly convex; lower lip middle lobe obovate, slightly smaller than lateral pair, glabrous. Filaments glabrous.

Fruit: Capsule triangular-lanceolate, apex acute. Seeds elliptic.

Phenology: Fl. Apr-Jul; fr. Jul-Sep.

Habitat: Forests, alpine meadows; 1,900-4,600 m.

Distribution: S Shaanxi, Gansu, Sichuan, NW Yunnan. Also distributed in N Myanmar.

28. 罗氏马先蒿 luó shì mǎ xiān hāo

***Pedicularis roylei* Maximowicz**, Bull. Acad. Imp. Sci. Saint-Pétersbourg. 27: 517. 1881.

生活型：多年生草本，干时多少变黑。

根：根茎木质化而短，有时伸长，根丛生或单条而有分枝，常多少胡萝卜状而肉质。

茎：茎直立，基部常有卵状鳞片，单条或常从根颈分成多条，侧生者多少弯曲上升，黑色，有纵棱，沟中有成行的白毛。

叶：叶基出者成丛，常稠密而宿存，具较长的柄；茎生者通常 3~4 叶轮生，柄较短；叶片羽状深裂；裂片边缘干后常反卷，有缺刻状锯齿，齿具灰白色明显的胼胝。

花：花序总状，花 2~4 成轮，常紧密而作头状，或下部数轮较疏距，轴上密被长柔毛；花有短梗。萼钟状，外面密被白色柔毛，具 10 脉，5 主 5 次，黑色显明，前方极微开裂；齿 5，后方 1 齿较小，外面亦密被长柔毛。花冠紫红色；花管长 1~1.1 cm，约在近基处向前上方作膝曲，向喉部扩大；盔几直立而多少向前上方倾斜，略作镰状，额多少高凸，具鸡冠状凸起，先端下缘无齿；下唇中裂近于圆形，微伸出于侧裂之前，先端钝圆或微凹，侧裂较大，为椭圆形，先端钝圆，无缘毛；雄蕊花丝 2 对均无毛。

果实：蒴果卵状披针形，指向斜上方，先端有小凸尖，基部为宿萼所包。

花果期：花期 7~8 月；果期 8~9 月。

生境：生于海拔 3,400~5,500 m 的高山湿草甸、杜鹃灌丛中。

分布：产云南西北部，四川西南部，西藏东南部。

Habit: Herbs perennial, (4-) 7-15 cm tall; drying black, pubescent throughout.

Root: Roots fleshy, to 4-8 mm in diam.

Stem: Stems 1 to several, erect or outer ones ascending, with lines of white hairs.

Leaf: Leaves in whorls of 3 or 4. Basal leaves cespitose and persistent; petiole long. Stem leaves petiole short; leaf blade lanceolate-oblong to ovate-oblong, pinnatipartite; segments lanceolate to oblong, incised-dentate.

Flower: Inflorescences racemose, usually interrupted basally; axis densely villous. Calyx campanulate, densely white or deep purple villous, slightly cleft anteriorly; lobes 5, unequal; ovate-oblong, serrate or pinnatifid. Corolla purple-red; tube decurved basally, 1-1.1 cm, expanded apically; galea slightly falcate rounded in front, margin entire; lower lip glabrous. Filaments glabrous.

Fruit: Capsule ovoid-lanceolate, short apiculate.

Phenology: Fl. Jul-Aug; fr. Aug-Sep.

Habitat: Moist alpine meadows, among small *Rhododendron*; 3,400-5,500 m.

Distribution: NW Yunnan, SW Sichuan, SE Xizang.

29. 穗花马先蒿 suì huā mǎ xiān hāo

***Pedicularis spicata* Pallas**, Reise Russ. Reich. 3: 738. 1776.

生活型： 一年生草本，高 20~30（~40）cm，干时不变黑或微变黑。

根： 根圆锥形，常有分枝，强烈木质化。

茎： 茎单一或多条，不分枝或上部多分枝，后者 4 条轮生，均中空，略作四棱状，沿棱有毛 4 行，节上毛尤密。

叶： 叶基出者多少莲座状，柄有密卷毛，叶片长圆形，两面被毛，羽状深裂。茎生叶多 4 叶轮生，柄扁平有狭翅，被毛，叶片圆状披针形至线状狭披针形，上面有疏短白毛，背面脉上有较长的白毛，缘边羽状浅裂至深裂。

花： 穗状花序生于茎枝之端。萼短而钟形，前方微开裂，膜质透明；齿 3，后方 1 齿三角形锐头而小，齿中有明显的网纹。花冠红色；管长 1.2~1.8 cm，在萼口向前方约以直角膝曲；盔指向前上方，额高凸；下唇中裂较小，倒卵形，较斜卵形的侧裂小 1/2；雄蕊花丝 1 对有毛。

果实： 蒴果狭卵形，端有刺尖。

花果期： 花期 7~9 月；果期 8~10 月。

生境： 生于海拔 1,500~2,600 m 的草地，溪流旁及灌丛中。

分布： 我国产湖北北部，四川北部，甘肃南部，陕西，山西，河北，内蒙古，吉林，黑龙江，辽宁。国外分布于蒙古，俄罗斯西伯利亚至日本和韩国北部。

Habit: Herbs annual, 20-30 (-40) cm tall, drying black or not.

Root: Roots conical, woody.

Stem: Stems 1 to several, outer ones procumbent or ascending, unbranched or often branched apically, with 4 lines of hairs.

Leaf: Leaves often in whorls of 4. Basal leaves in a rosette, smaller than stem leaves, deciduous by anthesis. Stem leaf petiole to 1 cm, narrowly winged, pubescent; leaf blade oblong-lanceolate to linear-narrowly lanceolate, abaxially white villous along veins, adaxially sparsely white pubescent, pinnatifid to pinnatipartite.

Flower: Inflorescences spicate, interrupted basally. Calyx campanulate, slightly cleft anteriorly, membranous; lobes by fusion appearing 3, unequal, posterior one triangular, smaller than lateral pair. Corolla red; tube bent at a right angle basally, 1.2-1.8 cm; galea acute in front; lower lip middle lobe obovate, smaller than lateral lobes. 2 filaments pubescent, 2 glabrous.

Fruit: Capsule obliquely ovoid to lanceolate-ovoid, apex acute to apiculate.

Phenology: Fl. Jun-Sep; fr. Aug-Oct.

Habitat: Wet or swampy meadows, thickets; 1,500-2,600 m.

Distribution: N Hubei, N Sichuan, S Gansu, Shaanxi, Shanxi, Hebei, Nei Mongol, Jilin, Heilongjiang, Liaoning. Also distributed in Mongolia, Russia (Siberia) to Japan and N Korea.

30. 密穗马先蒿 mì suì mǎ xiān hāo

***Pedicularis densispica* Franchet ex Maximowicz**, Bull. Acad. Imp. Sci. Saint-Pétersbourg. 32: 594.

生活型： 一年生草本，直立，干时不变黑色。

根： 根短，垂直向下，木质化，生有细长而沿地平伸展的侧根。

茎： 茎简单，或在基部分枝，上部之枝对生或轮生，具有 4 棱，有 4 行毛，多少木质化。

叶： 叶不密茂，下部者对生，无柄或偶有短柄，柄有狭翅，有长柔毛；叶片长卵形至卵状长圆形，两面均被毛，疏密变化极多，羽状深裂至全裂；裂片缘有三角形而具尖头之齿，且有胼胝而时常反卷。

花： 花序穗状顶生，很稠密，有时下部有间断。萼管状长圆形，薄膜质，具 10 脉，5 主 5 次均明显，无网脉，沿脉密被短柔毛；齿 5，被密毛，后方 1 齿较小，三角形全缘，后侧方 1 对最大，基部全缘而狭缩，端卵形膨大而有重锐齿。花冠玫瑰色至浅紫色；管长 6~8 mm，下部直，上部近喉处稍向前弓曲，不扩大；盔与管约等粗，略前俯，额圆钝，下缘前端有极小的凸尖；下唇以直角开展，有缘毛，中裂较小，卵形；雄蕊花丝前方 1 对有密毛，后方 1 对仅顶部有疏毛。

果实： 蒴果卵形，多少扁平，2 室不等而稍歪斜，端有凸尖。

花果期： 花期 4~9 月；果期 8~10 月。

生境： 生于海拔 1,900~4,400 m 的阴坡、林下及湿润草地中。

分布： 中国特有种。产四川南部、西部，云南西北部，西藏南部及东南部。

Habit: Herbs annual, erect, 15-60 cm tall, not drying black.

Root: Root short, woody.

Stem: Stems many branched basally or unbranched, with 4 lines of hairs.

Leaf: Leaves opposite or distal ones in whorls of 3 or 4, sessile or petiole villous; leaf blade long ovate to ovate-oblong, pubescent on both surfaces, pinnatipartite to pinnatisect; segments linear to linear-oblong, incised-dentate.

Flower: Inflorescences spicate, very dense, sometimes interrupted basally. Calyx shallowly cleft anteriorly, membranous, densely pubescent along veins; lobes 5, unequal, densely pubescent; posterior one smallest, entire, others serrate. Corolla rose to pale purple; tube erect basally, slightly curved apically, 6-8 mm; galea sometimes yellowish green, apex acute; lower lip spreading, ciliate, middle lobe smaller than lateral pair, ovate. Anterior filament pair densely pubescent.

Fruit: Capsule ovoid, ± compressed, obliquely short apiculate.

Phenology: Fl. Apr-Sep; fr. Aug-Oct.

Habitat: Swampy or alpine meadows, forests; 1,900-4,400 m.

Distribution: Endemic species in China. S and W Sichuan, NW Yunnan, S and SE Xizang.

31. 小根马先蒿 xiǎo gēn mǎ xiān hāo

***Pedicularis ludwigii* Regel**, Bull. Soc. Imp. Naturalistes Moscou. 41(1): 107. 1868.

生活型： 一年生草本，直立，高达 12 cm。

根： 根细而纺锤形。

茎： 茎单条或自根颈发出多条，有线纹，不分枝。

叶： 叶均自基部开始生长，下方 2 轮极靠近，其上 2 轮疏远，其余均生花，每轮 3~5 叶；叶长，有柄，羽状全裂；裂片较为疏远，有不规则的齿及胼胝质凸尖。

花： 花序穗状，在所有茎顶均同时开放。萼有 5 主 5 次的脉，脉上有粗毛；齿 5，后方 1 齿三角形全缘，其余三角形，基部全缘，中部两边有 1~2 凸齿。花冠长，紫色；管下部伸直，超过萼 2 倍以上，上部向前膝曲，在喉的前方膨大；盔前端形成锥形截头的喙；背线有鸡冠状凸起，至盔额前方突然中止；下唇宽过于长，缘有不规则之细齿；裂片圆形，中裂稍小，有短柄，向前凸出；花丝较长的 1 对有毛。

花果期： 花期 7~8 月；果期 8 月。

生境： 生于亚高山草甸。

分布： 我国产新疆。国外分布于中亚各地。

Habit: Herbs annual, to 12 cm tall.

Root: Roots fusiform, slender.

Stem: Stems single or 3-6 cespitose, erect, unbranched, with lines of hairs.

Leaf: Leaves opposite or in whorls of 3 (-5) ; petiole short; leaf blade lanceolate to oblong-lanceolate, pinnatisect; segments widely spaced, pinnatifid or incised-dentate.

Flower: Inflorescences spicate, dense initially, becoming lax. Calyx turgid campanulate, membranous, hispidulous along veins; lobes 5, unequal, posterior one triangular and entire, lateral lobes serrate. Corolla purple; tube erect basally, curved and expanded apically, more than 2× as long as calyx; galea with a broadly conical and truncate beaklike tip; lower lip shorter than galea, spreading, wider than long, serrulate, lobes rounded, middle lobe smaller than lateral pair and projecting. 2 filaments pubescent, 2 glabrous; anthers apiculate.

Phenology: Fl. Jul-Aug; fr. Aug.

Habitat: Subalpine regions.

Distribution: Xinjiang. Also distributed in C Asia.

32. 暗昧马先蒿 àn mèi mǎ xiān hāo

***Pedicularis obscura* Bonati**, Notes Roy. Bot. Gard. Edinburgh. 15: 149. 1926.

生活型：多年生草本，多茎而铺散，多毛。
茎：茎直立，或斜升或匍匐生根，极多枝，枝铺散，有棱角，在沟纹中有极多长毛。
叶：叶基出者早枯，茎生下部者对生，上部者 4 叶轮生，有长柄；外形广椭圆状长圆形，锐头，羽状全裂；裂片广椭圆状长圆形，锐头，羽状浅裂，小裂片广椭圆形钝头，有叶柄，上部者有翅。
花：花无柄，集成极密的顶生穗状花序，为苞片所蔽掩。萼多毛，有角；齿 5，其中后方 1 齿披针形锐头，全缘，侧方者基部膜质而狭缩，端肉质而膨大，有缺刻状裂及锯齿，其裂片均密被毛。花冠带红色；管与萼等长，在萼口以直角向前膝曲；盔伸直，端截形，无喙，光滑；下唇稍长于盔，缘完全光滑而全缘，中裂基部狭缩，圆形，侧裂较短，宽卵形；雄蕊花丝均无毛。
花果期：花期 6 月；果期 7~8 月。
生境：生于海拔 3,800~4,100 m 的高山上。
分布：中国特有种。产云南西北部。

Habit: Herbs perennial, pubescent.
Stem: Stems erect or ascending to repent, many branched; branches diffuse, 8-14 cm, with 2-4 lines of villous hairs or pubescent over entire surface.
Leaf: Basal leaves withering early. Proximal stem leaves opposite, distal ones in whorls of 4; petiole short, distal ones winged; leaf blade broadly elliptic-oblong, pinnatisect; segments broadly elliptic-oblong, pinnatifid.
Flower: Inflorescences spicate, dense. Calyx deeply cleft anteriorly, densely pubescent; lobes 5, unequal, posterior one lanceolate and entire, lateral lobes broadly ovate and serrate. Corolla red; tube bent at a right angle forward apically, ca. as long as or slightly longer than calyx; galea erect, truncate at apex, beakless, glabrous; lower lip slightly longer than galea, glabrous. Filaments glabrous; anthers apiculate.
Phenology: Fl. Jun; fr. Jul-Aug.
Habitat: Alpine meadows; 3,800-4,100 m.
Distribution: Endemic species in China. NW Yunnan.

33. 远志状马先蒿 yuǎn zhì zhuàng mǎ xiān hāo

***Pedicularis polygaloides* J. D. Hooker**, Fl. Brit. India. 4: 317. 1884.

生活型：低矮而铺散或多枝，高 2~8 cm，干时不很变黑。

根：根茎细，多少木质化，生有须状侧根。

茎：茎细而弯曲，有 2 行毛。

叶：叶基出者丛生，不久即枯死，柄较短；茎生者对生或偶有 3~4 叶轮生者，有短柄，或无柄，叶片羽状浅裂至有缺刻状齿。

花：花腋生，成轮，花轮下疏而上密；花有梗。萼多毛；齿 5，后方 1 齿极小而全缘，其余 4 齿较大，后侧方 2 齿卵形较宽，前侧方者略小而多少披针形。花冠之管是萼长的 1.5 倍，端扩大，前端向前弓曲，使花前俯；下唇宽过于长，侧裂卵形；盔伸直，端在圆形的额下伸出作喙状，端 2 裂；雄蕊花丝无毛。

果实：蒴果狭卵形，锐头而歪斜，超出萼外约 1/3。

花果期：花期 7~8 月。

生境：生于海拔 4,000 m 左右。

分布：我国产西藏南部。国外分布于印度锡金，不丹。

Habit: Herbs 2-8 cm tall, drying slightly black.

Root: Roots filiform.

Stem: Stems with 2 lines of hairs.

Leaf: Basal leaves clustered, withering early; petiole short. Stem leaves opposite or occasionally in whorls of 3 or 4; petiole 2.5-5 mm or sometimes sessile; leaf blade ovate to ovate-oblong, pinnatifid to incised-dentate.

Flower: Flowers axillary, proximal ones lax, distal ones dense. Calyx oblong-campanulate, tomentose; posterior one entire, lateral pair larger. Corolla small; tube longer than calyx, slightly curved, expanded apically; galea erect, wider than tube, apex rounded; beak short, 2-cleft apically; lower lip wider than long, spreading, base with colored dots. Filaments glabrous.

Fruit: Capsule narrowly ovoid, ca. 1/3 exceeding calyx, obliquely apiculate.

Phenology: Fl. Jul-Aug.

Habitat: About 4,000 m.

Distribution: S Xizang. Also distributed in India (Sikkim) and Bhutan.

34. 矽镁马先蒿 xī měi mǎ xiān hāo

***Pedicularis sima* Maximowicz**, Bull. Acad. Imp. Sci. Saint-Pétersbourg. 27: 514. 1881.

生活型：一年生草本。
根：根细。
茎：茎基部有枝或简单，有 4 行毛线。
叶：叶两面有密卷毛，下部者对生，其余者 3 叶轮生，具柄，长达 15 mm；叶片长圆形，羽状深裂；裂片卵形至长圆状卵形，有锯齿。
花：花序穗状；每轮含 3 花，下部者疏距，多长毛。萼短圆筒形，有不整齐的 5 齿，外面脉上有长密毛；后方 1 齿三角形全缘而较小，其余者膨大而有锯齿，常反卷。花冠玫瑰色；管几伸直，较萼管为短，亦短于盔；盔稍镰状弓曲，额圆形，前方突然狭成短而明显的喙；下唇有缘毛，短于盔，中裂圆形，甚小于椭圆形的侧裂；雄蕊花丝无毛。
果实：蒴果披针状长圆形，一面开裂。
花果期：花期 8 月；果期 9 月。
生境：生于海拔 3,500~4,000 m 的高山草地、森林中。
分布：中国特有种。产甘肃东部、西部，四川北部及西藏东部。

Habit: Herbs annual, to 30 cm tall.
Root: Roots slender.
Stem: Stems with 4 lines of hairs.
Leaf: Proximal leaves opposite, distal ones in whorls of 3; petiole short; leaf blade oblong; segments ovate to oblong-ovate, dentate, both surfaces densely lanulose.
Flower: Inflorescences interrupted basally, long pubescent. Calyx short cylindric, densely villous along veins; posterior lobe triangular, entire, lateral lobes larger, ovate, serrate. Corolla rose; tube shorter than calyx tube and galea; galea slightly falcate; lower lip shorter than galea, ciliate, middle lobe rounded, smaller than lateral pair. Filaments glabrous.
Fruit: Capsule lanceolate-oblong.
Phenology: Fl. Aug; fr. Sep.
Habitat: Alpine meadows, forests; 3,500-4,000 m.
Distribution: Endemic species in China. E and W Gansu, N Sichuan, E Xizang.

35. 柔毛马先蒿 róu máo mǎ xiān hāo

***Pedicularis mollis* Wallich ex Bentham**, Scroph. Ind. 53. 1835.

生活型：相当高升，有长柔毛，干时不变黑。

根：根茎粗而木质化，疏生须状侧根。

茎：茎直立，分枝或不分枝，圆柱形，多叶。

叶：叶3~4轮生，下部者有短柄；叶片羽状全裂；裂片披针形，自身亦为羽状开裂，小裂片卵形锐头，有齿。

花：花序长穗状，下部常节节间断，近端处连续。萼为宽而短的钟形，多毛；齿5，披针形，亚锐头，缘有锯齿。花冠红色；花管略短于萼，近端处向前弓曲，内面有毛；盔伸直，为管宽1.5倍，喉部边缘有毛；下唇3裂，裂片圆形相等，缘有毛；雄蕊花丝无毛。

果实：蒴果卵状披针形，偏斜，锐尖头，伸出萼外1倍。

花果期：花期7~9月；果期7~9月。

生境：生于海拔3,000~4,500 m的河谷沙滩与多沙的小柳林下，人造林的林荫下；亦见于西藏帕里的多石砾的草原上，自成纯群落，因多风而很低矮。

分布：我国产西藏南部。国外分布于不丹，尼泊尔及印度锡金。

Habit: Herbs annual, (15-) 30-80 cm tall, villous, not drying black.

Root: Rootstock stout with fibrous roots.

Stem: Stems erect, leafy.

Leaf: Stem leaves in whorls of 3 or 4; proximal petioles short; leaf blade linear-lanceolate, pinnatisect; segments lanceolate, pinnatifid, with ovate divisions, dentate.

Flower: Inflorescences often interrupted basally. Pedicel short. Calyx campanulate, tomentose; lobes 5, lanceolate, serrulate. Corolla red; tube ca. 5 mm, pubescent; galea erect, slender, apex acute but beakless; lower lip shorter than galea, spreading, lobes rounded, equal, ciliate. Filaments glabrous.

Fruit: Capsule ovoid-lanceolate, obliquely apiculate.

Phenology: Fl. Jul-Sep; fr. Jul-Sep.

Habitat: Sand dunes along beaches, field margins, dry ground; 3,000-4,500 m.

Distribution: S Xizang. Also distributed in Bhutan, Nepal and India (Sikkim).

36. 三叶马先蒿 sān yè mǎ xiān hāo

***Pedicularis ternata* Maximowicz**, Bull. Acad. Imp. Sci. Saint-Pétersbourg. 24: 64. 1877.

生活型： 多年生草本，高可达 50 cm，除花序外少毛。

根： 根茎肉质粗壮，干时黄色或黑色。

茎： 茎常多条直立粗壮，基部偶有鳞片和大量的鳞片脱落后疤痕，仅近上部有 2 行毛线。

叶： 叶基生者多宿存而成丛，叶柄长，无毛；叶片多少披针形，羽状深裂至全裂，轴有翅；裂片疏距，缘有锐锯齿，两面无毛。茎生叶 3 或 4 轮生，柄较基生叶短。

花： 花成极疏之轮，每轮 2~4 花。萼长圆筒形，有灰色蛛丝状毛，具 13 脉；齿 5，不等长，后方 1 齿狭三角形全缘，其他 4 齿端常反曲。花冠深堇色，常宿存；管略长于萼，在萼管口部向前膝曲，几使盔平置；额圆钝，下缘之端略尖凸；下唇侧裂斜卵形，中裂卵形有短柄；雄蕊花丝在花管顶部着生，无毛。

果实： 蒴果大，扁平卵形，不很偏斜，端有小刺尖。

花果期： 花期 7 月；果期 7~8 月。

生境： 生于海拔 3,200~4,600 m 的灌木丛中。

分布： 中国特有种。产内蒙古经甘肃西部至青海。

Habit: Herbs perennial, to 50 cm tall, pubescent, drying ± black.

Root: Rootstock stout, fleshy.

Stem: Stems often several, erect or ± curved.

Leaf: Basal leaves in a rosette; petiole to 7 cm, glabrous; leaf blade ± lanceolate, to 9 cm, glabrous on both surfaces, pinnatipartite to pinnatisect; segments to 14 pairs, incised-dentate. Stem leaves in 3 or 4 whorls, smaller than basal leaves.

Flower: Flowers laxly arranged in spikes, only 1-3 whorls, grayish tomentose. Calyx arachnoid; lobes 5, unequal, posterior lobe smallest, all oblong-triangular, entire. Corolla violet, small; tube slightly longer than calyx, bent forward apically near calyx lobes; galea truncate at apex; lower lip ca. as long as galea. Filaments glabrous.

Fruit: Capsule compressed, ovoid, apex acute.

Phenology: Fl. Jul; fr. Jul-Aug.

Habitat: Thickets; 3,200-4,600 m.

Distribution: Endemic species in China. Nei Mongol, W Gansu, Qinghai.

37. 皱褶马先蒿 zhòu zhé mǎ xiān hāo

Pedicularis plicata **Maximowicz**, Bull. Acad. Imp. Sci. Saint-Pétersbourg. 32: 598. 1888.

生活型：多年生草本，高可达 20 cm，干时略变黑色。
根：根常粗壮，有分枝，肉质，根颈上有少数宽卵形鳞片。
茎：茎单条或 2~6 条自根颈发出，黑色，圆筒形而有微棱，有成行的毛，毛疏密多变。
叶：叶基出者有长柄，柄长过叶片，常被白毛；叶片羽状深裂或几全裂；裂片卵状长圆形，羽状浅裂至半裂，面上中肋下陷，沟中有短细毛，背面几光滑。茎生叶仅 1~2 轮，每轮常 4 叶，与基出叶相同而较小。
花：花序穗状而粗短。萼前方开裂几达一半，主次 10 脉明显；齿 5，有时不分明，大小不等，有锯齿而缘常反卷，前侧方 2 齿常向裂口延下。花冠黄色；管在近基自萼的裂口中斜倾伸出，使花前俯，喉部强烈扩大；盔粗壮，前缘近基部处向下变宽而连于下唇，稍向内折，颏部亦有 1 不明显的皱褶，端圆钝而略带方形；下唇侧裂为直置的肾形，中裂有明显的柄；雄蕊花丝无毛。
花果期：花期 7~8 月。
生境：生于海拔 2,900~5,000 m 的石灰岩与湿山坡上。
分布：中国特有种。产甘肃，青海，四川北部，西藏东南部，云南西北部。

Habit: Herbs perennial, more than 20 cm tall, drying slightly black.
Root: Roots fleshy.
Stem: Stems 1-6, cespitose, central stem erect, outer stems ascending, black, with lines of hairs.
Leaf: Basal leaves persistent; petiole longer than leaf blade, usually whitish pubescent; leaf blade linear-lanceolate, abaxially glabrescent, adaxially finely pubescent along midvein, pinnatipartite or barely pinnatisect; segments ovate-oblong or ovate, pinnatifid or dentate. Stem leaves usually in whorls of 4, similar to basal ones but smaller and shorter petiolate.
Flower: Inflorescences interrupted basally. Calyx barely 1/2 cleft anteriorly; lobes 5, unequal, serrate. Corolla yellow; tube decurved through anterior slit of calyx; galea slightly falcate, obscurely to conspicuously serrate crested, plicate; lower lip middle lobe rounded, producing a stipe. Filaments glabrous; anthers apiculate.
Phenology: Fl. Jul-Aug.
Habitat: Alpine regions, among limestone rocks, moist slopes, moist stony pastures; 2,900-5,000 m.
Distribution: Endemic species in China. Gansu, Qinghai, N Sichuan, SE Xizang, NW Yunnan.

38. 皮氏马先蒿 pí shì mǎ xiān hāo

***Pedicularis bietii* Franchet**, Bull. Soc. Bot. France 47: 34. 1900.

生活型： 低矮草本，连花高不达 4 cm，干时不变黑色。

根： 根茎短，具丛生粗须根。

茎： 茎极短，长仅 2 cm，无毛。

叶： 叶基生者有长柄；叶片卵状椭圆形，羽状深裂；裂片有钝锯齿，有疏毛。茎生叶常仅 1 对，柄较短。

花： 花少数，腋生；具短梗，无毛。萼管钟形，主脉上有疏毛；齿 5，不等，多少叶状，披针形或卵形，有波状齿。花冠无毛，玫瑰色；管长 1.5 cm，在萼外向前膝曲，向喉渐扩大；盔自管端稍昂起而指向前上方，稍作镰状弓曲，端有宽斜的截头，其前缘下角有小齿 1 对；下唇很大，稍长于盔，侧裂斜长圆形，稍大于中裂，后者倒卵状圆形，约向前凸出一半。

生境： 生长于高山区域。

分布： 中国特有种。产四川西部，西藏东南部。

Habit: Herbs low, 2-4 cm tall, not drying black.

Root: Root clustered.

Stem: Stems glabrous.

Leaf: Leaves mostly basal; petiole long; leaf blade ovate-elliptic, sparsely pubescent; segments crenate. Stem leaves often only 1 pair, shorter petiolate.

Flower: Flowers axillary, few. Pedicel glabrous. Calyx membranous, sparsely pubescent along midvein; lobes 5, unequal; leaflike. Corolla rose, glabrous; tube slightly bent at middle, ca. 1.5 cm, slightly expanded apically; galea slightly falcate, apex truncate; lower lip large, slightly longer than galea.

Habitat: Alpine regions.

Distribution: Endemic species in China. W Sichuan, SE Xizang.

39. 俯垂马先蒿 fǔ chuí mǎ xiān hāo

***Pedicularis cernua* Bonati**, Bull. Soc. Bot. France. 54: 373. 1907.

生活型： 多年生草本，低矮或多少升高，高 4.5~22 cm，无毛，干时变黑。

根： 根茎多少粗壮，单条或上方分为数枝，老时常木质化，顶部常有宿存鳞片。

茎： 茎肉质，不分枝。

叶： 叶多基出，成丛，叶柄细长，无毛；叶片羽状全裂至深裂，缘有细锯齿。茎生叶对生，柄较短，羽状浅裂。

花： 花序短总状。萼圆筒形，前方稍开裂；齿 5，后方 1 齿较短，线形全缘。花冠红色；管略比萼长；盔下部直立，向上作强烈的镰状弓曲，前缘中部有凸起 1 对，而下部常较上部为狭，额圆钝，下端常有小凸尖，在下缘近端处常有清晰的小齿 1 对；下唇有缘毛，侧裂长圆形，中裂较小很多，卵圆形，大部向前凸出，缘均有细波状齿；花丝 2 对均被长柔毛。

果实： 蒴果长卵形锐头，有小凸尖。

花果期： 花期 7~8 月；果期 8~9 月。

生境： 生于海拔 3,800~4,200 m 的高山草地中。

分布： 中国特有种。产云南西北部，四川西南部。

Habit: Herbs perennial, 4.5-22 cm tall, glabrous, drying black.

Root: Rootstock stout, single or branched, woody.

Stem: Stems fleshy, unbranched.

Leaf: Basal leaves in a rosette; petiole slender, glabrous; leaf blade ovate-oblong, pinnatisect to pinnatipartite; segments linear-lanceolate to oblong-lanceolate, pinnatifid, serrulate. Stem leaves opposite, shorter petiolate, pinnatifid.

Flower: Inflorescences centrifugal, many flowered. Calyx slightly cleft anteriorly; lobes 5, unequal, posterior one linear, entire, lateral lobe larger, serrate. Corolla red; tube slightly longer than calyx, ca. 1.3 cm; galea erect basally, with a central marginal protuberance on each side, apex truncate, 1-toothed on each side, these sometimes inconspicuous; lower lip ciliate, sinuate-crenulate, middle lobe smallest. Filaments villous.

Fruit: Capsule long ovoid, oblique, short apiculate.

Phenology: Fl. Jul-Aug; fr. Aug-Sep.

Habitat: Alpine meadows and grasslands; 3,800-4,200 m.

Distribution: Endemic species in China. NW Yunnan, SW Sichuan.

40. 贡山马先蒿 gòng shān mǎ xiān hāo

***Pedicularis gongshanensis* H. P. Yang**, Acta Phytotax. Sin. 28: 143. 1990.

生活型：多年生草本，高 30 cm，干时多少变黑。

茎：茎簇生，具宿存的茎以及鳞片残余物。

叶：基生叶叶柄约 10 cm，疏生短柔毛；叶片长圆形，羽状全裂，两面疏生短柔毛，裂片具齿。茎生叶很少，对生或者 4 叶轮生，小于基生叶。

花：花序顶生；花梗纤细。萼圆筒形，疏生白色短柔毛，裂片 5，不等。花冠红色，无毛；盔顶端前缘具齿；下唇短于盔，全缘，缘具毛；雄蕊花丝具短柔毛。

果实：蒴果卵球形，稍扁，具短尖。

花果期：花期 6~7 月；果期 7~8 月。

生境：生于海拔约 3,600 m 的高山草地、灌丛中。

分布：中国特有种。产云南西北部。

Habit: Herbs perennial, to 30 cm tall, drying ± black.

Stem: Stems clustered, basally with remnants of previous year's stems and scales.

Leaf: Basal leaf petiole long, sparsely pubescent; leaf blade oblong, pinnatisect; segments oblong, sparsely pubescent on both surfaces, dentate. Stem leaves few, opposite or in whorls of 4, smaller than basal leaves.

Flower: Inflorescences 16-24-flowered. Pedicel slender. Calyx, 1/3 cleft anteriorly, sparsely whitish pubescent; lobes 5, unequal, serrate. Corolla red; tube ca. 1.5 cm, glabrous; galea without marginal protuberance, but subapically toothed; lower lip shorter than galea, ciliate, entire. Filaments pubescent.

Fruit: Capsule long ovoid, oblique, short apiculate.

Phenology: Fl. Jun-Jul; fr. Jul-Aug.

Habitat: Shrubby grass of hillsides; ca. 3,600 m.

Distribution: Endemic species in China. NW Yunnan.

41. 休氏马先蒿 xiū shì mǎ xiān hāo

***Pedicularis sherriffii* P. C. Tsoong**, Acta Phytotax. Sin. 3: 286. 1955.

生活型： 多年生草本，低矮，高仅达 9 cm，干时变黑。
根： 根茎粗短，下方发出多条圆柱形而伸长的支根。
茎： 茎多条，常弯曲上升，下部有较疏而上部有较密的毛。
叶： 叶基生者有长柄，仅近基处有疏毛；叶片羽状全裂，裂片卵状椭圆形，基部楔形，缘有缺刻状小裂片，裂片亦有少数圆齿。茎生叶柄较短，对生，叶片与基生者同，但裂片较少。
花： 花序短，下部花常疏距，上部较密集。萼有长而疏的毛；齿 5，后方 1 齿较小，都有柄，长圆形。花紫红色；管长约 1.6 cm，外面稍有毛；盔部色较深而喉部色浅，约在中部向前作镰状弓曲，喉部渐扩大；盔约与管的上部等粗，额圆钝，在下缘近端处有小齿 1 对；下唇稍长于盔，长宽约相等，裂片均为长圆形；雄蕊花丝前方 1 对有毛，后方 1 对光滑。
花果期： 花期 6 月。
生境： 生于海拔 4,100~4,300 m 南向空旷的山坡上。
分布： 中国特有种。产西藏东南部。

Habit: Herbs perennial, barely to 9 cm tall, drying black.
Root: Roots ± fleshy, fusiform.
Stem: Stems several, often ascending, pubescent.
Leaf: Basal leaves numerous; petiole long; leaf blade oblong-elliptic to elliptic, pinnatisect; segments ovate-elliptic, incised-dentate. Stem leaves opposite, similar to basal leaves but smaller and shorter petiolate.
Flower: Inflorescences short or ± elongated, often interrupted basally, few flowered. Calyx sparsely long pubescent; lobes 5, unequal, leaflike. Corolla purple-red, with dark purple galea; tube falcate apically, ca. 1.6 cm, sparsely pubescent; galea barely straight, apex rounded, marginally 2-toothed; lower lip slightly longer than galea. 2 filaments pubescent, 2 glabrous.
Phenology: Fl. Jun.
Habitat: Open earthy slopes; 4,100-4,300 m.
Distribution: Endemic species in China. SE Xizang.

42. 五角马先蒿 wǔ jiǎo mǎ xiān hāo

***Pedicularis pentagona* H. L. Li**, Proc. Acad. Nat. Sci. Philadelphia. 100: 347. 1948.

生活型：多年生草本，干后变为黑色，高可达 20 cm。

根：根肉质，长而丛生。

茎：茎直立，被毛，不分枝或在上部分枝。

叶：叶对生具柄，叶柄自植株基部依次向上逐渐膨大变宽，至花序中变成苞片；叶片披针形，两面无毛，羽状全裂；裂片疏远，再作羽状全裂或有深锯齿，边缘有白色胼胝，有时常具纤毛。

花：花序穗状，花对生。萼膨大，有明显网纹，长卵形，膜质，具 5 棱角，棱上被毛；齿 5，三角形，长为萼管 1/3，后方 1 齿较小。花冠粉红色；管长约为萼管的 2 倍；盔伸直，下缘有 1 对细齿；下唇 3 裂，中裂倒卵形，先端钝平，侧裂较大，边缘具细波齿；雄蕊花丝 2 对近端处均被毛。

果实：蒴果卵圆形，多少扁平，先端渐尖，包裹在宿存的萼管中。

花果期：花期 7~8 月；果期 8~9 月。

生境：生于海拔 2,800~3,300 m 干燥或稍阴湿的山坡上。

分布：中国特有种。产云南西北部，四川西南部及西藏东部。

Habit: Herbs perennial, to 20 cm tall.

Root: Roots fleshy.

Stem: Stems erect, branched apically or unbranched, pubescent.

Leaf: Leaves opposite; petiole winged; leaf blade lanceolate, glabrous, sometimes ciliolate, pinnatisect; segments widely spaced, linear, deeply dentate.

Flower: Inflorescences spikes. Flowers opposite; bracts leaflike basally, long ovate apically, ciliate. Calyx long ovate, membranous, ciliate along veins; lobes 5, unequal, triangular, entire. Corolla pink to purple; tube ca. 2× as long as calyx tube; galea erect, rounded apically, beakless; margin of lower lip fimbriate. Filaments pubescent.

Fruit: Capsule enclosed by accrescent calyx tube, ovoid, compressed, apiculate.

Phenology: Fl. Jul-Aug; fr. Aug-Sep.

Habitat: Dry slopes, moist shaded banks in valleys; 2,800-3,300 m.

Distribution: Endemic species in China. NW Yunnan, SW Sichuan, E Xizang.

43. 舟形马先蒿 zhōu xíng mǎ xiān hāo

***Pedicularis cymbalaria* Bonati**, Notes Roy. Bot. Gard. Edinburgh. 13: 136. 1921.

生活型： 一年生或二年生草本，干时略变黑色，高 4~15 cm。

根： 在顶端有丛生须状支根，下部则有较粗的分枝。

茎： 从根茎顶端发出多条，基部多分枝，均铺散地面而倾卧上升，上部亦有分枝，枝均对生，茎枝均无毛或有毛线 2 行。

叶： 叶基出者早枯，茎生者成对，生于茎上部者有疏长毛，下部者变为光秃，缘为羽状至掌状半裂至深裂；裂片卵状长圆形，缘有圆齿。

花： 花成对散生于茎枝端之叶腋中。萼管状，密被短柔毛，前方稍开裂；齿 5，不等，后方 1 齿较小，后侧方 1 对最大，掌状开裂。花冠黄白色到玫瑰色；管长 1.2 cm，喉密被短柔毛；盔上半部向前作镰状弓曲，盔端外形多少尖削而作舟形，顶端生有主齿 1 对，在主齿以上有附加的小齿 2~3 对；下唇较盔为短，中裂伸出于侧裂大半；雄蕊花丝上部均无毛，基部及着生点有毛。

果实： 蒴果约伸出于宿萼 1/3，下缝线几伸直，上缝线向下弓曲，端有小凸尖。

花果期： 花期 8 月；果期 8~9 月。

生境： 生于海拔 3,400~4,000 m 的高山草原上。

分布： 中国特有种。产云南西北部，四川西南部。

Habit: Herbs annual or biennial, 4-15 cm tall, drying black.

Root: Roots numerous, slender.

Stem: Stems several, diffuse or procumbent, many branched basally; branches opposite, glabrous or with 2 lines of hairs.

Leaf: Leaves opposite; petiole sparsely long pubescent; leaf blade reniform to cordate-ovate, sometimes orbicular, abaxially whitish scurfy, adaxially densely glandular pubescent, pinnate to palmately lobed or parted; segments ovate-oblong, crenate-dentate.

Flower: Flowers axillary, opposite, widely spaced. Pedicel slender. Calyx densely pubescent, slightly cleft anteriorly; lobes 5, unequal, posterior lobe smallest, entire, lateral lobes dentate. Corolla yellowish white to rose; tube erect, to 1.2 cm; galea falcate apically, margin 2-toothed, apex navicular; lower lip shorter than galea, praemorse, middle lobe ca. as long as lateral lobes. Filaments glabrous or pubescent basally.

Fruit: Capsule obliquely lanceolate-oblong, ca. 1/3 exceeding calyx.

Phenology: Fl. Aug; fr. Aug-Sep.

Habitat: Alpine meadows, rocky soils, shaded banks; 3,400-4,000 m.

Distribution: Endemic species in China. NW Yunnan, SW Sichuan.

44. 三角叶马先蒿 sān jiǎo yè mǎ xiān hāo

Pedicularis deltoidea **Franchet ex Maximowicz**, Bull. Acad. Imp. Sci. Saint-Pétersbourg. 32: 604. 1888.

生活型：一年生或二年生草本，干时稍变黑色，高 8~20 cm，全体密被灰白色短柔毛。

根：主根不发达，纤细，自根颈发出 2~3 侧根，短胡萝卜状，肉质增粗，支根纤维状。

茎：茎单出，或自基部有多数分枝，有时上部也有分枝。

叶：叶对生或三出，有时 4 叶轮生，3~7 轮，基生者柄较长，茎生者柄短，被长柔毛；叶片上面几无毛，下面被锈色糠秕状及灰白色肤屑状物，羽状浅裂。

花：花序总状，生于茎枝的顶端，多花而稠密，或基部疏松而有间距；花梗被长柔毛。萼圆筒形，前方不开裂，被短柔毛；萼齿 5，后方 1 齿较小，其余 4 齿以后侧方二者为大。花冠玫瑰色；花管约与萼等长，喉部被短柔毛；盔的下半部前缘多少向前膨鼓，比上半部显然较宽，上部镰形弯曲，额圆凸，端稍向前作小喙形，其下缘主齿生得极靠近前额基部；下唇比盔短，3 裂，边缘略有啮痕状细齿，中裂略大于侧裂，稍突出；雄蕊花丝基部与着生处均被有疏毛，上部无毛。

果实：蒴果斜披针形而弓曲向下，端有小刺尖。

花果期：花期 8~9 月；果期 9~10 月。

生境：生于海拔 2,600~3,500 m 的草坡中。

分布：中国特有种。产云南西北部，四川西南部。

Habit: Herbs annual or biennial, 8-20 cm tall, densely gray pubescent throughout, drying ± black.

Root: Roots numerous, slender.

Stem: Stems erect, single or many branched basally, sometimes branched apically; branches slender, rigid, hollow.

Leaf: Leaves opposite or in whorls of 3 or 4, petiolate or distal ones sessile; petiole villous; leaf blade triangular or triangular-ovate, abaxially rust colored and gray scurfy, adaxially glabrescent, pinnatifid; segments broadly ovate, margin double dentate.

Flower: Inflorescences racemose, many flowered, ca. as long as calyx. Pedicel slender, villous. Calyx pubescent; lobes 5, unequal. Corolla rose; tube erect, ca. as long as calyx; galea falcate apically, with 1 marginal tooth on each side; lower lip shorter than galea, slightly praemorse, middle lobe larger than lateral pair. Filaments sparsely pubescent basally.

Fruit: Capsule obliquely lanceolate.

Phenology: Fl. Aug-Sep; fr. Sep-Oct.

Habitat: Grassy slopes; 2,600-3,500 m.

Distribution: Endemic species in China. NW Yunnan, SW Sichuan.

45. 长舌马先蒿 cháng shé mǎ xiān hāo

***Pedicularis dolichoglossa* H. L. Li**, Proc. Acad. Nat. Sci. Philadelphia. 100: 356. 1948.

生活型： 多年生草本，低矮，干时略变黑，高达 7 cm。

根： 根茎短而多节，节上生有宿存的披针形鳞片，须状支根纤细多数，密被灰色短毛。

茎： 茎单条，黑色，被有深棕色长毛，近花序处尤密且长。

叶： 叶少数，均对生；基生者膜质，柄宽而薄，端仅具极小的叶片；茎生叶具较长的柄，被毛；叶片椭圆状卵形，羽状深裂，轴有翅，小裂片羽状深裂，齿有刺尖，正面无毛，背面有白色肤屑状物。

花： 花序顶生，亚头状。萼卵状圆筒形，膜质，上部近萼齿处及齿内有极疏网脉；齿 5，后方 1 齿三角形有细尖，全缘，其余 4 齿近相等，有缺刻状小裂及粗锯齿。花冠黄色，具深色斑点；管伸直出萼外，喉部有短柔毛；盔上部镰状弓曲，前缘有凹缺 1 对；下唇有长缘毛，有明显的柄，中裂较小，近圆形，基部有柄，侧裂肾形；雄蕊除花丝着生处有毛外均无毛。

分布： 中国特有种。产云南西北部。

Habit: Herbs perennial, to 7 cm tall, drying ± black.

Root: Roots numerous, slender.

Stem: Stems single, black, with 2-4 internodes, long pubescent with dark brown hairs.

Leaf: Leaves few, opposite; petiole rust colored pubescent; leaf blade elliptic-ovate, abaxially whitish scurfy, adaxially glabrous, pinnatipartite; few segments incised-dentate.

Flower: Inflorescences to 4 cm, subcapitate, many flowered. Calyx lobes 5, unequal, posterior lobe triangular, entire, others larger, dentate. Corolla yellow, with dull colored spots; tube erect, exceeding calyx; galea falcate apically, with 1 marginal tooth or margin obscurely denticulate on each side; lower lip long ciliate, entire, middle lobe rounded, smaller than lateral lobes, projecting. Filaments pubescent basally.

Distribution: Endemic species in China. NW Yunnan.

46. 不等裂马先蒿 bù děng liè mǎ xiān hāo

***Pedicularis inaequilobata* P. C. Tsoong**, Fl. Reipubl. Popularis Sin. 68: 415. 1963.

生活型：一年生草本，低矮，铺散地面，干时不变黑色。

根：主根垂直向下，略肉质化，下部发出须状支根；根颈生有膜质鳞片 2~3 对，宽三角形。

茎：茎很短，纤细，稍木质化，多分枝，枝对生，有毛线 2 行，不连花序仅有 1~2 节。

叶：叶基生者早败，茎生者稀疏而对生，每枝上常仅 1 对，具长柄，扁平，基部多少膨大，具狭翅，有疏长毛或几无毛；叶片厚纸质，卵形至长圆状卵形，基部心形，侧脉不显著，正面密被细短毛，背面疏生白色肤屑状物，羽状深裂；裂片有缺刻状大齿及反卷的小齿。

花：花每枝端有 1~2 对，花梗纤细，有疏毛。萼膜质，粗管状，前方不裂，主脉细而不很显著，为疏网脉所串连，疏被白色长毛，以主脉上尤密。萼齿 5，后方 1 齿较小，基部宽三角形而低，再上即为大针形而全缘，其余 4 齿下半膜质有网脉，上半绿色叶状，后侧方 2 齿最大，较前侧方 2 齿小 1/2，缘有反卷的大圆齿而不裂。花冠黄色；管伸直，喉部被短毛；盔中上部作镰形弓曲，端尖削，前缘无凹缺，有短齿 1 对；下唇短于盔，具宽柄，无缘毛，略有啮痕状细齿，裂片多少圆形，中裂比侧裂大 1 倍，有明显的柄，大部向前凸出，侧裂亦有短柄；雄蕊花丝仅着生处有短毛。

分布：中国特有种。产云南西北部。

Habit: Herbs annual, short, diffuse, not drying black.

Root: Roots fleshy, branched.

Stem: Stems slender, many branched, with 1 or 2 internodes and with 2 lines of hairs; branches opposite.

Leaf: Basal leaves withering early. Stem leaves few, opposite; petiole short; leaf blade ovate to oblong-ovate, abaxially sparsely whitish scurfy, adaxially densely glandular pubescent, pinnatipartite; segments broadly ovate, incised-dentate.

Flower: Inflorescences with only 1 or 2 flower pairs. Pedicel slender, sparsely pubescent. Calyx whitish long pubescent; lobes 5, unequal. Corolla yellow; tube erect; galea falcate apically, margin 2-toothed; lower lip shorter than galea, margin ± praemorse, middle lobe ca. 2× as long as lateral lobes. Filaments pubescent basally.

Distribution: Endemic species in China. NW Yunnan.

47. 浅黄马先蒿 qiǎn huáng mǎ xiān hāo

***Pedicularis lutescens* Franchet ex Maximowicz**, Bull. Acad. Imp. Sci. Saint-Pétersbourg. 32: 605. 1888.

生活型： 多年生草本，干时稍变黑色，直立，被短柔毛。

根： 主根仅偶然存在，多少纺锤形，在根颈复发出较细的而略作纺锤形的支根多条，或主根不存在，而由根颈直接发出纺锤形或萝卜状肉质支根3~6条；须根纤维状，少数。

茎： 茎单条或更多丛生，上部简单或分枝，中空，基部稍木质化，略具棱角，有4行毛线。

叶： 叶基生者常早枯，较小，柄较叶片长或等长，其他与茎生者相同。茎生者多为4叶轮生，扁平，沿中肋具窄翅，密被长柔毛；叶片以中部者为较大，纸质，上面疏被短柔毛，下面有糠秕状物凸起，更有白色肤屑状物，脉上有疏长毛，顶端钝，基部截形，羽状浅裂或半裂；裂片三角状卵形至长卵形，边缘有锯齿，端有刺尖。

花： 花序总状，生于茎枝顶端，紧密，花多向上生长；花梗短。萼圆卵状圆筒形，膜质，前方不开裂，被长柔毛，具10脉，细而不很显著；齿5，不等，后方1齿较小，长三角形，完全膜质，全缘，其余4齿下部三角形全缘。花冠淡黄色，下唇上常有紫色斑点；花管伸直，与萼等长或稍短，喉部被短柔毛；盔中部略细缩，全部稍作镰形弓曲，盔端尖削，无高凸之额，盔下缘除一对主齿外，尚有清晰的附加小齿4~10；下唇比盔短近1/2，缘无毛，但有清晰而具刺尖的细齿，中裂较大，稍突出，近于圆形，基部狭缩成宽柄，顶端微凹，侧裂较小，宽菱状卵形；雄蕊花丝在着生处生有短柔毛，上部无毛。

果实： 蒴果斜披针形，指向前方，下缝线伸直，上缝线稍向前垂，近端处突然急弯以成顶端的小凸尖。

花果期： 花期7~8月；果期8~9月。

生境： 生于海拔3,000~4,000 m的灌丛或高山草地上。

分布： 中国特有种。产云南西北部。

Habit: Herbs perennial, 10-40 cm tall, pubescent, ± drying black.

Root: Taproot absent or numerous rootlets, fusiform.

Stem: Stems usually 3-10-clustered, erect, many branched apically, with 4 lines of hairs.

Leaf: Basal leaves often withering early. Stem leaves usually in whorls of 4, sessile or petiole densely villous; leaf blade long ovate or ovate-oblong, abaxially whitish scurfy, adaxially sparsely pubescent, pinnatifid; segments triangular-ovate to long ovate, dentate.

Flower: Inflorescences racemose, compact. Pedicel short. Calyx slightly cleft anteriorly, membranous, villous; lobes 5, unequal, lateral lobes elliptic, serrate. Corolla pale yellow, usually with purplish dots on lower lip; tube erect, nearly as long as calyx; galea slightly falcate, with 4-10 marginal teeth near apex on each side, apex acute; lower lip ca. 1/2 as long as galea, serrulate. Filaments glabrous or pubescent basally.

Fruit: Capsule oblique-lanceolate.

Phenology: Fl. Jul-Aug; fr. Aug-Sep.

Habitat: Thickets, alpine meadows; 3,000-4,000 m.

Distribution: Endemic species in China. NW Yunnan.

48. 琴盔马先蒿 qín kuī mǎ xiān hāo

***Pedicularis lyrata* Prain ex Maximowicz**, Bull. Acad. Imp. Sci. Saint-Pétersbourg. 32: 606. 1888.

生活型：一年生草本，干时稍变黑色，植株低矮，直立，密被短柔毛。

根：根细长，垂直伸入地下，不分枝或有少数分枝，偶有多少肉质增粗者，侧根纤维状，根颈有 1~2 轮长三角形小鳞片。

茎：茎单出，不分枝，密被灰色短柔毛，略具棱角。

叶：叶对生，基生者具长柄，扁平，具狭翅，被疏毛；茎生者叶柄较短或近无柄；叶片基部不增宽，亚心形，顶端钝，两面均被短柔毛，下面毛较疏，有白色肤屑状物，边缘有大圆齿，齿上有时有重齿。

花：总状花序顶生，近头状，花少，花梗短。萼管状，前方不开裂，密被长柔毛，5 主脉较显著，但不高凸，次脉不清晰，为稠密的网脉所串连；齿 5，长约为萼筒的 1/2 或稍短，不等，后方 1 齿较小，大针状，全缘，后侧方 2 齿较大于前侧方者。花冠黄色，较窄而小；花管直伸，与萼近等长，喉部被短柔毛，中部略镰形弯曲，端略膨大；额圆凸，有时略有鸡冠状凸起，前方垂直向下，下缘前端除 1 对主齿外，有清晰的附加小齿 3~5；下唇比盔短 1/2，几无柄，裂片圆形，缘无毛，具有刺尖的细齿，中裂向前凸出一半，基部狭缩成宽柄，自柄基向后有 2 细褶襞通向喉部，侧裂较小；雄蕊 2 对花丝均无毛。

果实：蒴果斜披针状卵形，端有细凸尖。

花果期：花期 7~8 月；果期 9 月。

生境：生于海拔 3,600~4,200 m 的高山草地上。

分布：我国产青海，四川西部，西藏。国外分布于印度锡金。

Habit: Herbs annual, 2-6 cm tall, densely pubescent, ± drying black.
Root: Root slender.
Stem: Stems single, erect, unbranched.
Leaf: Leaves opposite. Petiole of basal leaves sparsely pubescent. Stem leaves ± sessile or petiole short; leaf blade oblong-lanceolate or ovate-oblong, pubescent on both surfaces, widely spaced crenate-dentate.
Flower: Inflorescences racemose, 2-2.5 cm, few flowered. Pedicel short. Calyx slightly cleft anteriorly, densely villous; lobes 5, unequal, posterior lobe entire, others narrowly elliptic, obscurely serrate. Corolla yellow; tube erect, ca. as long as calyx; galea ± falcate at middle, with 3-5 marginal teeth on each side near rounded apex; lower lip ca. 1/2 as long as galea, middle lobe largest. Filaments glabrous.
Fruit: Capsule obliquely lanceolate-ovoid.
Phenology: Fl. Jul-Aug; fr. Sep.
Habitat: Alpine meadows; 3,600-4,200 m.
Distribution: Qinghai, W Sichuan, Xizang. Also distributed in India (Sikkim).

49. 日照马先蒿 rì zhào mǎ xiān hāo

***Pedicularis rizhaoensis* H. P. Yang**, Acta Phytotax. Sin. 28: 141. 1990.

生活型：多年生草本，低矮，常高 6 cm 左右。

茎：茎单一或很少，直立，稍具短柔毛，呈线状排列。

叶：叶稀，具短柔毛，背面疏生白色皮屑，正面具浓密的长柔毛。

花：花序总状。萼前方稍裂开，密被长柔毛，齿 5，不等长。花冠红色；管直立，稍长于萼；盔镰刀形，无喙，前端具 2 齿；下唇 3 裂，边缘具不整齐的啮痕状齿，中裂伸出于侧裂大半。雄蕊花丝无毛。

花果期：花期 8 月；果期 9 月。

生境：生于海拔约 4,200 m 的草甸。

分布：中国特有种。产四川西南部。

Habit: Herbs perennial, barely 6 cm tall.

Stem: Stems single or few, erect, unbranched, slightly pubescent with lines of dense rust colored hairs.

Leaf: Leaves sparse, opposite; petiole pubescent; leaf blade ovate to oblong-ovate, abaxially sparsely whitish scurfy, adaxially densely rust colored villous, crenate-dentate.

Flower: Inflorescences racemose, 2-4-flowered. Pedicel short. Calyx slightly cleft anteriorly, densely villous; lobes 5, unequal, posterior one subulate, lateral lobes rounded and serrate. Corolla reddish; tube erect, slightly longer than calyx; galea falcate, with 1 marginal tooth on each side; lower lip praemorse, lobes rounded, middle lobe larger than lateral pair, erose-denticulate. Filaments glabrous.

Phenology: Fl. Aug; fr. Sep.

Habitat: Grass on hillsides; ca. 4,200 m.

Distribution: Endemic species in China. SW Sichuan.

50. 狭盔马先蒿 xiá kuī mǎ xiān hāo

***Pedicularis stenocorys* Franchet**, Bull. Soc. Bot. France. 47: 32. 1900.

生活型：多年生草本，干时不变黑色，直立，高度多变。

根：无主根，仅 2~3 侧根自根颈发出，稍纺锤形变粗而肉质，但仍细长。

茎：茎单出或数条自根颈上发出，简单或在基部分枝，中空，直立或基部略弯曲上升，圆筒形或有时稍有棱角，略被疏短毛，有毛线 4 行，上部毛较密。

叶：叶基生者早枯，茎生者 4 叶或偶 3 叶成轮，3~4 轮，具纤细的长柄，渐上渐短，扁平，两侧有狭翅，被有疏毛；叶片薄纸质，中部者最大，上面近于无毛，下面有白色肤屑状物，羽状深裂至全裂；裂片基部下延于中肋而连成狭翅，缘有少数不整齐的缺刻状齿，齿端有胼胝质小凸尖。

花：花序穗状而密，有时基部花轮有间距。萼倒卵形，前方不开裂，被白色长柔毛，具 10 脉，不很粗凸，有细网脉；齿 5，长约为萼管的一半，后方 1 齿较小，长三角形，全缘，完全膜质，其余 4 齿较大，近相等，以后侧方 2 齿为最大，端稍膨大叶状而卵形，绿色，缘有细齿。花冠粉色至玫瑰色，上有深色斑点，极偶然无斑；花管稍伸出于萼管之外，伸直，上部稍扩大，喉部有卷曲之毛；盔狭而长，约在中部作明显的膝曲，在近端处下缘有主齿 1 对，有时偶然缺失，有时则有附加的细锯齿状而不伸长的小齿，额顶圆形；下唇略短于盔，边全缘，密被长缘毛，基部有明显的宽柄，中裂较小，多少圆形，前方多少伸出于侧裂之前一半，后者较大很多，为纵置的肾形，宽过于长将近 2 倍；雄蕊花丝 2 对均无毛，或前方 1 对有微毛，在着生处有短毛。

果实：蒴果斜披针状卵形，指向前上方。

花果期： 花期 7~8 月；果期 7~8 月。
生境： 生于海拔 3,300~4,400 m 的高山草地中。
分布： 中国特有种。产四川西部、北部。

Habit: Herbs perennial, (10-) 20-30 (-50) cm tall, not drying black.
Root: Roots few, fusiform, fleshy.
Stem: Stems 1 to several, erect, branched basally or unbranched, pubescent, with 4 lines of hairs.
Leaf: Leaves in whorls of 3 or 4; petiole slender, sparsely pubescent; leaf blade oblong-lanceolate to ovate-oblong, abaxially whitish scurfy, adaxially glabrescent, pinnatisect to pinnatipartite; segments ovate to oblong-ovate, few incised-dentate.
Flower: Inflorescences spicate, sometimes interrupted basally. Calyx obovate, slightly cleft anteriorly, whitish villous; lobes 5, unequal, posterior one smallest, triangular, entire, others ovate and serrate. Corolla pink to rose, usually with dark colored spots; tube erect, slightly longer than calyx; galea slightly bent at middle, slender, sometimes with 1 marginal tooth or obscurely denticulate on each side; lower lip shorter than galea, densely long ciliate, entire. Filaments glabrous or 2 pubescent.
Fruit: Capsule obliquely lanceolate-ovoid, 1/4-1/3 exceeding calyx.
Phenology: Fl. Jul-Aug; fr. Jul-Aug.
Habitat: Alpine meadows, slopes; 3,300-4,400 m.
Distribution: Endemic species in China. N and W Sichuan.

51. 绒毛马先蒿 róng máo mǎ xiān hāo

Pedicularis tomentosa **H. L. Li**, Proc. Acad. Nat. Sci. Philadelphia. 100: 357. 1948.

生活型：一年生草本，干后不变黑色，高达 12 cm，全体密被短绒毛。

根：主根细长，生有少数须状侧根。

茎：茎多由根颈之端发出 2~6 条，上部有时有短枝。

叶：叶稀疏，对生或 4 叶轮生，无柄，在茎枝之上成有间距的 3~4 轮，叶片两面密被短绒毛，下面间有白色肤屑状物，缘有圆形大齿或小裂片。

花：花序短总状或花少数。萼管圆筒形，密被短绒毛，齿 5。花冠黄色；管伸直，仅略长于萼，喉部被短毛；盔下部与管同一指向，上部镰状弓曲，额圆形，前缘有齿 1 对；下唇与盔等长或稍短，裂片近相等或中裂稍较大，后者前端微凹；雄蕊花丝无毛。

分布：中国特有种。产云南西北部。

Habit: Herbs annual, to 12 cm tall, tomentose throughout, not drying black.

Root: Root slender.

Stem: Stems usually 2-6, erect, slender, sometimes short branched apically.

Leaf: Leaves opposite or in whorls of 4, sessile, oblong-ovate to triangular-ovate, densely tomentose on both surfaces; segments crenate-dentate or lobulate.

Flower: Inflorescences short racemose. Pedicel short. Calyx membranous, tomentose; lobes 5, unequal, posterior lobe smallest, dentate. Corolla yellow; tube erect, slightly longer than calyx; galea falcate apically, with 1 marginal tooth on each side; lower lip barely as long as galea, middle lobe nearly as long as lateral lobes, emarginate. Filaments glabrous.

Distribution: Endemic species in China. NW Yunnan.

52. 后生四川马先蒿 hòu shēng sì chuān mǎ xiān hāo

Pedicularis metaszetschuanica **P. C. Tsoong**, Fl. Reipubl. Popularis Sin. 68: 410. 1963.

生活型： 一年生草本，高达 25 cm，干时多少变黑。

根： 根多少圆锥状，不分枝或分枝，有极少须状侧根，木质化。

茎： 茎单一或 2~7 条自根颈发出，外围者基部多少偃卧而后上升，具白色长毛，节上尤多，成为毛茸状。

叶： 基生叶多少宿存，有细柄，多少有白毛；叶片小，羽状浅裂。茎生叶柄较短，叶片稍大，柄上密生白色长毛，正面有压平的卷曲白毛，背面脉上有长白毛。

花： 花序顶生，下方一花轮有时相距甚远，其余多少连续成短穗状。萼膜质，后方高前方低，不开裂，近齿处与齿内略有网纹；齿 5，三角形而短，多少不等，后侧方者最大，端不膨大或稍膨大而为暗绿色。花冠红紫色；管在基部向前上方膝曲，喉部扩大；盔几与花冠下方一段同其指向，前缘下部稍圆凸，顶圆形，前额斜下与突然向前转折之前缘顶端组成宽阔的方形喙状凸出，再从其下缘伸出指向前方的细须状齿 1 对；下唇侧裂倒卵形，中裂宽卵形，略小于侧裂；雄蕊花丝均无毛。

花果期： 花期 7~8 月；果期 9~10 月。

生境： 生于海拔 3,200~3,400 m 的开旷草地中。

分布： 中国特有种。产四川北部。

Habit: Herbs annual, to 25 cm tall, ± drying black.

Root: Roots conical, woody.

Stem: Stems 1-7, outer stems ± ascending, white villous.

Leaf: Basal leaves ± persistent; petiole slender, white villous; leaf blade oblong to lanceolate, pinnatifid. Stem leaves in whorls of 4, shorter petiolate; leaf blade slightly larger than basal leaves, abaxially white villous along veins, adaxially appressed white crispate-pilose.

Flower: Inflorescences spicate, 3-6 cm, interrupted basally. Calyx membranous, slightly cleft anteriorly; lobes 5, triangular, short, ± unequal. Corolla red-purple; tube decurved basally, expanded apically; galea apex rounded, with 1 marginal filiform tooth on each side; lower lip middle lobe broadly ovate, slightly smaller than lateral pair. Filaments glabrous.

Phenology: Fl. Jul-Aug; fr. Sep-Oct.

Habitat: Open meadows; 3,200-3,400 m.

Distribution: Endemic species in China. N Sichuan.

53. 小唇马先蒿 xiǎo chún mǎ xiān hāo

***Pedicularis microchila* Franchet ex Maximowicz**, Bull. Acad. Imp. Sci. Saint-Pétersbourg. 32: 595. 1888.

生活型： 一年生草本，干时不变黑色。

根： 根不分枝，细而直，有时弯曲，须状侧根少。

茎： 茎单一或在强大植株中多至 5 条，从根颈发出，直立或外方者基部稍弯曲上升，草质而弱，有纵条纹，下部均无毛，中部以上亦光滑或在沟纹中有毛，节上尤多。

叶： 叶稀少；基生者早枯；茎生者最下方一节上者常对生，自此以上均为 4 叶轮生，最下部者具几为膜质的叶柄，第二轮之柄一般较短，再向上者几无柄；叶片最下部者最小，中部者最大，两端都钝头；裂片具缺刻状浅裂或重锯齿，小裂片亦有重齿，两面均无毛，背面细网脉明显。

花： 花序由 1~8 花轮组成，每轮含 2 花或 4 花，各疏距，仅极顶数轮在开花时紧密。萼卵状钟形，具 10 脉；齿 5，相等，三角状卵形，有不显著的齿，脉与齿上均有毛。花冠管与下唇浅红色；盔紫色而较深，管基部至萼喉稍膝曲而转指前方，然后其上线（背线）突然以约直角转折向上而成为盔，其下线（腹线）则继续向前并稍扩大成喉部而连于下唇；盔长而狭，与管的上段多少成直角，略作镰状弓曲，额部圆钝或斜向下缘而多少尖头，下缘端无棱角或有一方形转角，或在大半的情况下，生有细齿 1 对；下唇侧裂椭圆形较大，中裂有柄，椭圆形而较小，伸出于前方；花丝 2 对均无毛。

果实： 蒴果三角状狭卵形，约一半为宿萼所包，其基线向前伸出为小凸尖。

花果期： 花期 6~8 月；果期 7~9 月。

生境： 生于海拔 2,800~4,000 m 的高山草原或溪旁灌丛下。

分布： 中国特有种。产云南西北部与四川西南部。

Habit: Herbs annual, to 40 cm tall, not drying black.

Root: Roots slender.

Stem: Stems 1-5, erect or outer stems slightly ascending, weak, glabrescent.

Leaf: Leaves few; basal leaves withering early. Proximal stem leaves opposite; petiole middle and distal ones in whorls of 4, short petiolate to sessile; leaf blade oblong to elliptic or ovate, glabrous on both surfaces, pinnatifid; segments ovate, incised-lobed or double dentate.

Flower: Inflorescences spicate, interrupted. Calyx slightly cleft anteriorly; lobes 5, ± equal, triangular-ovate, obscurely serrate, pilose along veins and serrate. Corolla strongly ascending at junction of tube and galea, pale red, with purple galea; galea slightly falcate, much longer than lower lip, apex toothed or not. Filaments glabrous.

Fruit: Capsule narrowly ovoid-triangular, 1/2 exceeding calyx, apiculate.

Phenology: Fl. Jun-Aug; fr. Jul-Sep.

Habitat: Alpine meadows, thicket margins by streams; 2,800-4,000 m.

Distribution: Endemic species in China. NW Yunnan, SW Sichuan.

54. 康泊东叶马先蒿 kāng bó dōng yè mǎ xiān hāo

Pedicularis comptoniifolia **Franchet ex Maximowicz**, Bull. Acad. Imp. Sci. Saint-Pétersbourg. 32: 586. 1888.

生活型：多年生草本，高达 60 cm，干时变得很黑。

根：根丛生而密，粗细杂生。

茎：茎坚挺，上部常有分枝，枝约以 40° 角又分枝，3~4 枝轮生。

叶：叶革质，4 叶轮生，有短柄；叶片线形，锐尖头，羽状开裂，或有重锯齿；裂片圆形，有具胼胝的细齿。

花：花序总状，生于茎枝之端。萼长有短梗，钟形而略膨大，纸质，具 5 短齿，齿三角形全缘，缘有长毛。花冠深红色；管约长于萼 3 倍，在萼口向前弯曲，上部渐扩大，约长于萼 3 倍，内面在雄蕊着生处与喉部之间有毛；盔与管的上部同一指向，额部直角向下而几成方形，下端斜截形，各边有 1 短齿；下唇略长于盔，自较狭的基部成为宽卵形，前方 3 浅裂，中裂略作倒卵形，端圆或略截形，多少伸出，甚小于侧裂；雄蕊花丝后方 1 对有疏毛。

花果期：花期 7~9 月；果期 9~12 月。

生境：生于海拔 2,400~3,000 m 的干草坡与草滩中。

分布：我国产四川西南部，云南西北部、北部及南部。国外分布于缅甸。

Habit: Herbs perennial, to 60 cm tall, drying black.

Root: Root clustered.

Stem: Stems glabrous or slightly pubescent, usually branched apically, branches in whorls of 3 or 4.

Leaf: Leaves in whorls of 4; petiole short; leaf blade linear, leathery, pinnatifid; segments rounded, wider than long, margin double dentate.

Flower: Inflorescences racemose, many flowered, usually interrupted. Calyx campanulate; lobes 5, triangular, short, long ciliate, entire. Corolla dark red; tube slightly bent basally, ca. 3× as long as calyx, expanded apically; galea terminating in a short and wide beaklike apex, with 1 short marginal tooth on each side; lower lip slightly longer than galea, middle lobe slightly obovate, much smaller than lateral pair, ± projecting. Posterior 2 filaments sparsely pubescent.

Phenology: Fl. Jul-Sep; fr. Sep-Dec.

Habitat: Open dry pastures, meadows; 2,400-3,000 m.

Distribution: SW Sichuan, N, NW, and S Yunnan. Also distributed in Myanmar.

55. 多花马先蒿 duō huā mǎ xiān hāo

Pedicularis floribunda **Franchet**, Bull. Soc. Bot. France. 47: 31. 1900.

生活型： 一年生草本，高达 50~70 cm，干时不变黑色。
根： 根伸长，有少数分枝与细根，多少肉质，老时木质化。
茎： 茎直立，常自基部发出数条，上部常有分枝；主茎粗，坚挺，侧茎则常细弱而弯曲上升，圆柱形，中空，有毛线 3 行或 4 行，开始草质而老时木质化。
叶： 叶 3~6 轮生，有柄；叶片羽状全裂，中肋有翅和裂片，卵形至披针形，自身亦为羽状深裂；小裂片有尖锐锯齿，齿有胼胝，两面均有疏毛，下面之毛较长。
花： 花序很长，花轮生有多花，各自远距，仅在花序近顶处连续；花有梗。萼管圆筒状长圆形，膜质无网脉，其 5 主脉上密生长毛；齿 5，不等大，基部狭，端膨大叶状，常 3 深裂而有锯齿，或不裂而仅有深齿。花冠较大，玫红色；管长 1.1~1.5 cm，在萼内不弓曲；盔显作镰状弓曲，额部高凸而微有鸡冠状凸起，下缘之端有 1 对大齿；下唇很大，中裂较小，显著地伸出于侧裂之前；雄蕊花丝 2 对均有毛。
花果期： 花期 7 月；果期 8~9 月。
生境： 生于海拔 2,300~2,700 m 的多石山坡上。
分布： 中国特有种。产四川西部。

Habit: Herbs annual, to 50-70 cm tall, not drying black.
Root: Roots fleshy, woody.
Stem: Stems branched apically, with 3 or 4 lines of hairs.
Leaf: Leaves in whorls of 3-6; petiole short; leaf blade lanceolate-oblong, sparsely pubescent, pinnatisect; segments ovate to lanceolate, pinnatipartite, incised-dentate.
Flower: Inflorescences to 20 cm, lax. Pedicel short. Calyx densely villous along 5 veins; lobes 5, unequal, serrate. Corolla rose; tube 1.1-1.5 cm, ± straight in calyx; galea falcate, crested; lower lip middle lobe ovate, projecting. Filaments pubescent.
Phenology: Fl. Jul; fr. Aug-Sep.
Habitat: Rocky slopes; 2,300-2,700 m.
Distribution: Endemic species in China. W Sichuan.

56. 生驹氏马先蒿 shēng jū shì mǎ xiān hāo

Pedicularis ikomai **Sasaki**, Trans. Nat. Hist. Soc. Taiwan. 20: 164. 1930.

生活型：多年生草本。

茎：茎成束，5~10 条自基部发出，全体有毛，暗棕色。

叶：叶对生，椭圆形至心形，羽状深裂，端钝头至锐头；小叶斜形，缘有齿，中肋明显。

花：穗状花序顶生，密生 3~5 花；花有梗。萼亚囊状，2 裂，裂片舟形，脉上略有细毛。花冠紫色，圆筒形，二唇状；上唇盔狭缩为喙，下唇圆形，端 3 裂，侧裂大而圆，中裂小。雄蕊花丝有密毛。

花果期：花期 8 月。

生境：生于海拔约 3,500 m 的中央岩壁附近。

分布：中国特有种。产台湾东北部。

Habit: Herbs perennial, 25-27 cm tall.

Stem: Stems 5-10, cespitose, dark brown, pubescent.

Leaf: Leaves in whorls of 4; petiole short; leaf blade elliptic to cordate, pinnatipartite; segments oblique, serrate.

Flower: Inflorescences racemose, dense, 3-5-flowered. Pedicel short. Calyx ± saccate; lobes 2, navicular, slightly fine pubescent along veins. Corolla purple, cylindric; galea short beaked; lower lip rounded; middle lobe smaller than lateral lobes, barely 3 mm wide, lateral lobes rounded, large. Filaments densely pubescent.

Phenology: Fl. Aug.

Habitat: Rocky mountain slopes, near summit; ca. 3,500 m.

Distribution: Endemic species in China. NE Taiwan.

57. 假山萝花马先蒿 jiā shān luó huā mǎ xiān hāo

***Pedicularis pseudomelampyriflora* Bonati**, Notes Roy. Bot. Gard. Edinburgh. 15: 155. 1926.

生活型：一年生草本，高可达 60 cm，干时不很变黑。

茎：茎单出，有时极粗壮，有纵沟纹，及成行的毛，中空，老时多少木质化，中上部多分枝；3~4 枝轮生，细长，亦有成行的毛。

叶：叶 3~6 轮生，下部者偶有对生，有短柄；叶片羽状深裂至全裂，叶轴有狭翅；裂片线形，不相对，缘有粗锯齿，齿有胼胝，背面中脉有毛。

花：花轮多少间断；花梗短。萼有疏长毛，管卵形而短，具 10 脉，明显；齿 5，基部三角形全缘，上部叶状而宽阔，常宽过于长，有锯齿，齿有明显的白色胼胝。花冠玫红色；管与盔约相等；前者在中部以下作强烈的弓曲使花前俯，后者多少镰状弓曲，背部至额部有 1 鸡冠状凸起，下缘前端有齿 1 对；下唇宽与长相等，中裂三角状卵形至圆卵形，锐头至微钝；雄蕊花丝 1 对有毛。

花果期：花期 6~8 月；果期 9~10 月。

生境：生于海拔 3,000~3,800 m 开阔的阳坡草地、林缘。

分布：中国特有种。产四川西北部，西藏东南部，云南西北部。

Habit: Herbs annual, to more than 60 cm tall, drying black.

Stem: Stems single, ± woody when old, many branched apically; branches in whorls of 3 or 4, slender, with lines of hairs.

Leaf: Leaves in whorls of 3-6; petiole short; leaf blade ovate-oblong to lanceolate-oblong, abaxially pubescent along midvein, pinnatipartite to pinnatisect; segments linear, serrate.

Flower: Inflorescences with flowers in whorls in ± interrupted racemes. Pedicel short. Calyx sparsely villous; lobes 5, unequal, serrate. Corolla rose; tube nearly as long as galea, strongly curved in calyx; galea falcate, ca. as long as tube, crested; lower lip middle lobe rounded. 2 filaments pubescent, 2 glabrous.

Phenology: Fl. Jun-Aug; fr. Sep-Oct.

Habitat: Open moist areas, thicket margins; 3,000-3,800 m.

Distribution: Endemic species in China. NW Sichuan, SE Xizang, NW Yunnan.

58. 坚挺马先蒿 jiān tǐng mǎ xiān hāo

Pedicularis rigida **Franchet ex Maximowicz**, Bull. Acad. Imp. Sci. Saint-Pétersbourg. 32: 587. 1888.

生活型：多年生草本，干时略变黑。

茎：茎坚挺，密被短毛，高可达 60 cm，上部具短分枝。

叶：叶通常 4 叶轮生，具短柄；叶片革质，羽状浅裂，有具胼胝质的锯齿。

花：花序顶生总状，花多而密；花有短柄。萼钟形而稍膨大，有长纤毛。花冠紫红色；管长于萼约 1 倍，在萼口上向前弓曲，使花的上部前俯；盔稍向前弓曲，先端下缘有细长的小齿 1 对；下唇中裂很小，侧裂较大，边缘均有细齿；雄蕊花丝着生处密生柔毛，而 2 对花丝均无毛。

果实：蒴果长圆形，先端急尖，部分为宿萼所包裹。

花果期：花期 8~12 月；果期 9~12 月。

生境：生于海拔 2,500~3,000 m 的高山草地或石坡阴处。

分布：中国特有种。产云南西北部。

Habit: Herbs perennial, to 60 cm tall, drying slightly black.

Stem: Stems densely pubescent, short branched apically.

Leaf: Leaves usually in whorls of 4; petiole very short; leaf blade linear-oblong to narrowly lanceolate, leathery, pinnatifid; segments wider than long, serrulate, teeth callose.

Flower: Inflorescences racemose, many flowered, dense. Calyx campanulate, membranous; lobes 5, triangular, long ciliate, entire. Corolla purplish red; tube slightly decurved near calyx lobes, ca. 2× as long as throat of calyx; galea slightly curved apically, with 1 subulate marginal tooth on each side; lower lip ca. as long as galea, middle lobe much smaller than lateral lobes, ovate, all lobes serrulate. Filaments glabrous. Capsule partly enclosed by calyx, oblong.

Fruit: Capsule oblong, apex acute.

Phenology: Fl. Aug-Dec; fr. Sep-Dec.

Habitat: Alpine pastures, shaded stony areas; 2,500-3,000 m.

Distribution: Endemic species in China. NW Yunnan.

59. 双生马先蒿 shuāng shēng mǎ xiān hāo

***Pedicularis binaria* Maximowicz**, Bull. Acad. Imp. Sci. Saint-Pétersbourg. 32: 579. 1888.

生活型：一年生草本，干时不变黑色。

根：主根单出，多少木质化而细，生有少数线状侧根。

茎：茎单出或自根颈发出数条，直立或侧出者弯曲上升，略木质化，圆柱形，中空，被白色柔毛，不分枝。

叶：叶无基出者，茎生者对生，各茎 1~3 对，下部者有长柄，生有白色长毛，基部略膨大，上部者叶柄较短，常较宽；叶片多少长圆状披针形，羽状深裂；裂片狭长圆形亚锐头，缘有锐齿，齿均为胼胝质而反卷。

花：花序顶生短穗状；花梗短。萼管卵状圆筒形，管膜质而薄，具清晰的 10 脉，脉上被白色长柔毛，无网脉；齿 5，后方 1 齿较小，披针形全缘，余 4 齿较大，均自基部作狭长的三角形渐狭，仅顶端略膨大变厚，缘有毛。花冠二色，喉部和盔的直立部分多少黄色，其余紫红色；管伸直，长萼管 2 倍以上，外面有细毛；盔几与管等长，直立部分很长，顶端约以 45° 角转向前上方成为很膨大的含有雄蕊部分，额略高凸，前方骤细成为短直的喙，多少圆锥形，自额部转指前方而略偏下方，端截头；下唇有缘毛，很宽大，扁圆形，侧裂斜椭圆形，中裂宽卵形，顶端伸出作兜状包裹；雄蕊花丝前方 1 对有长柔毛。

花果期：花期 8 月；果期 9 月。

生境：生于海拔约 4,000 m 的高山草原中。

分布：中国特有种。产四川北部。

Habit: Herbs annual, to 15 cm tall, not drying black.

Root: Root single, woody.

Stem: Stems woody, whitish pubescent.

Leaf: Leaves 1-3 pairs, opposite; petiole whitish long pubescent; leaf blade pinnatipartite; segments 5-8 pairs, narrowly oblong, incised-dentate.

Flower: Inflorescences 3-6-flowered. Pedicel short. Calyx membranous, whitish villous along veins; teeth unequal, ciliate. Corolla purplish red, with ± yellow galea basally; tube straight, ca. 1.4 cm, to more than 2× as long as calyx tube, pubescent; galea falcate, nearly as long as tube; lower lip ciliate, middle lobe broadly ovate, hoodlike at apex. 2 filaments villous, 2 glabrous.

Phenology: Fl. Aug; fr. Sep.

Habitat: Alpine meadows; ca. 4,000 m.

Distribution: Endemic species in China. N Sichuan.

60. 聚花马先蒿 jù huā mǎ xiān hāo

Pedicularis confertiflora **Prain**, J. Asiat. Soc. Bengal, Pt. 2, Nat. Hist. 58(2): 258. 1889.

生活型： 一年生低矮草本，一般仅 1~25 cm，不变黑，毛疏密不等。

根： 根茎短，而常有分枝，有 1 对披针形鳞片。

茎： 茎单出或自基部成丛发出，有毛，中央者直立，旁出者倾卧或弯曲上升。

叶： 叶基生者有柄，丛生，很快即枯死，柄较长。茎生者无，或 1~4 对，最常为 1~2 对，对生；叶片羽状全裂。

花： 花有短梗，对生或上部 4 花轮生而较密，下部 1 轮有时疏远。萼钟形，有粗毛；齿 5，后方 1 齿三角状针形，较小，其余 4 齿 2 大 2 小。花冠玫红色至紫红色；管约长于萼 2 倍；盔上端约以直角转折向前，顶端成为稍指向前下方而伸直的细喙；下唇宽大，约与盔等长，前方 3 裂至 1/3 处，中裂较小，仅侧裂的 1/3，端作明显的兜状；雄蕊花丝无毛或前方 1 对微有毛。

果实： 蒴果斜卵形，有凸尖，伸出于宿萼 1 倍。种子卵圆形，褐色，有明显的网脉。

花果期： 花期 7~9 月；果期 8~10 月。

生境： 生于海拔 2,700~4,900 m 的空旷多石的草地中。

分布： 我国产云南，四川西南部，西藏南部。国外分布于不丹，尼泊尔和印度锡金。

Habit: Herbs annual, 1-18 (-25) cm tall; villous, not drying black.

Root: Roots woody.

Stem: Stems single or numerous; dark purplish, sometimes branched basally, pubescent; central stem erect, outer stems procumbent to ascending.

Leaf: Basal leaves clustered, withering early; petiole short. Stem leaves absent or 1 or 2 (-4) pairs, opposite; sessile; leaf blade ovate-oblong, pinnatisect; segments ovate, incised-dentate.

Flower: Flowers opposite or in whorls of 4 apically. Pedicel short. Calyx membranous, usually tinged with red, hispid; lobes 5, unequal, posterior lobe entire, lateral lobes 3-parted. Corolla rose to purplish red; tube ca. 2× as long as calyx; galea bent at a right angle apically; beak bent slightly downward, straight, slender; lower lip ca. as long as galea, glabrous or minutely ciliate, middle lobe hoodlike. Anterior filaments densely pubescent, other filaments sparsely pubescent or glabrous.

Fruit: Capsule obliquely ovoid, ca.1/2 exceeding calyx, apiculate.

Phenology: Fl. Jul-Sep; fr. Aug-Oct.

Habitat: Open stony pastures, grassy slopes; 2,700-4,900 m.

Distribution: Yunnan, SW Sichuan, S Xizang. Also distributed in Bhutan, Nepal, and India (Sikkim).

61. 弱小马先蒿 ruò xiǎo mǎ xiān hāo

***Pedicularis debilis* Franchet ex Maximowicz**, Bull. Acad. Imp. Sci. Saint-Pétersbourg. 32: 549. 1888.

生活型： 一年生草本，干时变黑，低矮或略升高，可达 20 cm，仅有微毛。

根： 根茎节明显，有宿存的卵形膜质苞片数对，并发出丝状成丛的须根。

茎： 茎单出，不分枝，基部有卵形至披针形的鳞片数对，节很少，除花序外仅 1~2，有极微的毛线 2 行，在花序中毛较明显。

叶： 叶片小，裂片每边 3~7，无毛，中部或中上部 1 对叶最大。

花： 花序顶生，亚头状；花梗在上叶腋中者极长，在花序中者较短。萼卵状圆筒形，常有紫红色之晕；齿 5，后方 1 齿大针形而细，短于其他 4 齿，后者中以后侧方 1 对为最大。花冠红色而盔则深紫红色；盔上部约以直角但多少减缓地转向前方成为地平的部分，前方渐细为喙；下唇具不整齐的啮痕状齿，有时极分明而尤以各裂片的主脉伸出而成之齿最为明显，并有极长的缘毛，中裂较侧裂小一半至 2/3，大部凸出于前方；雄蕊 2 对花丝均无毛。

花果期： 花期 7~9 月。

生境： 生于海拔 4,000 m 的林缘。

分布： 中国特有种。产云南西北部。

Habit: Herbs annual, to 20 cm, some only 5-8 cm, finely pubescent, drying black.

Root: Roots fascicled, fibrous.

Stem: Stems single, unbranched, with 2 lines of hairs.

Leaf: Leaves opposite, both basal and on stem; petiole slender, proximal ones wider, distal ones to short; leaf blade orbicular or ovate to oblong, abaxially glabrous, adaxially glabrescent, pinnatifid to pinnatipartite; segments broadly ovate to lanceolate-ovate, pinnatifid or incised-double dentate.

Flower: Inflorescences subcapitate. Pedicel short. Calyx usually tinged with purplish red, sparsely pubescent, membranous; lobes 5, unequal, lateral lobes; entire or 1-3-toothed. Corolla red, with dark purplish red galea; tube ca. 8.5 mm; galea bent at a right angle apically; beak horizontal; straight slender; lower lip long ciliate or glabrous; erose, middle lobe hoodlike. Filaments glabrous throughout.

Phenology: Fl. Jul-Sep.

Habitat: Forest margins; 4,000 m.

Distribution: Endemic species in China. NW Yunnan.

62. 马克逊马先蒿 mǎ kè xùn mǎ xiān hāo

***Pedicularis maxonii* Bonati**, Notes Roy. Bot. Gard. Edinburgh. 15: 166. 1926.

生境：一年生，高 12~16 cm，除花序外无毛。

根：根伸直，略有分枝。

茎：茎直立，多分枝。

叶：叶对生，上面无毛，下面带白色，羽状浅裂，裂片线形。

花：花序穗状顶生，一般多花而稠密。萼有毛，具 5 齿，后方 1 齿较短，披针形锐头，侧齿有深裂。花冠紫色；管长约 1 cm，圆筒形；盔背圆形而以直角向前转折，前方突然细缩成线形的喙；下唇约与盔等长，略 3 裂，缘有长而多节之毛，中裂伸出于侧裂之前很长，端作兜状；雄蕊花丝均无毛。

花果期：花期 8~9 月；果期 9~10 月。

生境：生于海拔 3,000 m 的高山草地中。

分布：中国特有种。产云南西北部。

Habit: Herbs annual, 12-16 cm tall.

Root: Root straight, few branches.

Stem: Stems erect, many branched, with short internodes usually less than 3 cm, glabrous except for inflorescences.

Leaf: Stem leaves opposite; sessile throughout, glabrous; leaf blade ovate to lanceolate, pinnatifid; segments linear, incised-dentate.

Flower: Inflorescences spicate, usually many flowered, dense. Calyx, pubescent; lobes 5, unequal, posterior one lanceolate and shorter, lateral lobes deeply serrate lobed. Corolla purple; tube ca. 1 cm, glabrous or finely pubescent; galea bent at a right angle apically; beak linear; lower lip ca. as long as galea, long ciliate, middle lobe ovate, much projecting, hoodlike apically. Filaments glabrous throughout.

Phenology: Fl. Aug-Sep; fr. Sep-Oct.

Habitat: Alpine meadows; 3,000 m.

Distribution: Endemic species in China. NW Yunnan.

赵颖/摄影

赵颖/摄影

赵颖/摄影

63. 费尔氏马先蒿 fèi ěr shì mǎ xiān hāo

***Pedicularis pheulpinii* Bonati**, Bull. Soc. Bot. France. 55: 247. 1908.

生活型： 一年生草本，高 5~20 cm。

茎： 茎单条，圆筒形，多长毛，直立，高 10~20 cm。

叶： 下部叶 10~20，有柄，轮生，叶片羽状开裂；茎叶对生，叶柄有绵毛，上部者无柄。

花： 花序穗状少花，基部有间歇；下部花有梗，上部花无梗。萼卵圆状圆筒形；齿 5，后方 1 齿很细小，针形，其余 4 齿 2 大 2 小，后侧方 2 齿几大 1 倍，沿边有极长的白毛。花冠红紫色，盔色较深；管约与萼等长；盔约以直角向前转折为含有雄蕊的部分，前额很高凸，前方突然细缩成为指向前下方的伸直的喙；下唇稍短于盔，中裂完全伸出于前方，端稍作兜状而尖；雄蕊花丝无毛。

花果期： 花期 7~8 月。

生境： 生于高山或沼泽草甸，溪流和沟壑边缘的潮湿土壤以及云杉林地。

分布： 中国特有种。产青海东北部，四川西部。

Habit: Herbs annual, 5-20 cm tall.

Stem: Stems single, erect, densely long pubescent.

Leaf: Leaves opposite or whorled; proximal ones long petiolate and distal ones sessile, ciliate; leaf blade lanceolate to linear-lanceolate, glabrous or glabrescent, pinnatifid to pinnatisect; segments rounded, margin entire.

Flower: Inflorescences spicate, few flowered, interrupted basally; bracts palmatilobate, ciliate. Proximal pedicels ca. 2 mm, distal flowers sessile. Calyx ovate-cylindric; lobes 5, unequal, posterior one subulate, very small, lateral lobes; narrowly ovate, whitish long pubescent, serrate. Corolla red-purple, with dark purple galea; tube ca. as long as calyx; galea bent at a right angle apically; beak bent; downward, straight, slender; lower lip shorter than galea, middle lobe broadly triangular-ovate, much projecting, slightly hoodlike apically. Filaments glabrous throughout.

Phenology: Fl. Jul-Aug.

Habitat: Alpine or swampy meadows, damp soil by stream and gully margins, *Picea* woodlands.

Distribution: Endemic species in China. NE Qinghai, W Sichuan.

64. 疏裂马先蒿 shū liè mǎ xiān hāo

***Pedicularis remotiloba* Handel-Mazzetti**, Symb. Sin. 7: 868. 1936.

生活型：低矮草本，高仅 6~7 cm，干时变黑。

根：根茎短，节上有时有宿存鳞片，下部发出多条略作纺锤形的支根，根为主根状而有须根。

茎：茎一般多条，弯曲上升或基部强烈倾卧，细弱，有细毛或几光滑，无叶或仅有叶 1 对。

叶：叶多基生成丛，有长柄；叶片羽状全裂；裂片常不相对，近基 1 对较疏远，两面无毛。茎生叶较小，柄亦较短。

花：花序短总状而成头状。萼圆筒形；齿 5，几相等。花冠玫瑰色；管约比萼长 1 倍，伸直；盔下方与管等粗，向上多少扩大，在前缘转角处有明显的三角状齿 1 对，含有雄蕊部分的前方突然细缩成喙，额高凸；下唇宽过于长，中裂约开裂至下唇的一半，约与侧裂等大；雄蕊花丝 2 对均无毛。

花果期：花期 8 月；果期 8~9 月。

生境：生于海拔 3,700~4,200 m 的高山草坡上。

分布：中国特有种。产云南西北部，澜沧江—怒江分水岭。

Habit: Herbs low, 6-7 cm, sometimes barely 1.5 cm tall, drying black.

Root: Roots numerous, fusiform.

Stem: Stems often several, ascending or procumbent, slender, ciliolate or glabrescent.

Leaf: Leaves mostly in a basal rosette; petiole glabrous; leaf blade ovate-elliptic to ovate-oblong, glabrous on both surfaces, pinnatisect; segments ovate to orbicular, incised-double dentate. Stem leaves few or absent, similar to basal leaves but smaller and shorter petiolate.

Flower: Inflorescences short racemose; bracts leaflike. Calyx cylindric, membranous; lobes 5; equal, triangular, entire. Corolla rose; tube erect, ca. 2× as long as calyx; galea strongly bent apically, marginally 2-toothed below curve; beak; horizontal, straight; lower lip glabrous, lobes rounded. Filaments glabrous.

Phenology: Fl. Aug; fr. Aug-Sep.

Habitat: Grassy slopes in alpine regions; 3,700-4,200 m.

Distribution: Endemic species in China. NW Yunnan, Lancang Jiang-Nu Jiang Divide.

65. 团花马先蒿 tuán huā mǎ xiān hāo

***Pedicularis sphaerantha* P. C. Tsoong**, Acta Phytotax. Sin. 3: 291. 1955.

生活型：低矮或稍升高，密生长毛。

根：根茎短，生有须状根。

茎：茎单出或数条，中间者直立，侧方者常弯曲上升。

叶：叶基生和茎生。基生和茎下部者具较长的叶柄，有疏毛；叶片椭圆形至长圆形，羽状全裂，长圆形，自身亦为羽状分裂；裂片有齿。茎生叶 3~4 轮生，2~3 轮，互相疏距，叶柄轮短而多少膨大，叶片如基生叶。

花：花序密集成团。萼有毛，管部透明膜质，具 10 脉；齿 5，基部宽三角形，向上多变狭，其中后方 1 齿狭三角状披针形而全缘，其余者上部膨大叶状。花冠红色，盔深红色；管伸直，端不扩大，无毛；盔近端处有 1 对高凸的圆耳状物，端几以直角转折向前成为地平部分，前方渐细成为长喙，喙多少指向前下方；下唇三角状卵形，缘有长毛，中裂较小，亦为三角状卵形，前端作强烈兜裹而成一小而深的囊；雄蕊着生于管的中部，花丝前方 1 对有疏毛。

生境：生于海拔 3,900~4,800 m 的沼泽草甸与草坡中。

分布：中国特有种。产西藏东部。

Habit: Herbs perennial, densely long pubescent.

Root: Roots fibrous.

Stem: Stems 1 to several, central stem erect, outer stems usually ascending.

Leaf: Basal leaf petiole long, to 1 cm, sparsely pubescent; leaf blade elliptic to oblong, pinnatisect; segments oblong, pinnatifid, dentate. Stem leaves in whorls of 3 or 4, widely spaced; leaf blade similar to basal leaves but shorter petiolate.

Flower: Inflorescences compact, globose. Calyx membranous; lobes 5, unequal, posterior one triangular-lanceolate and entire, lateral lobes leaflike and serrate. Corolla red, with dark red galea; tube erect, glabrous; galea bent at a right angle apically, with an auriculate marginal protuberance on one side; beak ± bent downward, slender; lower lip long ciliate, middle lobe hoodlike apically, ca. less than 2× as long as lateral lobes. Anterior filaments sparsely pubescent.

Habitat: Swampy meadows, grassy slopes; 3,900-4,800 m.

Distribution: Endemic species in China. E Xizang.

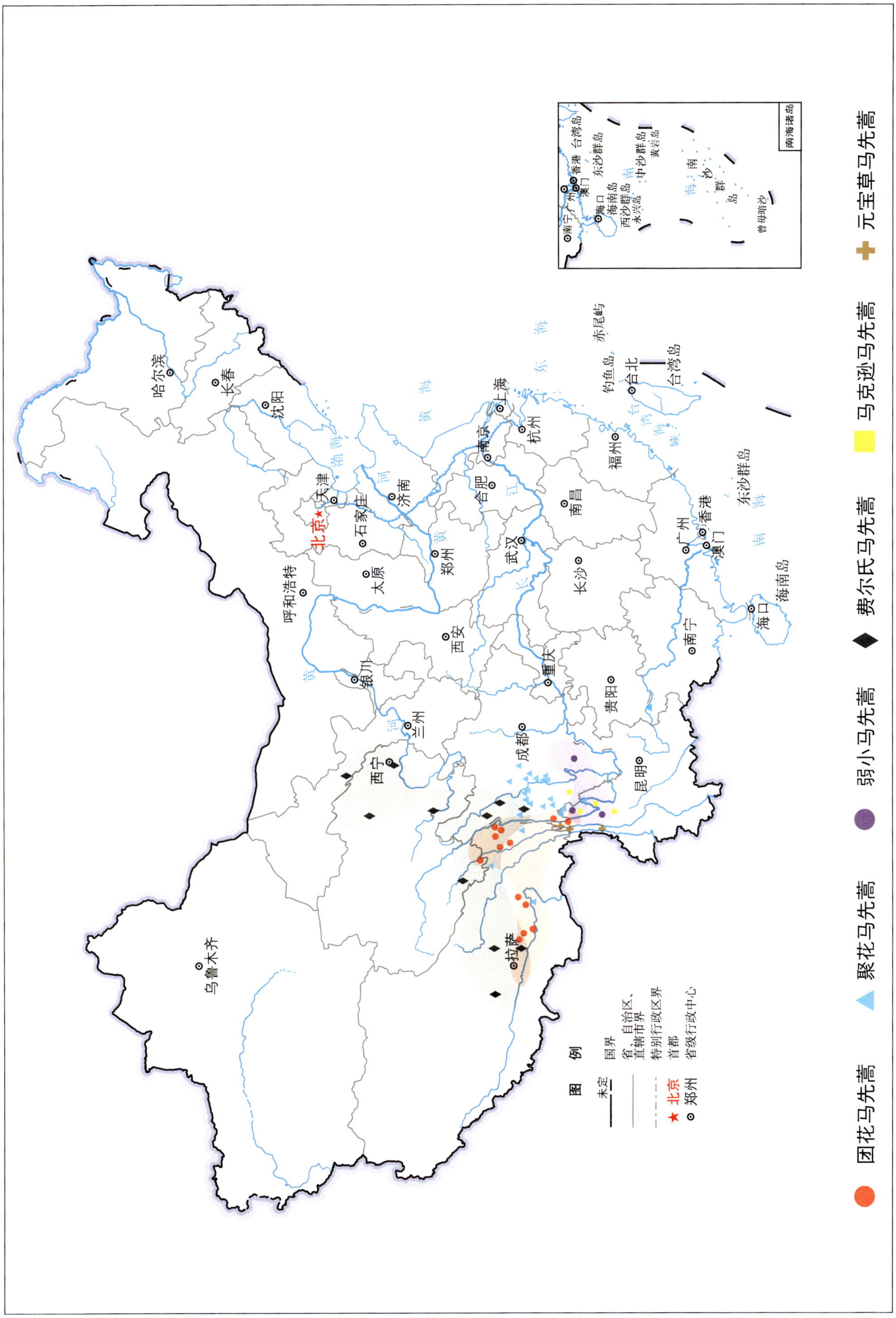

插图1　弱小马先蒿类物种地理分布图

66. 二歧马先蒿 èr qí mǎ xiān hāo

Pedicularis dichotoma **Bonati**, Bull. Soc. Bot. France. 55: 247. 1908.

生活型：多年生草本，干后不变为黑色，植株高可达 30 cm 以上。

根：根非肉质。

茎：茎被毛，不分枝或具有对生的枝条。

叶：叶对生，羽状全裂；裂片线形，深裂几达中肋，边缘有微凸起的胼胝，植株上方之叶其柄渐变阔。

花：花序穗状，长短疏密变化甚大。萼膨大，长卵形，膜质，外面具有棱角，棱上被毛，脉纹显明，齿三角形，后方 1 齿甚小。花冠粉红色，伸出萼上；盔在前缘具有 1 对小齿的直立部分之上，以略超过直角的角度向前下方突然转折为含有雄蕊的部分，再前即渐细为伸直之喙；下唇不开展，中裂较小，边缘均无波状齿；雄蕊花丝上部均有毛。

果实：蒴果卵圆形，棕褐色，被包于膨大的宿萼中，先端有喙状凸尖。

花果期：花期 7~9 月；果期 8~9 月。

生境：生于海拔 2,700~4,300 m 的山坡上，有时亦见于较疏散的林中。

分布：中国特有种。产四川西南部，西藏东部，云南西北部。

Habit: Herbs perennial, to 30 cm tall, not drying black.

Root: Roots not fleshy.

Stem: Stems dichotomously branched or unbranched, pubescent.

Leaf: Leaves opposite; petiole winged; leaf blade ovate-oblong to oblong-lanceolate, pinnatisect; segments widely spaced, linear, pinnatifid or dentate.

Flower: Flowers opposite, 2-18 pairs. Calyx long ovate, membranous, strongly 5-veined, ciliate along veins; lobes 5, unequal, triangular, posterior one smallest. Corolla pink; galea ± bent at a right angle apically; beak horizontal, straight, slender; lower lip glabrous at margin, middle lobe smaller than prominent lateral lobes. Filaments pubescent.

Fruit: Capsule enclosed by accrescent calyx, ovoid, apiculate.

Phenology: Fl. Jul-Sep; fr. Aug-Sep.

Habitat: Open alpine pastures, open forests; 2,700-4,300 m.

Distribution: Endemic species in China. SW Sichuan, E Xizang, NW Yunnan.

67. 鸭首马先蒿 yā shǒu mǎ xiān hāo

Pedicularis anas **Maximowicz**, Bull. Acad. Imp. Sci. Saint-Pétersbourg. 32: 578. 1888.

生活型：多年生草本，干时略变黑，少毛。

根：根常有分枝，在大植株中强烈分枝。

茎：茎单条或自根颈上发出多条，高矮极不相同，紫黑色，有4沟，沟中各有毛线1行，一般不分枝，但偶在上部分枝。

叶：叶基出者多少宿存，有柄，完全无毛，茎叶之柄短或无；叶片羽状全裂、羽状浅裂至半裂，有具刺尖的锯齿，两面均无毛。

花：花序头状至穗状。萼为膨鼓的卵圆形，常有紫斑或紫晕，具10粗壮的脉；齿5，后方1齿较小。花冠紫色，或下唇浅黄色而盔暗紫红色；管长约7 mm，在基部以上约以45°角向前上方膝曲，自萼的缺口伸出，上方一段向喉扩大；盔镰状弯曲，含有雄蕊的部分略膨大，额多少凸起，背线向前急斜而下与几伸直的下缘组成直喙；下唇侧裂肾形，基部向后作心形，稍大于相当圆的中裂；花丝均无毛。

果实：蒴果三角状披针形，锐尖头，约2/5为宿萼所包。

花果期：花期7~9月；果期8~10月。

生境：生于海拔3,000~4,400 m的高山草地中。

分布：中国特有种。产四川北部、西部，甘肃南部、西南部，西藏东部。

Habit: Herbs perennial, slightly pilose, drying black.

Root: Root branched.

Stem: Stems 1 to several, dark purple, usually unbranched, or occasionally branched distally, with 4 lines of hairs.

Leaf: Basal leaves glabrous; petiole short. Stem leaves in whorls of 4, short petiolate or sessile; leaf blade oblong-ovate to linear-lanceolate, glabrous on both surfaces, pinnatisect; segments pinnatifid, spinescent-dentate.

Flower: Inflorescences capitate to spicate. Calyx often with purplish dots or tinged with purple, glabrous or villous; lobes 5, unequal, posterior one 3-serrate apically, lateral lobes larger, serrate, densely downy-ciliate. Corolla purple, yellow, or purple with pale yellow lower lip and dark purplish red galea; tube ca. 7 mm, decurved through anterior slit of calyx, ascending distally near junction of limb, expanded apically; galea falcate; beak slender; lower lip middle lobe rounded, slightly smaller than lateral pair. Filaments glabrous.

Fruit: Capsule 2/5 enclosed by calyx, triangular-lanceolate, apiculate.

Phenology: Fl. Jul-Sep; fr. Aug-Oct.

Habitat: Alpine meadows; 3,000-4,400 m.

Distribution: Endemic species in China. N and W Sichuan, S and SW Gansu, E Xizang.

68. 碎米蕨叶马先蒿 suì mǐ jué yè mǎ xiān hāo

Pedicularis cheilanthifolia **Schrenk**, Bull. Cl. Phys.-Math. Acad. Imp. Sci. Saint-Pétersbourg, Sér. 2. 1: 79. 1843.

生活型： 低矮或相当高升，干时略变黑。

根： 根茎很粗，被有少数鳞片；根多少变粗而肉质，略为纺锤形，在较小的植株中有时较细。

茎： 茎单出直立，或成丛而多达十余条，不分枝，暗绿色，有 4 深沟纹，沟中有成行的毛。

叶： 叶基出者宿存，有长柄，丛生；茎生叶 4 轮生，中部一轮最大；叶片羽状全裂，卵状披针形至线状披针形；裂片羽状浅裂，有重齿，或仅有锐锯齿，齿常有胼胝。

花： 花序一般亚头状。萼长圆状钟形，脉上有密毛，前方开裂至 1/3 处；齿 5，后方 1 齿三角形全缘。花冠自紫红色至纯白色，有时呈黄色；管在花初放时几伸直，后约在基部以直角向前膝曲；花盛开时盔作镰状弓曲，稍自管的上段仰起，但不久即在中部向前作膝状屈曲，端几无喙或有极短的圆锥形喙；下唇稍宽过于长，裂片圆形而等宽；雄蕊花丝仅基部有微毛。

果实： 蒴果披针状三角形，锐尖而长，下部为宿萼所包。

花果期： 花期 6~8 月；果期 7~9 月。

生境： 生于海拔 2,100~5,200 m 的河滩、水沟等水分充足之处；亦见于阴坡桦木林、草坡中。

分布： 我国产甘肃东部、西部、西南部，青海，新疆，西藏西部、北部。国外分布于蒙古以及中亚各国。

Habit: Herbs perennial, 5-30 cm tall, drying slightly black.

Root: Roots fusiform.

Stem: Stems single and erect or more than 10, unbranched, with 4 lines of hairs.

Leaf: Basal leaf petiole long. Stem leaves in whorls of 4; petiole 0.5-2 cm; leaf blade linear-lanceolate, pinnatisect; segments ovate-lanceolate to linear-lanceolate, pinnatifid, double dentate or incised-dentate.

Flower: Inflorescences subcapitate or spicate and elongated to 10 cm, sometimes interrupted basally. Pedicel ± sessile. Calyx ca. 1/3 cleft anteriorly, densely pilose along veins; lobes 5, unequal, posterior one triangular, entire, lateral lobe larger, serrate. Corolla purple-red to white, sometimes yellow; tube almost erect when young, becoming bent at a right angle basally; galea falcate apex with a short conical beak or beakless; lower lip lobes rounded. Filaments sparsely pubescent basally, glabrous apically.

Fruit: Capsule lanceolate-triangular, ca. 1/2 exceeding calyx.

Phenology: Fl. Jun-Aug; fr. Jul-Sep.

Habitat: Stony and gravelly slopes near summits, grassy slopes and banks, damp sandy areas along streams, *Betula* forests; 2,100-5,200 m.

Distribution: E, SW, and W Gansu, Qinghai, Xinjiang, N and W Xizang. Also distributed in Mongolia, and C Asia.

69. 鹅首马先蒿 é shǒu mǎ xiān hāo

***Pedicularis chenocephala* Diels**, Notizbl. Bot. Gart. Berlin-Dahlem. 10: 892. 1930.

生活型：多年生草本，干时不变黑色，高 7~13 cm。

根：根成疏丛，3~4 条，多少变粗肉质，向端渐细，有须根。

茎：根茎短，节上有线状披针形鳞片数对。茎有毛或几光滑，草质，单出或 2~3 条。

叶：下部茎生叶有长柄，无毛，叶片羽状全裂；上部茎生叶对生或轮生，卵状长圆形，叶柄常变宽而多少膜质。

花：花序头状。萼薄膜质，萼齿 5。花冠玫瑰色，含雄蕊部分色较深紫；管长约 1 cm；盔直立部分很长，微向前弓曲，前端有转指前方的短喙；下唇基部楔形，侧裂斜倒卵形，斜指向外，中裂较小，宽卵形各裂之端均有小凸尖，沿边有啮痕状齿及缘毛；雄蕊花丝前方 1 对有疏毛。

花果期：花期 7 月；果期 8 月。

生境：生于海拔 3,600~4,300 m 的沼泽性草地中。

分布：中国特有种。产甘肃西南部，四川北部。

Habit: Herbs perennial, 7-13 cm tall, not drying black.

Root: Roots sparsely fascicled, ± fleshy.

Stem: Stems pubescent or glabrescent.

Leaf: Leaves opposite or whorled; petiole basally, glabrous; leaf blade linear-oblong, pinnatisect; segments ovate-oblong, pinnatifid, dentate.

Flower: Inflorescences capitate. Pedicel to 6 mm wide, long ciliate, sparsely pubescent. Calyx membranous, without reticulate veins; lobes 5, unequal, serrate. Corolla rose; tube nearly straight; galea deep purple, slightly falcate apically, longer than tube; lower lip ca. as long as galea, lobes slightly acute at apex, ciliate, praemorse. 2 filaments sparsely pubescent, 2 glabrous.

Phenology: Fl. Jul; fr. Aug.

Habitat: Swampy alpine meadows; 3,600-4,300 m.

Distribution: Endemic species in China. SW Gansu, N Sichuan.

70. 球花马先蒿 qiú huā mǎ xiān hāo

***Pedicularis globifera* J. D. Hooker**, Fl. Brit. India. 4: 308. 1848.

生活型：多年生草本，高 10（~25）cm。

根：根常多少肉质变粗，径可达 1 cm，常分枝；根茎丛生有鳞片。

茎：茎成丛，中央者多少直立，其余倾卧而后上升，有纵条纹及成行的毛 4 行。

叶：叶基出者有长柄，稠密成丛；茎生叶 4 轮生，叶片羽状全裂，裂片披针形至线形，有具胼胝的锯齿或小裂。

花：花序常密穗状，亚球形。萼长圆状钟形，脉有密毛，前方开裂至 1/3 处；齿 5，不等，后方 1 齿三角形全缘，较后侧方 2 枚狭一半，前侧方 2 齿亦有齿，约与后方 1 齿等宽。花冠红色至白色，其管在基部上前俯；盔约与管的下段同一指向，额圆凸，有全缘或具波状齿的鸡冠状凸起，具短喙且反翘；下唇侧裂纵置肾形，中裂有柄；花丝无毛。

果实：蒴果卵状披针形，锐头。

花果期：花期 7~10 月；果期 7~10 月。

生境：多生于海拔 3,600~5,400 m 的河谷水湿地及河滩蒿草群落中。

分布：我国产西藏南部、东南部。国外分布于尼泊尔和印度锡金。

Habit: Herbs perennial, ca. 10 (-25) cm tall.

Root: Root fleshy, branched.

Stem: Stems cespitose, to more than 10, central stem ± erect, outer stems strongly procumbent to ascending, with 4 lines or hairs.

Leaf: Basal leaf petiole long. Stem leaves in whorls of 4, short petiolate; leaf blade linear-lanceolate, smaller than basal leaves, pinnatisect; segments widely spaced, lanceolate to linear, lobed or dentate, teeth callose.

Flower: Inflorescences often densely spicate. Calyx oblong-campanulate, 1/3 cleft anteriorly, densely pilose along veins; lobes 5, unequal, posterior one triangular, entire, lateral lobe larger, serrate. Corolla red to white; galea ± falcate or erect, rounded in front, distinctly serrate crested; beak short, apex truncate. Filaments glabrous.

Fruit: Capsule ovoid-lanceolat, apiculate.

Phenology: Fl. Jul-Oct; fr. Jul-Oct.

Habitat: Swampy alpine Kobresia meadows, boggy places along rivers and streams, grassy areas, grass of parks and gardens; 3,600-5,400 m.

Distribution: S and SE Xizang. Also distributed in Nepal and India (Sikkim).

71. 宽喙马先蒿 kuān huì mǎ xiān hāo

***Pedicularis latirostris* P. C. Tsoong**, Fl. Reipubl. Popularis Sin. 68: 411. 1963.

生活型：多年生草本。

根：根有分枝，略作纺锤形而细，根颈有卵形至线状披针形的鳞片数对。

茎：茎多单条，偶自根颈发出少数，多少带方形而有 4 行毛线，除花序外一般有 2~3 个节，中部一个节间最长。

叶：下部叶有长柄，丝状而细，有疏毛或光滑；叶片羽状全裂；裂片卵形至披针形，但常因边缘反卷而视如线形，羽状开裂至有缺刻状齿。中部叶柄较短，叶片较长很多。

花：花序亚头状至短穗状。萼管状，中部稍膨大，前方开裂 1/2 至 2/3，具 8 脉，粗细不等；齿 5，后方 1 齿基部三角形而宽，后侧方 2 齿最大，前侧方 2 齿最小。花冠黄色；花管长约 1 cm，微向前弓曲，上段斜指上方；盔的直立部分稍后仰，中部多少向前圆鼓，端向前下方转折，前方渐狭而成宽喙，端截形而略圆；下唇侧裂斜方卵形，中裂较小，宽甚过于长，卵状三角形；雄蕊花丝仅 1 对在近端处有极疏而少数的毛；柱头伸出。

花果期：花期 7 月；果期 8 月。

生境：生于海拔约 3,800 m 的湿草地中。

分布：中国特有种。产四川北部，甘肃南部。

Habit: Herbs perennial.

Root: Roots fusiform.

Stem: Stems often single, with 4 lines of hairs.

Leaf: Basal leaf petiole short. Stem leaves in whorls of 4; petiole sparsely pilose or glabrous; leaf blade narrowly oblong to linear-oblong, pinnatisect; segments ovate to lanceolate, pinnatifid to incised-dentate.

Flower: Inflorescences capitate to short spicate. Calyx 1/2-2/3 cleft anteriorly; lobes 5, unequal, densely pilose along veins and ciliate. Corolla yellow; tube slightly decurved at middle, ca. 1 cm; galea strongly falcate apically; beak slightly truncate and rounded; lower lip middle lobe ovate-triangular, smaller than lateral pair. 2 filaments sparsely pubescent near apex, 2 glabrous throughout; anthers apiculate.

Phenology: Fl. Jul; fr. Aug.

Habitat: Moist grassy meadows; ca. 3,800 m.

Distribution: Endemic species in China. N Sichuan and S Gansu.

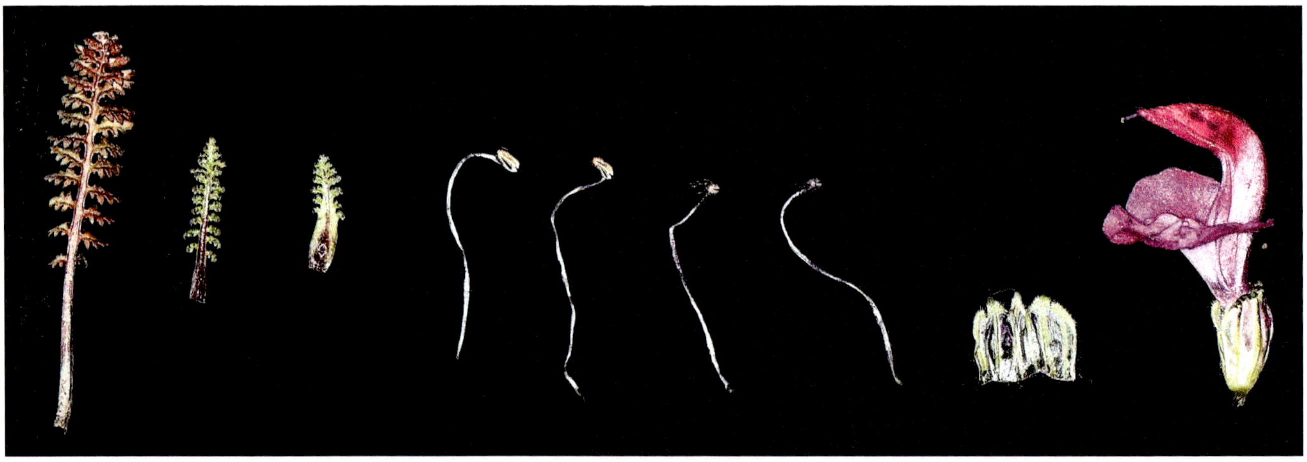

72. 打箭马先蒿 dǎ jiàn mǎ xiān hāo

***Pedicularis tatsienensis* Bureau & Franchet**, J. Bot. (Morot). 5: 108. 1891.

生活型： 多年生草本，干时不变黑，一般较低，几无毛。

根： 根茎短细，向下发出细长的支根，其中少数者在中间略膨大作纺锤形，径细，两端丝状。

茎： 茎单出或 2~3 条，紫黑色有光泽，直立向上，多少柔而弯曲，近节处有毛。

叶： 叶基生者成丛，有长柄，叶片羽状全裂，裂片两端者较小，中者大，羽状深裂，有重锯齿；茎生叶柄较短，不膨大膜质，近基处有毛。

花： 花序头状。萼齿 5，后方 1 齿自宽三角形基部狭细成锥形，全缘；其余 4 齿中部狭细成柄状，端三角状卵形膨大，有齿。花冠紫红色，盔上部近于黑紫色；盔端作镰形弓曲而为指向前方而略偏上方含有雄蕊的部分，前方急速狭细为转指前下方的喙，喙细而直；下唇倒卵形，中裂约等宽，倒卵形有明显的柄；雄蕊花丝前方 1 对有疏长毛。

花果期： 花期 5~6 月；果期 7~8 月。

生境： 生于海拔 4,100~4,400 m 的高山草地中。

分布： 中国特有种。产四川西部，云南西北部。

Habit: Herbs perennial, glabrescent, not drying black.

Root: Taproot short, rootle slender.

Stem: Stems purplish black, shiny, erect or ± bent, with 1-3 internodes.

Leaf: Leaves mostly basal, in a rosette; petiole slender; leaf blade ovate-oblong to linear-oblong, pinnatisect; segments ovate to oblong, pinnatipartite, margin double dentate. Stem leaves smaller than basal leaves, shorter petiolate.

Flower: Inflorescences capitate, many flowered. Calyx lobes 5, unequal. Corolla purplish red, with nearly blackish purple galea; galea falcate apically; beak straight, slender; lower lip slightly shorter than galea. 2 filaments sparsely long pubescent, 2 glabrous.

Phenology: Fl. May-Jun; fr. Jul-Aug.

Habitat: Alpine meadows; 4,100-4,400 m.

Distribution: Endemic species in China. W Sichuan, NW Yunnan.

73. 阿拉善马先蒿 ā lā shàn mǎ xiān hāo

Pedicularis alaschanica **Maximowicz**, Bull. Acad. Imp. Sci. Saint-Pétersbourg. 24: 59. 1877.

生活型： 多年生草本，高可达 35 cm，干时易稍变黑色。

根： 根粗壮而短，有细侧根或分枝；根颈有多对复瓦状膜质卵形的鳞片。

茎： 茎从根颈顶端发出，常多数，并在基部分枝，中空，微有 4 棱，密被锈色短茸毛。

叶： 叶基出者早败，茎生者茂密，下部者对生，上部者 3~4 轮生；叶柄下部者长几与叶片等长，扁平，沿中肋有宽翅，被短绒毛，翅缘被有卷曲长柔毛；叶片两面均近于光滑，羽状全裂；裂片线形而疏距，不相对，边有细锯齿，齿常有白色胼胝。

花： 花序穗状，生于茎枝之端。萼膜质，长圆形，前方开裂；具 10 脉，明显高凸，沿脉被长柔毛，无网脉；齿 5，后方 1 齿三角形全缘，其余三角状披针形而长，有反卷而具胼胝的锯齿。花冠黄色；花管约与萼等长，在中上部稍向前膝曲；下唇盔额顶端渐细成为稍下弯的短喙；与盔等长或稍长，浅裂，侧裂斜椭圆形而略带方形，中裂亚菱形；雄蕊花丝前方 1 对端有长柔毛。

花果期： 花期 6~8 月；果期 9 月。

生境： 生于海拔 3,900~5,100 m 的河谷多石砾与沙的向阳山坡及湖边平川地。

分布： 中国特有种。产甘肃，内蒙古，宁夏，青海，西藏。

Habit: Herbs perennial, to 35 cm tall, drying slightly black.

Root: Roots short, stout.

Stem: Stems usually numerous and branched basally, unbranched apically, densely rust colored tomentose.

Leaf: Basal leaves withering early. Proximal stem leaves opposite, distal ones in whorls of 3 or 4, sometimes all opposite; petiole strongly winged, tomentose; leaf blade lanceolate-oblong to ovate-oblong, glabrescent on both surfaces, pinnatipartite; segments widely spaced, linear, serrulate.

Flower: Inflorescences spicate, usually interrupted basally. Calyx oblong, membranous, deeply cleft anteriorly, densely pubescent, some only villous along veins; lobes 5, unequal, posterior one triangular and entire, lateral lobes triangular-lanceolate, entire to obscurely serrate. Corolla yellow; tube slightly bent apically, ca. as long as calyx; galea slightly bent apically, indistinctly crested; beak horizontal; lower lip ca. as long as or slightly longer than galea, middle lobe smaller than lateral pair. Anterior filament pair villous apically, posterior pair glabrous.

Phenology: Fl. Jun-Aug; fr. Sep.

Habitat: Dry rocky slopes in river valleys, rocky grassy slopes, among stones of valley beds, open hillsides, thickets; 3,900-5,100 m.

Distribution: Endemic species in China. Gansu, Nei Mongol, Ningxia, Qinghai, Xizang.

74. 狐尾马先蒿 hú wěi mǎ xiān hāo

***Pedicularis alopecuros* Franchet ex Maximowicz**, Bull. Acad. Imp. Sci. Saint-Pétersbourg. 32: 548. 1888.

生活型：一年生草本，干时不变黑色，直立，粗壮，全体被短柔毛。

根：主根胡萝卜状，有时略肉质增粗，支根多数，束生，纤维状。

茎：茎几常单出或有时从根颈发出少数，上部偶然简单，更常有分枝；枝对生，常短于主茎，纤细，主茎中空，基部木质化，显作四角形，被锈色或浅黄色短毛，但无清晰的毛线。

叶：叶对生或 4 叶轮生，多远距；基生及下部者均早脱落；茎生者无柄，厚纸质，基部多少抱茎，端锐尖，上面被短卷毛，下面疏被短卷毛，并有灰白色肤屑状物；裂片羽状半裂至深裂，三角状至线状长圆形，互相靠近，边缘有反卷的细圆齿。

花：穗状花序生于茎枝顶端。萼具短柄，斜坛状卵形，密被长柔毛，膜质，前方开裂，基部稍鼓胀；萼齿 5，不等，后方 1 齿很小，三角状全缘而膜质。花冠两色，管唇黄色，盔紫红色；管伸直，比萼稍短，细瘦；盔纤细，直立部分短，顶端以直角向前作膝曲状，前方逐渐狭细，水平伸长成一细长的喙，喙端 2 浅裂；下唇比盔短，裂片近于相等；雄蕊着生在花管的中上部，2 对花丝均无毛。

果实：蒴果斜长卵形，扁平，几全被宿萼所包裹。

花果期：花期 5~8 月；果期 8~9 月。

生境：生于海拔 2,300~4,000 m 的高山草原上。

分布：中国特有种。产云南北部，四川西南部。

Habit: Herbs annual, stout, pubescent, not drying black.

Root: Roots, fleshy.

Stem: Stems single or few, erect, often branched; branches opposite, slender.

Leaf: Stem leaves opposite or in whorls of 4, sessile; leaf blade lanceolate to linear-lanceolate, both surfaces woolly, abaxially densely whitish scurfy, pinnatifid to pinnatipartite; segments triangular to linear-oblong, crenate-dentate.

Flower: Inflorescences spicate. Calyx densely villous, deeply cleft anteriorly; lobes 5, unequal. Corolla yellow, with purple-red galea; tube erect; galea bent at a right angle apically, slender; beak slender; lower lip shorter than galea, glabrous, apex of middle lobe hoodlike. Filaments glabrous or pubescent apically.

Fruit: Capsule barely enclosed by accrescent calyx, obliquely long ovoid.

Phenology: Fl. May-Aug; fr. Aug-Sep.

Habitat: Alpine meadows; 2,300-4,000 m.

Distribution: Endemic species in China. N Yunnan, SW Sichuan.

75. 阿墩子马先蒿 ā dūn zǐ mǎ xiān hāo

***Pedicularis atuntsiensis* Bonati**, Notes Roy. Bot. Gard. Edinburgh. 8: 135. 1913.

生活型：多年生草本，干时变黑，高 10~20 cm。

根：根丝状，成疏丛。

茎：茎弯曲上升，常数条，有极微的毛线或几光滑。

叶：叶基生者宿存，有长柄，基部膨大；叶片卵状长圆形，羽状全裂，裂片小叶状，每边 9~13。茎生叶下部者轮生或有时对生，上部者 4 叶轮生，几无柄。

花：花 4 轮生。萼管膜质透明，有极疏的细脉几不成网；齿 5，后方 1 齿端渐尖，全缘，较小。花冠紫色；盔以约 45° 角转向前上方成为含有雄蕊的部分，前端很快地狭缩成为指向前方的细喙，略转指前下方；下唇有缘毛，侧裂甚大于中裂，中裂稍向前凸出，端多少兜状；雄蕊花丝 2 对均无毛。

花果期：花期 7 月；果期 7~8 月。

生境：生于海拔 4,500 m 左右的山坡草地。

分布：中国特有种。产云南西北部。

Habit: Herbs perennial, 10-20 cm tall, drying black.

Root: Roots fibrous, fascicled.

Stem: Stems glabrescent.

Leaf: Leaves in whorls of 4 or sometimes proximal ones opposite, petiolate or distal ones ± sessile; petiole long; leaf blade ovate-oblong or ovate, pinnatisect; segments ovate, pinnatifid, incised-dentate.

Flower: Flowers in whorls of 4; bracts leaflike basally. Pedicel short. Calyx membranous; lobes 5, unequal, posterior one entire, lateral lobe larger, serrate. Corolla purple; tube erect; galea strongly bent apically; beak horizontal, ± straight, slender; lower lip ciliate, middle lobe smaller than lateral pair. Filaments glabrous.

Phenology: Fl. Jul; fr. Jul-Aug.

Habitat: Grassy slopes; ca. 4,500m.

Distribution: Endemic species in China. NW Yunnan.

76. 具冠马先蒿 jù guān mǎ xiān hāo

***Pedicularis cristatella* Pennell & H. L. Li**, Proc. Acad. Nat. Sci. Philadelphia. 100: 291. 1948.

生活型: 一年生草本，干时不变黑，下部木质化，上部草质。
根：主根垂直向下，或瞬即分枝，木质化。
茎：茎单条，或自根颈发出 2~6 条，多少方形有沟纹，有成行的黄色长毛 4 条，在幼嫩部节上更密，直立或侧出者弯曲上升，简单或在中上部腋中有分枝。
叶：叶基出者有时宿存，但大半早枯；茎生者对生至 5 叶轮生，密生黄色长毛，与叶轴均有翅；叶片羽状全裂，大者羽状浅裂；裂片卵形，两侧全缘，端有锯齿数枚，常具胼胝，正面有密疏不等的短刺状毛，背面主脉及小脉上均有较长的毛。
花：花序长穗状，每轮含 3~4 花，大部有间断。萼薄膜质，白色，具 10 绿色高凸的脉，前方稍开裂；齿 5，约略相等，均为狭三角状披针形而长，全缘。花冠红紫色，盔色较深；管在子房周围膨大，上部细，直而不弯；盔完全直立而不弯，背线至近顶处渐圆转至顶后突然垂直转向下方，成为明显的鸡冠状凸起，然后再渐斜向前下方，而与稍上偏的下缘组成端稍下弯的喙；下唇大，侧裂倒三角状卵形，端指向前方，中裂广卵形而短，不与侧裂片盖叠，端有小尖；花丝前方 1 对有密柔毛。
果实：蒴果扁卵圆形，略歪斜，仅稍斜指外方，端稍稍向前弯曲，有刺尖。
花果期：花期 6~7 月；果期 7 月。
生境：生于海拔 1,900~3,000 m 的谷中草地上及岩壁上，亦生河岸柳梢林中。
分布：中国特有种。产甘肃西南部，四川北部。

Habit: Herbs annual, to 50 cm tall, woody basally, not drying black.
Root: Roots woody.
Stem: Stems 1-6, erect or outer ones ascending, branched apically or unbranched, with 4 dense yellow lines of hairs.
Leaf: Leaves opposite or in whorls of 5; petiole to 1 cm, densely yellow villous; leaf blade oblong-lanceolate to narrowly lanceolate, abaxially villous along veins, adaxially short bristly, pinnatisect; segments lanceolate, pinnatifid, serrate.
Flower: Inflorescences long spicate, with flowers in whorls of 3 or 4, often interrupted. Calyx white, membranous, slightly cleft anteriorly; lobes 5, ± equal, narrowly triangular-lanceolate, entire. Corolla reddish purple; tube erect; galea bent apically, distinctly crested; beak bent downward; lower lip middle lobe not hoodlike. Anterior filament pair densely pubescent.
Fruit: Capsule compressed, ovoid, obliquely apiculate.
Phenology: Fl. Jun-Jul; fr. Jul.
Habitat: Cliffs, meadows in valleys, open or shrubby grasslands; 1,900-3,000 m.
Distribution: Endemic species in China. SW Gansu, N Sichuan.

刘冰/摄影

刘冰/摄影

77. 弯管马先蒿 wān guǎn mǎ xiān hāo

Pedicularis curvituba **Maximowicz**, Bull. Acad. Imp. Sci. Saint-Pétersbourg. 24: 60. 1877.

生活型：一年生草本，高可达 50 cm，干时不变黑。

根：根多少木质化，有分枝。

茎：茎多条自根颈发出，有毛线 4 条，中上部几每叶轮的腋间发出短枝。

叶：叶无基出之丛，茎叶下部者柄较长；叶片羽状全裂；裂片疏远，卵状披针形至线状披针形，疏羽状开裂至具大锯齿，齿常有胼胝，两面均几无毛。

花：花序以多数间断的花轮组成；花有具翅的短梗。萼前方开裂不到 1/3；齿 5，不等，羽状浅裂至具深齿，齿常反卷而有胼胝。花冠黄色或者白色；管在萼口向前作膝曲；盔近端处有三角形小凸齿 1 对，端渐狭缩成稍下弯的喙；下唇侧裂大，斜椭圆形，中裂较小，横广椭圆形，有小尖而略作囊状；花丝 2 对均有毛，1 对密 1 对疏。

刘冰/摄影

刘冰/摄影

花果期：花期 6~7 月；果期 7~8 月。

生境：生于海拔约 1,600 m 的开放草坡。

分布：中国特有种。产甘肃北部、东南部、西南部，河北北部，内蒙古东部，山西北部。

Habit: Herbs annual, 30 (-50) cm tall, not drying black.

Root: Roots ± woody.

Stem: Stems several, short branched throughout, ± woody at anthesis, with 4 lines of hairs.

Leaf: Basal leaves withering. Stem leaves in whorls of 4, distal ones only; leaf blade oblong-lanceolate to ovate-oblong or linear, glabrescent on both surfaces, pinnatisect; segments widely spaced, ovate-lanceolate to linear-lanceolate, incised-dentate.

Flower: Flowers in ± interrupted racemes; bracts shorter than flowers, proximal ones leaflike. Pedicel short. Calyx barely 1/3 cleft anteriorly; lobes 5, unequal, slightly ciliate, pinnatifid to serrate. Corolla yellow or white; tube strongly bent in calyx, expanded apically; galea slightly bent apically, indistinctly crested; beak slightly bent downward. Filaments pubescent.

Phenology: Fl. Jun-Jul; fr. Jul-Aug.

Habitat: Open slopes, ca. 1,600 m.

Distribution: Endemic species in China. N, SE, and SW Gansu, N Hebei, E Nei Mongol, N Shanxi .

78. 纤细马先蒿 xiān xì mǎ xiān hāo

***Pedicularis gracilis* Wallich ex Bentham**, Scroph. Ind. 52. 1835.

生活型：一年生草本，直立或有时倾卧，高可达 1 m 以上，干时略变黑色。

根：根茎常木质化而粗壮，生有须状根。

茎：茎略作方形，有成行的毛 3~4 条，多分枝，多 4~6 枝轮生，坚挺，偶尔细弱。

叶：叶常 3~4 轮生，基出者早枯，茎生者几无柄，卵状长圆形，羽状全裂；裂片长圆形钝头，有缺刻状锯齿，齿有胼胝，上面中肋有短毛，下面几无毛。

花：花序总状，生于主茎及分枝的顶端，花排列疏远，多 4 花成轮。萼管状，具 10 粗而高凸的主脉，其宽与各脉间的膜质间隔相等，无网脉，沿主脉有短毛；齿 5，极短而常全缘。花冠粉紫色；花管伸直，长 7~8 mm；盔稍膨大，以直角转折，前端伸长为细喙，喙端略作 2 裂；下唇亚圆形，侧裂卵形，大于菱状卵形的中裂 2 倍；雄蕊花丝无毛。

果实：蒴果宽卵形，锐头，略比萼长。

花果期：花期 8~9 月；果期 9~10 月。

生境：生于海拔 2,000~4,000 m 的草坡中。

分布：我国产四川西部，云南西北部与西藏南部。国外分布于不丹，印度锡金，尼泊尔，巴基斯坦和阿富汗。

Habit: Herbs annual, more than 1 m tall, drying black.

Root: Root woody, fibrous.

Stem: Stems with 3 or 4 lines of hairs, many branched; branches in whorls of 4-6.

Leaf: Basal leaves withering early; stem leaves in whorls of 3 or 4, ± sessile; leaf blade ovate-oblong, abaxially glabrescent, adaxially pubescent along midvein, pinnatisect; segments oblong, incised-dentate.

Flower: Inflorescences racemose, interrupted. Calyx cylindric, pubescent along midvein; lobes 5, entire or serrate. Corolla purplish pink; tube straight, 7-8 mm; galea bent at a right angle apically, not crested; beak; lower lip glabrous, middle lobe not hoodlike. Filaments glabrous.

Fruit: Capsule broadly ovoid, apiculate.

Phenology: Fl. Aug-Sep; fr. Sep-Oct.

Habitat: Alpine meadows on mountain slopes, grassy slopes; 2,000-4,000 m.

Distribution: W Sichuan, NW Yunnan, S Xizang. Also distributed in Bhutan, India (Sikkim) , Nepal, Pakistan, and Afghanistan.

79. 长茎马先蒿 cháng jīng mǎ xiān hāo

***Pedicularis longicaulis* Franchet ex Maximowicz**, Bull. Acad. Imp. Sci. Saint-Pétersbourg. 32: 577. 1888.

生活型： 一年生或多年生草本，高达 1 m 以上，干时不很变黑。

茎： 茎中空，上部多分枝，圆筒形，近节处略方形，有沟纹，沟中有成行的毛；枝软弱而弯曲，少有伸直，3~4 枝轮生，除成行而生的毛外，节上毛尤密而长，至后稍退去。

叶： 叶对生或多 3~4 叶轮生，有短柄，柄上有长毛；叶片羽状深裂至全裂，中肋有翅，上面有短腺毛，下面有白色肤屑状物；裂片线形，有具刺尖及胼胝的重锯齿。

花： 花轮生于主茎及分枝的上部，合成长穗状而间断的花序。萼卵圆形，有长毛，具 10 主脉而无网脉；齿 5，不相等，其中 1 齿三角形全缘或具较少的齿，其他 4 齿亦不等，均叶状而三大裂或有缺刻状大齿，缘有细锯齿。花冠紫红色；管长约 7 mm，向前弯曲使花前俯，喉部扩大；盔额圆满，前方突然狭缩成喙，喙直，端截头；下唇长过于盔，侧裂钝头而狭，中裂披针形而有长锐尖头，向上反曲；花丝 2 对均无毛。

花果期： 花期 8~9 月；果期 9~10 月。

生境： 生于海拔 2,200~3,900 m 林地中。

分布： 中国特有种。产云南北部。

Habit: Herbs annual or perennial, to more than 1 m tall, drying black.

Stem: Stems hollow, striate, with lines of hairs; branches in whorls of 3 or 4, soft, curved.

Leaf: Leaves opposite or in whorls of usually 3 or 4; petiole short, villous; leaf blade oblong-lanceolate, adaxially glandular pubescent, pinnatipartite to pinnatisect; segments linear, incised-double dentate, teeth callose.

Flower: Inflorescences long racemose, terminal, interrupted. Pedicel short. Calyx villous; lobes 5, unequal, serrate. Corolla purple-red; tube slightly, ca. 7 mm, curved in calyx; galea strongly bent at apex; beak straight; lower lip longer than galea, middle lobe lanceolate, apex acute. Filaments glabrous.

Phenology: Fl. Aug-Sep; fr. Sep-Oct.

Habitat: Under forest and shrubs , 2,200-3,900 m.

Distribution: Endemic species in China. N Yunnan.

80. 鹬形马先蒿 yù xíng mǎ xiān hāo

***Pedicularis scolopax* Maximowicz**, Bull. Acad. Imp. Sci. Saint-Pétersbourg. 27: 513. 1881.

生活型： 多年生草本，高可达 30 cm，干后不变黑色。

根： 根茎细长，下有粗肥纺锤状根。根颈端有膜质鳞片 2~3 轮，发出多条枝。

茎： 茎自基部分枝，中间者多少直立，侧生者倾卧上升，中空，密被白色短柔毛。

叶： 叶基生者少数，早枯；茎生者茂密，下部者对生或 3 叶轮生，其余 4 叶成轮，每条茎枝上常仅 2 轮或 3 轮，其余成为苞片，具长柄，扁平，沿中肋有宽翅，被长柔毛，尤以边缘为密；叶片几无毛，质薄，羽状全裂，沿中肋有翅；裂片线形，不相对，疏远，缘有羽状浅裂，小裂片斜三角形，有细锯齿，多反卷而有白色胼胝。

花： 花序穗状，生于茎枝之端，花 4~6 轮生，下部有时有 3~4 花轮间断。萼瓶状膨大，口收缩，高凸，无网脉，沿脉被短柔毛，前方稍开裂；齿 5，基部均为三角形全缘，后方 1 齿较小，后侧方 2 齿最大，披针形，有清晰的锯。花冠黄色；花管细长，约 1 cm，在近端处稍向前弯曲；盔的直立部分很短，前方渐斜下，与渐向上的含有雄蕊部分的下缘会合以成一细长而指向前下方的喙；下唇斜展，中裂较小，卵状长圆形，向前凸出，不与侧裂叠置；雄蕊花丝 2 对均无毛。

花果期： 花期 6~7 月；果期 8 月。

生境： 生于海拔 3,500~4,100 m 的高山疏稀灌丛中，喜质松、干燥的土壤。

分布： 中国特有种。产甘肃北部，青海东北部。

Habit: Herbs perennial, to more than 30 cm tall, not drying black.

Root: Roots fusiform, fleshy.

Stem: Stems branched at base, central stem ± erect, outer stems procumbent to ascending, densely pubescent.

Leaf: Basal leaves few, withering early. Proximal stem leaves opposite or in whorls of 3, other ones in 4's; petiole to 2 cm, villous; leaf blade linear-oblong to oblong-lanceolate, glabrescent on both surfaces, pinnatipartite; segments widely spaced, linear, pinnatifid, serrulate.

Flower: Inflorescences spicate, flowers in whorls of 4-6, interrupted basally. Calyx membranous, slightly cleft anteriorly, pubescent along veins; lobes 5, unequal, serrate and ± entire. Corolla yellow; tube slightly bent apically, slender, ca. 1 cm; galea slightly bent apically, indistinctly serrate; beak bent downward; lower lip glabrous. Filaments glabrous.

Phenology: Fl. Jun-Jul; fr. Aug.

Habitat: Alpine shrubby grasslands; 3,500-4,100 m.

Distribution: Endemic species in China. N Gansu, NE Qinghai.

81. 史氏马先蒿 shǐ shì mǎ xiān hāo

***Pedicularis smithiana* Bonati**, Notes Roy. Bot. Gard. Edinburgh. 5: 83. 1911.

生活型： 多年生草本，干时稍变黑色，直立，高 25~50 cm，可达 1 m，近于无毛。

根： 根颈极粗壮而短，主根不发达，多从根颈上发出 5~15 条粗纤维状侧根，肉质化。

茎： 茎单出，或自根茎发出 2~4 条，上部不分枝，中空，有由疏毛组成的毛线。

叶： 叶基生者早脱落，茎生者 3~4 叶轮生，成有疏距的 2~3 轮；叶片以中上部者最大，上面疏被短毛，沿凹陷的中肋有密细毛，边缘羽状半裂至深裂。

花： 穗状花序顶生，伸长；花 4 轮生，紧密，或基部的花轮偶有间距。花萼被长柔毛，前方稍开裂；萼齿 5，不等，后方 1 齿最短，后侧方 2 齿最大。花冠淡黄色，具紫色的盔和喙；花管直伸，比萼稍长；盔直立部分下部较细，上部约以直角转折成为地平部分，在转角处有小凸起，含有雄蕊部分向前平伸，前方突然狭缩成一圆而纤细的长喙，顶端 2 浅裂；下唇与盔等长或稍长，中裂较小，大部向前凸出；雄蕊 2 对花丝均无毛。

果实： 蒴果斜长圆形，几全包于增大的萼内，端有短突尖。

花果期： 花期 5~8 月；果期 7~8 月。

生境： 生于海拔 3,000~4,000 m 的高山草地及灌丛中。

分布： 中国特有种。产云南北部，四川西南部。

Habit: Herbs perennial, 25-50 (-100) cm, glabrescent, drying black.

Root: Lateral roots 5-15, fleshy.

Stem: Stems single or 2-4, erect, unbranched apically, with lines of hairs.

Leaf: Basal leaves withering early. Stem leaves in whorls of 3 or 4; leaf blade ovate-oblong to lanceolate-oblong or ovate, adaxially sparsely pubescent and densely ciliolate along midvein, pinnatifid to pinnatipartite; segments triangular-ovate to lanceolate-oblong, margin double dentate.

Flower: Inflorescences spicate. Calyx villous, slightly cleft anteriorly; lobes 5, unequal. Corolla pale yellow, with purple galea and beak; tube erect, 8-10 mm; galea bent at a right angle apically; beak slender; lower lip ca. as long as galea, glabrous. Filaments glabrous.

Fruit: Capsule obliquely oblong.

Phenology: Fl. May-Aug; fr. Jul-Aug.

Habitat: Alpine meadows, shrubs; 3,000-4,000 m.

Distribution: Endemic species in China. N Yunnan, SW Sichuan.

82. 颤喙马先蒿 chàn huì mǎ xiān hāo

Pedicularis tantalorhyncha **Franchet ex Bonati**, Bull. Soc. Bot. France. 56: 466. 1909.

生活型： 一年生草本，高 4~15 cm。
根： 根垂直向下，木质，径达 1 cm，伸长，有疏分枝。
茎： 茎多数，直立或弯曲上升，不分枝，有棱角，沟中有毛，毛灰色，羊毛状。
叶： 叶基出者有长柄，扁平有粗毛；叶片肉质，披针形锐头，羽状全裂，卵形，锐头，自身亦羽裂；小裂片有锯齿。茎生叶与基生者同而小。
花： 花序穗状，下方花轮疏距，上方者密聚。萼卵状圆形，有毛；齿 5，极不相等，基部狭线形，上部披针形锐头。花紫色；管长约 1cm，圆筒形，与萼等长或略伸出，无毛；盔略有鸡冠状凸起，前方突缩为喙，后者线形，伸直或微下弯，端 2 裂；下唇有细微的缘毛，开裂至一半以上成为 3 亚相等的裂片，中裂不凸出；花丝着生于管的中部，2 对均无毛。
果实： 蒴果圆筒形。
花果期： 花期 6~7 月；果期 7~8 月。
生境： 生于海拔 3,000~4,000 m 的阴湿山谷中。
分布： 中国特有种。产云南西北部，西藏东南部。

Habit: Herbs annual.
Root: Roots woody, slightly branched.
Stem: Stems numerous, erect or flexuous, unbranched, pubescent.
Leaf: Basal leaf petiole pubescent; leaf blade lanceolate, fleshy, pinnatifid; segments ovate, pinnatifid, dentate. Stem leaves only in 1 or 2 whorls, similar to basal leaves but smaller.
Flower: Inflorescences spicate, interrupted basally, flowers in whorls of 3. Calyx slightly cleft anteriorly, pubescent; lobes 5, unequal, ca. as long as tube, posterior lobe smallest, posterior-lateral pair largest. Corolla purple; tube ca. 1 cm, glabrous; galea ± bent at a right angle, crested; beak horizontal or slightly decurved, slender; lower lip minutely ciliate. Filaments glabrous.
Fruit: Capsule cylindric.
Phenology: Fl. Jun-Jul; fr. Jul-Aug.
Habitat: Shaded areas, valleys; 3000-4000 m.
Distribution: Endemic species in China. NW Yunnan, SE Xizang.

郑海磊/摄影

郑海磊/摄影

郑海磊/摄影

83. 塔氏马先蒿 tǎ shì mǎ xiān hāo

***Pedicularis tatarinowii* Maximowicz**, Bull. Acad. Imp. Sci. Saint-Pétersbourg. 24: 60. 1877.

生活型： 一年生草本，高可达 50 cm，干时不变黑色。
根： 根多分枝，木质化。
茎： 茎单条或自根茎发出多条，直立或侧茎多少弯曲或倾卧上升，中上部分枝 2~4 轮生，茎枝均圆形，有 4 条毛线，常红紫色。
叶： 叶下部者早枯，中上部者有短柄；叶羽状全裂；裂片披针形，羽状浅裂或深裂。
花： 花序生于茎枝之端。花冠堇紫色；管在顶部向前膝曲，略长于萼齿；盔顶圆形弓曲，前端再转向前下方或下方而成清晰的喙；下唇长于盔，侧裂大，中裂较小，卵状圆形；雄蕊花丝 2 对均有毛，或后方 1 对几光滑。
果实： 蒴果歪卵形，下线稍弯，上线强烈弓弯，至近端处多少突然斜下，端有小尖。
花果期： 花期 7~8 月；果期 8~9 月。
生境： 生于海拔 2,000~2,300 m 的高山上。
分布： 中国特有种。产河北北部，山西北部，内蒙古南部。

Habit: Herbs annual, to 50 cm tall, usually ± woody, not drying black.
Root: Roots to 10 cm, woody.
Stem: Stems 1 to several, erect or outer ones ± ascending or procumbent, often reddish purple, rigid, many branched apically, with 4 lines of hairs.
Leaf: Basal leaves withering early. Stem leaves in whorls of (2 or 3 or) 4, short petiolate; leaf blade ovate-oblong to oblong-lanceolate, pinnatisect; segments lanceolate, pinnatifid to pinnatipartite, dentate.
Flower: Inflorescences racemose; bracts leaflike, shorter than flowers. Calyx membranous, slightly cleft anteriorly; lobes 5, narrowly lanceolate, serrate. Corolla purplish red; tube slightly bent apically, slightly longer than calyx; galea strongly bent apically, indistinctly crested; beak bent downward; lower lip longer than galea. Filaments pubescent or posterior pair glabrescent.
Fruit: Capsule obliquely ovoid, slightly exceeding calyx.
Phenology: Fl. Jul-Aug; fr. Aug-Sep.
Habitat: Alpine meadows; 2,000-2,300 m.
Distribution: Endemic species in China. N Hebei, N Shanxi, S Nei Mongol.

84. 马鞭草叶马先蒿 mǎ biān cǎo yè mǎ xiān hāo

***Pedicularis verbenifolia* Franchet ex Maximowicz**, Bull. Acad. Imp. Sci. Saint-Pétersbourg. 32: 549. 1888.

生活型： 多年生草本，高 20~50 cm，疏生短柔毛，干时变黑色。

根： 根多从膨大而块状的根颈部发出多数侧根，常 4~8，肉质化。

茎： 茎单出或多条，中空，有毛线 4 条，除花序外，其他处近无毛。

叶： 基生者常早脱落，具长柄，茎生者多对生，多 3 叶或 4 叶轮生，每茎 2~3 轮；叶片羽状浅裂至半裂；裂片上面沿主脉稍被短柔毛，下面略被白色肤屑状物。

花： 穗状花序顶生，上部花轮较密，下部时有间距。萼卵圆形，前方不开裂；萼齿 5，不等，后方 1 齿较小。花冠紫色；花管伸直，长约为萼的 2 倍；盔端以直角转折成为地平部分，前端突然狭缩为细喙，顶端 2 浅裂；下唇与盔等长或稍长，边缘具长柔毛，中裂较小，稍向前凸出；雄蕊 2 对花丝均无毛。

果实： 蒴果狭卵圆形，扁平，平展或稍向上，端锐尖。

花果期： 花期 7~9 月；果期 8~10 月。

生境： 生于海拔 3,100~4,000 m 的岩缝、草地及灌丛中。

分布： 中国特有种。产云南西北部，四川南部。

Habit: Herbs perennial, 20-50 cm tall, sparsely pubescent, drying black.

Root: Lateral roots 4-8, fleshy.

Stem: Stems 1-7, erect, often unbranched, with 4 lines of hairs.

Leaf: Basal leaves often withering early, petiole long. Stem leaves opposite or in whorls of 3 (or 4) ; petiole short; leaf blade ovate or ovate-oblong, adaxially sparsely pubescent along midvein, pinnatifid; segments ovate-oblong to triangular-ovate, dentate.

Flower: Inflorescences spicate. Calyx slightly cleft anteriorly, villous along veins; lobes 5, unequal. Corolla purple; tube erect, ca. 2× as long as calyx, glabrous; galea bent at a right angle; beak slender; lower lip ca. as long as or slightly longer than galea, ciliate, middle lobe not hoodlike. Filaments glabrous.

Fruit: Capsule narrowly ovoid.

Phenology: Fl. Jul-Sep; fr. Aug-Oct.

Habitat: Alpine meadows, shrubs, cliff faces; 3,100-4,000 m.

Distribution: Endemic species in China. NW Yunnan, S Sichuan.

彭建生/摄影

彭建生/摄影

85. 穆坪马先蒿 mù píng mǎ xiān hāo

***Pedicularis moupinensis* Franchet**, Nouv. Arch. Mus. Hist. Nat., Sér. 2. 10: 67. 1888.

生活型： 多年生草本，干时略变黑色，高可达 60 cm 或更高，基部常有宿存的去年断茎。

根： 根茎黑色无毛，多节，节上发生多数侧根，侧根较长，向端渐强，密被棕褐色毛。

茎： 茎单一或数条，中空，有浅沟纹，沟 4 条，内生成行的毛，老时脱落，上部多分枝，常 4 枝轮生，修长。

叶： 叶基出者颇大，有长柄，几无毛，茎叶之柄较短或几无柄；叶片除近端处为羽状深裂而叶轴有狭翅外，均为羽状全裂。

花： 花序长短不一，花轮多少疏远；花有梗。萼钟形，前方开裂，有 5 短齿。花冠紫色；管长为萼的 1.5 倍或仅长少许；盔向前伸长而为上翘之喙，喙细长；下唇大，有缘毛，卵形，中裂小而扁圆，侧裂很大；雄蕊着生处及下部均有毛。

果实： 蒴果卵状披针形，略作镰状弓曲。

花果期： 花期 8 月；果期 8~9 月。

分布： 中国特有种。产四川西部，甘肃东部。

Habit: Herbs perennial, to 60 cm tall or more, drying black.

Root: Roots black, lateral root numerous.

Stem: Stems 1 to several, hollow, pubescent, shallowly striate; branches often in whorls of 4.

Leaf: Petiole of basal leaves long, subglabrous; leaf blade membranous; segments ovate to linear-oblong, margin double dentate, apex acute. Stem leaves smaller than basal leaves, shorter petiolate or ± sessile, lanceolate-elliptic.

Flower: Inflorescences ± interrupted. Calyx lobes 5, narrowly triangular, often entire. Corolla purple; tube longer than calyx; galea bent at a right angle apically; lower lip ciliate. Filaments pubescent.

Fruit: Capsule ovoid-lanceolate.

Phenology: Fl. Aug; fr. Aug-Sep.

Distribution: Endemic species in China. W Sichuan, E Gansu.

86. 全叶马先蒿 quán yè mǎ xiān hāo

***Pedicularis integrifolia* J. D. Hooker**, Fl. Brit. India. 4: 308. 1884.

生活型：多年生低矮草本，高 4~7 cm，干时变黑。

根：根茎变粗，发出纺锤形肉质的根。

茎：茎单条或多条，自根颈发出，弯曲上升。

叶：叶基生者成丛，有长柄，茎生者 2~4 对，无柄；叶片狭长圆形，均有波状圆齿。

花：花无梗，花轮聚生茎端，有时下方有疏距者。萼圆筒状钟形，前方开裂 1/3；齿 5，后方 1 齿较小，其余 4 齿长圆形，缘有波齿而常反卷。花冠深紫色；管伸直，约 2 cm；盔上部以直角转折为含有雄蕊的部分，前方多少骤狭为“S”形弯曲的长喙；下唇 3 裂，侧裂大于中裂 1 倍；雄蕊花丝 2 对均有毛。

果实：蒴果卵圆形而扁平，包于宿萼之内。

花果期：花期 6~7 月；果期 7~9 月。

生境：生于海拔 2,700~5,100 m 的高山石砾草原或针叶林中。

分布：我国产青海西部，四川西部、西南部，云南西北部，西藏南部、东南部。国外分布于不丹，尼泊尔和印度锡金。

Habit: Herbs perennial, 4-7 cm tall, drying black.

Root: Roots fusiform, fleshy.

Stem: Stems 1 to several, ascending.

Leaf: Basal leaves in a rosette; petiole 3-5 cm; leaf blade narrowly lanceolate to linear-lanceolate. Stem leaves 2-4 pairs, sessile, narrowly oblong; entire to crenate or serrate.

Flower: Inflorescences spicate, 1-3-fascicled, sometimes interrupted basally. Calyx cylindric-campanulate, glandular pubescent, 1/3 cleft anteriorly; lobes 5, unequal, posterior one smallest, lateral lobes oblong, crenate. Corolla dark purple; tube erect, ca. 2 cm, slender; galea bent at a right angle apically; beak S-shaped, slender; lower lip glabrous, middle lobe rounded, ca. 1/2 as long as lateral pair. Filaments pubescent throughout.

Fruit: Capsule enclosed by persistent calyx, compressed, ovoid.

Phenology: Fl. Jun-Jul; fr. Jul-Sep.

Habitat: Alpine rocky meadows, *Picea* forests; 2,700-5,100 m.

Distribution: W Qinghai, SW and W Sichuan, NW Yunnan, S and SE Xizang. Also distributed in Bhutan, Nepal, and India (Sikkim).

87. 杜氏马先蒿 dù shì mǎ xiān hāo

***Pedicularis duclouxii* Bonati**, Bull. Soc. Bot. France. 55: 245. 1908.

生活型： 一年生草本，干时不变黑，基部略木质化，最高者可达 60 cm。

根： 根细而圆锥状，长可达 6 cm，接近地面处常有成丛的须状根。

茎： 茎单出，简单或有时上部、下部均能随意分枝，圆筒形中空，有毛线 4 条。

叶： 叶有较长之柄，上面有沟，具微毛；叶片大小多变，中上部者最大，羽状深裂至全裂；裂片长圆状披针形，更多披针状线形，少有三角状卵形，正面有疏短毛或几无毛，背面脉上有毛，缘有重锯齿或半羽裂。

花： 花序生于茎枝之顶，花梗短。萼膜质，卵状钟形，近萼齿处有疏网脉；齿 5，后方 1 齿最小，三角形锐尖头而全缘，其余 4 齿均为披针状线形，略有锯齿，缘有毛。花冠黄色；管长 6~8 mm；盔在含有雄蕊部分向右扭折，前方渐狭为细长而卷为半环的喙部；下唇大，有密长缘毛，侧裂广椭圆形，圆头，中裂宽卵形，作囊状兜裹；雄蕊花丝 1 对有毛，另 1 对有时亦多少有毛。

果实： 蒴果扁卵圆形而歪斜，端弯指前下方。

花果期： 花期 8~9 月；果期 9~10 月。

生境： 生于海拔 3,400~4,300 m 的禾草坡和林下。

分布： 中国特有种。产四川西南部，云南西北部。

Habit: Herbs annual, slightly woody basally, not drying black.

Root: Roots conical, slender.

Stem: Stems single, branched or not, with 4 lines of hairs.

Leaf: Basal leaves withering early. Stem leaves opposite or in whorls of 3 or 4; leaf blade oblong-lanceolate, abaxially pubescent along veins, adaxially sparsely pubescent or glabrescent, pinnatipartite to pinnatisect; segments widely spaced, oblong-lanceolate, often not symmetrical, margin double dentate or pinnatifid.

Flower: Inflorescences spicate, interrupted. Pedicel short. Calyx scarcely cleft anteriorly, membranous; lobes 5, unequal, posterior one triangular, entire, lateral teeth larger, lanceolate-linear, obscurely serrate, ciliate. Corolla yellow; tube slightly bent apically, 6-8 mm; galea ± twisted; beak dark colored, semicircular, slender; lower lip densely ciliate, middle lobe hoodlike. 2 filaments pubescent and 2 glabrous, or sometimes all 4 pubescent.

Fruit: Capsule compressed, ovoid, obliquely apiculate.

Phenology: Fl. Aug-Sep; fr. Sep-Oct.

Habitat: Forests, alpine meadows, grassy slopes; 3,400-4,300 m.

Distribution: Endemic species in China. SW Sichuan, NW Yunnan.

88. 费氏马先蒿 fèi shì mǎ xiān hāo

***Pedicularis fetisowii* Regel**, Mélanges Biol. Bull. Phys.-Math. Acad. Imp. Sci. Saint-Pétersbourg. 6: 349. 1879.

生活型：多年生草本，干时不变黑色。

根：根极多，成密丛，多少肉质；根颈有宿存的小鳞片，端有去年茎叶的残余。

茎：茎紫黑色，圆筒形，幼时有毛，节上较密，老时几无毛，节不计花序 3~5。

叶：叶基出者早枯，下部者对生，上部者 4 叶轮生，下部者柄长，上部者较短；叶片羽状全裂，轴有狭翅及齿，外形为长圆状披针形至线状披针形，最上一轮变为极小；裂片自身亦羽状深裂，有少数锯齿及胼胝，常反卷，最上一轮常沿中肋向背面对折，缘亦反卷，上面无毛，背面有疏散白毛或几无毛。

花：花序短，一般头状至短穗状，而下部有数轮疏离。萼膜质，脉粗者 5，细者 6~8，外面密被长白毛，前方开裂约至一半；齿 5，后面 1 齿三角形全缘，全部膜质，其余 4 齿中 2 齿略大，端均暗绿色有不清晰的齿。花冠紫红色；管长 0.8~1.2 cm，管近端处稍扩大，外有细毛，伸出萼外很长；盔直立部分极短而细，前方渐细成“S”形长喙，喙近端处到盔的额部均有一条鸡冠状凸起；下唇有明显的短柄，开裂约至一半成为 3 裂，裂片几相等，均为广卵圆形，侧裂稍斜而斜指外方，中脉均很显著；雄蕊着生于花管近基处，2 对花丝均无毛。

花果期：花期 6 月；果期 7~8 月。

生境：生于海拔约 2,000 m 的山坡低下处。

分布：产新疆东部。国外分布于蒙古。

Habit: Herbs perennial, 14-40 cm tall, not drying black.

Root: Roots densely fascicled, ± fleshy.

Stem: Stems dark purplish, pubescent to glabrescent.

Leaf: Basal leaves withering early. Proximal stem leaves opposite, distal ones in whorls of 4; petiole of proximal leaves long, distal ones short; leaf blade oblong-lanceolate to linear-lanceolate, with narrowly winged and dentate midvein, abaxially sparsely white pubescent or glabrescent, adaxially glabrous, pinnatipartite; segments 11 pairs, pinnatipartite, few toothed.

Flower: Inflorescences capitate to short spicate, interrupted; bracts linear-lanceolate, shorter than flowers. Calyx membranous, densely white villous, ca. 1/2 cleft anteriorly; lobes 5, unequal, posterior one triangular, entire, lateral teeth larger, obscurely serrate. Corolla purple-red; tube 0.8-1.2 cm, slightly expanded near apex, finely pubescent; galea crested, marginally long ciliate; beak S-shaped. Filaments glabrous.

Phenology: Fl. Jun; fr. Jul-Aug.

Habitat: Valleys; ca. 2,000 m.

Distribution: E Xinjiang. Also distributed in Mongolia.

89. 旋喙马先蒿 xuán huì mǎ xiān hāo

Pedicularis gyrorhyncha **Franchet ex Maximowicz**, Bull. Acad. Imp. Sci. Saint-Pétersbourg. 32: 545. 1888.

生活型：一年生草本，高可达 110 cm，干时不变黑，草质或老时下部木质化。

根：根单条而有侧生须状根，或有分枝，一般较短。

茎：茎高低及大小极多变化，圆形，在近节处有沟纹，中空，无毛或节上及附近有短白毛，常在上部多细长的分枝，枝 1~4 枝轮生。

叶：叶无基生者，下部者对生，易枯，其余者 3~4 叶轮生，柄下部较长；叶片羽状深裂至半裂，有时在大植株上宽阔而为卵形，一般多为线状长圆形，微锐头，缘有浅裂至缺刻状锯齿，上面有疏细毛，背面有疏长毛或几无毛，网脉明显。

花：花序生茎枝之端，在枝端者有时花仅 1 轮，在主茎上者可多至 9 轮。萼钟形，具 10 脉，均不粗壮，近齿处及齿内有网脉，脉上有疏毛；齿 5，后方 1 齿三角形全缘，不及其他 4 齿的半长。花冠浅黄色；管伸直，长约 8 mm；盔在含有雄蕊部分多少膨大，额仅稍凸起，喙不扭旋，但卷成半环状，其端反指后上方而对其喉部；下唇大，缘有毛，基部丰满，心形而伸向管后，中裂亚圆形，甚小于侧裂；雄蕊花丝 2 对均有毛。

果实：蒴果包于膨大的宿萼中，萼齿变得极大而反卷，花梗亦偶然可伸长，果多少歪斜，有短刺尖。

花果期：花期 7~8 月；果期 8~9 月。

生境：生于海拔 2,700~4,000 m 的湿草地与杂林中隙地上。

分布：中国特有种。产云南西北部。

Habit: Herbs annual, to 110 cm tall, not drying black.

Root: Root branched, short.

Stem: Stem often many branched apically; branches slender, 1-4 per node.

Leaf: Basal leaves opposite. Stem leaves in whorls of 3 or 4; petiole to 3 cm basally; leaf blade ovate-oblong to lanceolate-oblong, abaxially sparsely long pubescent to glabrescent, adaxially sparsely pubescent,

pinnatipartite to pinnatifid; segments ovate to linear-oblong, incised-dentate.

Flower: Inflorescences spicate, interrupted. Calyx scarcely cleft anteriorly, sparsely pubescent along veins; lobes 5, unequal, posterior one triangular, entire, lateral teeth larger, ovate, serrate. Corolla pale yellow; tube ca. 8 mm; beak semicircular; lower lip ciliate, middle lobe subrounded, hoodlike. Filaments pubescent.

Fruit: Capsule enclosed by accrescent calyx.

Phenology: Fl. Jul-Aug; fr. Aug-Sep.

Habitat: Moist ground, forest clearings; 2,700-4,000 m.

Distribution: Endemic species in China. NW Yunnan.

90. 翘喙马先蒿 qiào huì mǎ xiān hāo

***Pedicularis meteororhyncha* H. L. Li**, Proc. Acad. Nat. Sci. Philadelphia. 100: 376. 1948.

生活型：多年生草本，干时多少变黑，高可达 40 cm。
根：根垂直，膨大而极粗，肉质。
茎：茎单条或多条，直立，有疏毛，不分枝。
叶：叶基生者多数，有长柄；叶片羽状深裂至全裂，有疏毛，具重锯齿，齿常反卷。茎生叶少数，对生或 4 叶轮生。
花：花序长穗状，花轮多至 8~10。花无梗，4 花成轮。萼圆筒形，前方开裂至 1/3；齿 5，不等。花冠紫红色；管圆筒形，长约 1.8 cm，在萼内稍向前弓曲，在萼上突然以直角向前膝曲；盔强烈向下扭折，在靠近含有雄蕊的部分反向基部折叠，并在其前方形成一耳，前方细缩成一长喙，喙细而多少象鼻状，略作"S"形；下唇长甚过于宽，中裂极大，与侧裂等大，几全部伸出于侧裂之前，端多少兜状；花丝 2 对均有毛。
花果期：花期 7~8 月；果期 9 月。
生境：生于海拔 4,000~4,200 m 的高山草地中。
分布：中国特有种。产云南西北部。

Habit: Herbs perennial, to 40 cm tall, drying black.
Root: Roots fleshy.
Stem: Stems erect, unbranched, sparsely pubescent.
Leaf: Basal leaf petiole long, glabrescent; leaf blade linear-oblong to linear-lanceolate, abaxially sparsely pubescent along veins, adaxially sparsely pubescent, pinnatipartite to pinnatisect; segments ovate-oblong to ovate-lanceolate, pinnatifid, margin double dentate. Stem leaves few, similar to basal leaves but smaller and shorter petiolate.
Flower: Inflorescences long; bracts sparsely pubescent. Flowers in whorls of 4. Calyx cylindric, 1/3 cleft anteriorly; lobes 5, unequal, posterior lobe smallest, glabrescent or pubescent along veins, serrate. Corolla purplish red, glandular pubescent; tube ca. 1.8 cm, bent at a right angle apically; galea often twisted; beak slender, S-shaped; lower lip shorter than galea, middle lobe prominent. Filaments villous.
Phenology: Fl. Jul-Aug; fr. Sep.
Habitat: Alpine meadows; 4,000-4,200 m.
Distribution: Endemic species in China. NW Yunnan.

赵新杰/摄影

赵新杰/摄影

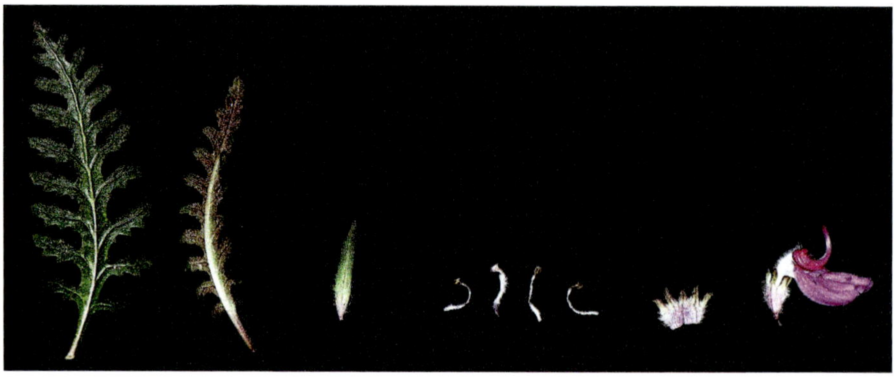

91. 奥氏马先蒿 ào shì mǎ xiān hāo

Pedicularis oliveriana **Prain**, J. Asiat. Soc. Bengal, Pt. 2, Nat. Hist. 58(2): 257. 1889.

生活型：多年生草本，干时多少变黑，高 50 cm，一般较矮。

根：根丛生，肉质，黑色，根颈粗，自其上发出根茎多条。

茎：茎黑色，仅有极微的毛线 4 条，几光滑，节极近，一般较短。

叶：叶基出者早枯，上部者无柄；叶片羽状深裂至全裂，轴有狭翅；裂片卵形至披针形，羽状半裂，小裂片卵状三角形，具少数有刺尖的锯齿。

花：花序所有花轮均有间断。萼前方几不裂，外面无毛；齿 5，后方 1 齿三角状全缘，其余 4 齿约相等，端多少膨大呈绿色，有不清晰或有时极显著的锯齿，齿内方沿缘有毛线 1 条，有时毛变为极密。花暗红紫色；花管长 6~7 mm，多少伸出萼上，不弯曲；盔在含有雄蕊部分的下面向右扭折，而其细长半环状的喙扭旋而变为“S”形，含有雄蕊部分的下缘有须缘毛，而盔的背线多少有丛毛，有时极密；下唇楔形而前方宽，有缘毛，侧裂端圆形，大于中裂甚多，后者宽卵形，不很凸出，不相盖叠；花丝着生于花管顶端，2 对均密被长柔毛。

果实：蒴果除顶尖向外钩曲外几不歪斜，长卵圆形而扁平，黑色光亮。

花果期：花期 6~8 月；果期 7~9 月。

生境：生于海拔 3,400~4,000 m 的林下湿润处及河岸柳林下，喜沙质土壤。

分布：中国特有种。产西藏东部、南部及东南部。

Habit: Herbs perennial, to 50 cm tall; drying black.

Root: Roots fascicled, fleshy.

Stem: Stems several, dark, with 4 lines of sparse hairs.

Leaf: Basal leaves withering early. Stem leaves opposite or in whorls of 3 or 4; sessile to short petiolate; leaf blade oblong-lanceolate, pinnatipartite; segments ovate to lanceolate, pinnatifid, ovate-triangular, incised-dentate.

Flower: Inflorescences interrupted; bracts leaflike, ca. as long as flowers. Calyx barely cleft anteriorly, glabrous; lobes 5, unequal, posterior one triangular and entire, lateral lobes serrate, ciliate. Corolla dark reddish purple; tube 6-7 mm; galea marginally ciliate; comose on abaxial suture; beak usually S-shaped, slender; lower lip ciliate. Filaments densely villous.

Fruit: Capsule compressed, oblong, obliquely apiculate.

Phenology: Fl. Jun-Aug; fr. Jul-Sep.

Habitat: Dry rocky places, sand dunes along rivers, open grassy meadows; 3,400-4,000 m.

Distribution: Endemic species in China. E, S and SE Xizang.

92. 拟篦齿马先蒿 nǐ bì chǐ mǎ xiān hāo

***Pedicularis pectinatiformis* Bonati**, Bull. Soc. Bot. France. 54: 372. 1907.

生活型：多年生草本，高达 40 cm，干时几不变黑。
根：根茎粗短，根细长，不作纺锤形。
茎：茎单一或多数，简单或在中下部分枝，直立但多少弯曲或有时斜升，有成条之毛；枝轮生，细而短。
叶：叶基出者早枯，茎生者 4 叶轮生，下部者有长柄；叶片羽状全裂；裂片深羽裂，两面几无毛。
花：花序总状。萼多少单面膨大，卵圆状圆筒形，除沿缘有一横脉串连外无网脉；齿 5，不等，线状锐头，外方与管部脉上有白色长密毛。花冠玫瑰紫红色，盔的地平部分色较深，其直立部分与花喉及管的上部多少呈黄色；管很短，伸直，约 1 cm，外面有微毛；盔的直立部分很长，与管等粗，在前缘有 1 对凸起，前方渐细成为细长之喙，沿喙的基部有一极狭的鸡冠状凸起，不很显著，喙成“S”形，端 2 裂，裂片三角形；下唇有明显的缘毛，侧裂几为圆整的肾形，两端均为耳形，中裂极小，卵形，前方半长作强烈的兜状而兜很深；雄蕊花丝无毛，着生于管的上半部。
花果期：花期 8 月；果期 9 月。
分布：中国特有种。产四川西部。

Habit: Herbs perennial, to 40 cm tall, scarcely drying black.
Root: Roots slender, not conical.
Stem: Stems 1 to several, erect; ascending, branched basally or unbranched; branches whorled, short, slender, with lines of hairs.
Leaf: Leaves in whorls of 4; petioles winged, pubescent; leaf blade ovate-lanceolate to linear-oblong, glabrescent on both surfaces, pinnatisect; segments pinnatipartite, dentate.
Flower: Inflorescences interrupted. Pedicel short. Calyx membranous, slightly cleft anteriorly, whitish villous along veins; lobes 5, unequal, linear; entire, posterior one smaller than lateral lobes. Corolla purplish red, with yellowish tube apex and lower lip base; tube erect, ca. 1 cm; galea bent at a right angle; beak semicircular or S-shaped, slender; lower lip ciliate, middle lobe smaller than lateral lobes, hoodlike. Filaments glabrous.
Phenology: Fl. Aug; fr. Sep.
Distribution: Endemic species in China. W Sichuan.

93. 喙毛马先蒿 huì máo mǎ xiān hāo

***Pedicularis rhynchotricha* P. C. Tsoong**, Acta Phytotax. Sin. 3: 299. 1955.

生活型： 多年生草本，升高，干时多少变黑。
根： 根亚纺锤形，多数，肉质。
茎： 茎多数或单条，不分枝，深色，高达 60 cm，下部圆筒形，无毛，上部有沟纹，有毛线 4~5 条。
叶： 叶基出者早枯，茎生者下部 4 叶轮生，中部 5 叶轮生，叶轮 7~9；叶柄无毛；叶片上面沿中肋有毛，其他处无毛，有网脉，轴有翅；羽状分裂；裂片线形，本身亦有锐齿。
花： 花序伸长，向心。萼圆筒形；齿 5，后方 1 齿细而较小，其余披针形，靠近顶端处稍膨大，几无锯齿。花冠紫红色；管无毛，长约 9 mm；盔直立部分前缘有缘毛，渐细为较其本身为长的喙，喙“S”形弯曲，中部密生棕色厚毛，端全缘；下唇椭圆形，缘有毛，3 浅裂，中裂较小；雄蕊着生于管上部 1/3 处，着生处有密毛，而花丝则几光滑。
果实： 蒴果长卵圆形，2/3 被宿萼所包。
花果期： 花期 6~8 月；果期 6~8 月。
生境： 生于海拔 2,700~3,700 m 的云杉林缘、空地。
分布： 中国特有种。产西藏东南部。

Habit: Herbs perennial, ± drying black.
Root: Roots ± fusiform, fleshy.
Stem: Stems 1 to several, unbranched, glabrous basally, with 4 or 5 lines of hairs apically.
Leaf: Basal leaves withering early. Stem leaves in whorls of 4 or 5; ± sessile to short petiolate, glabrous; leaf blade lanceolate-oblong, pinnatifid; segments linear, adaxially pubescent along midvein, incised-dentate.
Flower: Inflorescences centripetal, elongated, with 8-12 fascicles, interrupted; bracts linear, longer than flowers. Calyx cylindric; lobes 5, unequal, posterior one smaller and narrower than lateral lobes, lateral lobes lanceolate, slightly serrate, densely ciliate. Corolla purple-red; tube ca. 9 mm, glabrous; galea bent apically, margin ciliate; beak S-shaped, densely brown lanulose at middle; lower lip ciliate. Filaments glabrescent.
Fruit: Capsule 2/3 enclosed by accrescent calyx, long ovoid.
Phenology: Fl. Jun-Aug; fr. Jun-Aug.
Habitat: Moist ground; *Picea* woodlands, margins of burned forests, forest clearings; 2,700-3,700 m.
Distribution: Endemic species in China. SE Xizang.

94. 劳氏马先蒿 láo shì mǎ xiān hāo

***Pedicularis roborowskii* Maximowicz**, Bull. Acad. Imp. Sci. Saint-Pétersbourg. 27: 512. 1881.

生活型：一年生草本，中等高低，干时略变黑色。

根：根茎圆锥状而细长，有略作纺锤形的分枝，端有地平伸展的侧根一轮，根颈无鳞片。

茎：茎数条自根颈发出，基部多少木质化，上部草质，有条纹，具 4 条毛线。

叶：叶下部者对生，有长柄，上部者 4 叶轮生，其柄较短；叶片羽状全裂；裂片延下于叶轴成为锯齿，披针形至线形，羽状半裂，小裂片有齿及胼胝。

花：花序偶头状而密，一般多少伸长。萼有短梗，梗在果中显著伸长，有倒三角形上宽下狭的翅；管部卵状圆筒形，前方深开裂达一半以上，具 10 脉，极明显，齿多少不等，均细狭，因萼的强烈开裂而偏聚于后方。花冠黄色；管大部伸直，在近喉处稍前俯；盔的直立部分短，额不凸，含有雄蕊部分前方的下缘略有凸出，向前渐狭成一长喙，喙明显卷扭；下唇几为圆形，开裂到 1/3，侧裂端指向前，斜卵形，中裂几圆形，基部与侧裂组成明显之弯缺而不盖叠，向前凸出；花丝 2 对均无毛。

果实：蒴果大部包于宿萼之内，后者极膨大，长三角状卵形，端稍向前弯曲。

花果期：花期 6~8 月。

生境：生于云杉、桦木林灌丛中。

分布：中国特有种。产甘肃西部，四川北部，青海东部。

Habit: Herbs annual, to 50 cm tall, drying slightly black.

Root: Root conical, slender.

Stem: Stems several, ± woody at base, with 4 lines of hairs.

Leaf: Basal leaves opposite; petiole short. Stem leaves in whorls of 4; leaf blade broadly oblong to ovate-oblong, pinnatisect; segments lanceolate to linear, pinnatifid, dentate.

Flower: Inflorescences usually long racemose, interrupted. Pedicel short. Calyx more than 1/2 cleft anteriorly; lobes 5, ± equal, grouped posteriorly, slender. Corolla yellow; tube decurved through anterior calyx cleft; galea with deltoid marginal teeth; beak slightly bent or coiled at apex; lower lip glabrous, middle lobe subrounded. Filaments glabrous.

Fruit: Capsule triangular-ovoid.

Phenology: Fl. Jun-Aug.

Habitat: *Picea* and *Betula* forests.

Distribution: Endemic species in China. W Gansu, N Sichuan, E Qinghai.

陈敏愉/摄影

陈敏愉/摄影

陈敏愉/摄影

95. 半扭卷马先蒿 bàn niǔ juǎn mǎ xiān hāo

***Pedicularis semitorta* Maximowicz**, Bull. Acad. Imp. Sci. Saint-Pétersbourg. 32: 546. 1888.

生活型： 一年生草本，高 60 cm，干时多少变黑。
根： 根圆锥形而细，简单或分枝，近端处生有丛须状侧根。
茎： 茎单条或有时从根茎发出 3~5 条，圆形中空，多条纹，不分枝或常在上部多分枝；枝甚弱于主茎。
叶： 叶基出者仅在早期存在，花盛开时多已枯败，有长柄。最下部者叶柄几与基出者等长。稍上的一轮叶柄缩短；叶片羽状全裂，轴有狭翅及齿；裂片不规则，有锯齿，上面几无毛，背面有极疏之毛或几光滑，缘边锯齿有白色胼胝。
花： 花序穗状。萼开裂至一半以上，狭卵状圆筒形，具 10 脉，均无毛；齿 5，线形而偏聚于后方。花冠黄色；管伸直，仅略长于萼，喉稍扩大而向前俯；盔的直立部分始直立，中上部略向前隆起如齿，至开花后期强烈向右扭折，其含有雄蕊部分狭于直立部分，前方渐细成为较其自身长 2 倍的卷成半环的喙；下唇形状多变，常宽过于长，裂片卵形而常多少有棱角，互不盖叠，中裂有时可较侧裂略大；雄蕊着生花管中上部，花丝 1 对中部有长柔毛。
果实： 蒴果尖卵形，扁平，3/4 为宿萼所包，多少偏斜，有凸尖。
花果期： 花期 6~7 月；果期 7~8 月。
生境： 生于海拔 2,500~3,900 m 的高山草地中。
分布： 中国特有种。产甘肃中部、西南部，青海东部，四川北部。

Habit: Herbs annual, to 60 cm tall; drying black.
Root: Roots conical, slender.
Stem: Stem single or 3-5, unbranched or branched apically; branches slender, often 3-5 per node.
Leaf: Basal leaves withering early. Stem leaves in whorls of 3-5; petiole distal ones much shorter; leaf blade ovate-oblong to linear-oblong, abaxially glabrescent, adaxially sparsely pubescent or glabrescent, pinnatisect; segments linear, pinnatipartite, dentate.
Flower: Inflorescences spicate, interrupted basally. Calyx more than 1/2 cleft anteriorly, glabrous; lobes 5, grouped posteriorly, linear. Corolla yellow; tube slightly enlarged and curved apically; beak twisted laterally usually into a circle; lower lip glabrous. 2 filaments villous, 2 glabrous.
Fruit: Capsule 3/4 enclosed by accrescent calyx, compressed, ovoid, obliquely apiculate.
Phenology: Fl. Jun-Jul; fr. Jul-Aug.
Habitat: Alpine meadows; 2,500-3,900 m.
Distribution: Endemic species in China. C and SW Gansu, E Qinghai, N Sichuan.

96. 陈塘马先蒿 chén táng mǎ xiān hāo

***Pedicularis tamurensis* T. Yamazaki**, J. Jap. Bot. 45(6): 174. 1970.

生活型：多年生草本，高可达 80 cm。

根：主根粗壮，多少木质化，生有成丛须状根。

茎：茎圆柱形，中空，基部有棱，常木质化，直立且不分枝，疏生长毛。

叶：叶对生，柄缘有长腺毛；叶片两面均密生短毛，羽状全裂至深裂，中脉有狭齿及翅，基部 1~3 对裂片对生或近对生，中部裂片最长，先端裂片渐短且对生，长披针形或条形，自身也有尖锐而不整齐的锯齿。

花：花序顶生或生于叶腋，花序总状，花梗短，被短密毛。花萼钟形或圆筒形，外面有长毛，先端开裂至 2/5；齿 5，基部渐宽，上部叶状而有锐锯齿，向外扩展反折，后方 1 齿显著较其余 4 齿小。花冠白色，花管与萼筒近等长；盔瓣呈镰刀状弓曲，包含雄蕊部分稍膨大，中间弯折渐狭成喙，顶端 2 裂；下唇宽过于长很多，完全包围盔瓣，先端 3 浅裂，侧裂较大，中裂宽圆形，两侧多少叠置于侧裂之上。雄蕊 4，花丝 2 对皆疏生短柔毛。

生境：生于海拔 2,900~3,350 m 高山林下，中国见于海拔约 2,900 m 的冷杉林中。

分布：我国产西藏南部。国外分布于尼泊尔。

Habit: Herbs perennial, to 80 cm tall.

Root: Roots stout, ± lignified, with a bundle of whisker roots.

Stem: Stem cylindrical, hollow, base arrowed, often lignified, erect and unbranched, sparsely hairy.

Leaf: Leaves opposite, margin with long glandular hair. Leaf blade both sides are densely short hairs, pinnately divided to deeply divided, midvein with narrow teeth and wings, base 1 to 3 pairs of lobes opposite or subopposite, middle lobes longest, apex lobes shorter and opposite, long lanceolate or bar, themselves also

胡光万/摄影

胡光万/摄影

sharp and irregular serrate.

Flower: Inflorescence terminal or axillary, racemose; peduncle short, coat short densely hairy. Calyx campanulate or cylindrical, outer long hairs, apex split to 5 base widens, upper foliate and sharp serrated calyx teeth, calyx teeth spread outward and recurved, rear 1 significantly smaller than the other 4. Corolla white, coronal tube nearly equal to calyx tube. Galea is sickle-shaped arcuate, including stamen part slightly expanded, the middle of the bend gradually narrowed into a beak, apex 2. The lower lip is much too wide and much longer, completely surrounding the helmet, the apex is 3-lobed, the lateral cleft is larger, the middle cleft is wide and circular, and the two sides are more or less stacked on the lateral cleft. Stamens 4, filaments 2 pairs are sparsely pubescent.

Habitat: Under alpine forests, 2,900-3,350 m.

Distribution: S Xizang. Also distributed in Nepal.

97. 曲茎马先蒿 qū jīng mǎ xiān hāo

Pedicularis flexuosa **J. D. Hooker**, Fl. Brit. India. 4: 308. 1884.

生活型：多年生草本。低矮或相当高升达 40 cm，多毛。

根：根茎木质化，生有多数侧根。

茎：茎多数，简单或下部上部均有分枝，弯曲上升，中空，上部有沟纹，多毛。

叶：叶与枝同为对生，有柄，基生者柄长，茎生者柄短，有毛；叶片羽状深裂、裂羽状浅裂至羽状全裂；小裂片有锯齿，齿有白色胼胝。

花：花腋生有梗，下部者疏距，顶部者多少聚集。萼圆筒状钟形，有长毛，前方开裂至 1/3 处；齿 5，后方 1 齿三角形全缘，其余有重锯齿，椭圆形，前侧方 2 齿与后方 1 齿等长，仅及后侧方者的半长。花冠管长 1.8~2.2 cm，有微毛，长于萼 2 倍以上；盔在含有雄蕊的部分镰状弓曲转向前方，伸出粗强地伸直而指向前下方的喙；下唇卵状圆形，侧裂比中裂大 2 倍；雄蕊花丝前方 1 对有毛。

果实：蒴果披针形，锐尖头而有刺尖，伸出于宿萼的部分等于萼的半长，2 室不等，扁平。

花果期：花期 6~8 月；果期 7~9 月。

生境：生于海拔 2,800~4,000 m 林中及溪旁岩上腐殖土中。

分布：我国产西藏南部。国外分布于不丹，尼泊尔中部、东部，印度锡金。

Habit: Herbs perennial, low or to 40 cm tall, pubescent.

Root: Roots woody, slender, lateral root numerous.

Stem: Stems flexuous, striate apically.

Leaf: Leaves opposite; petiole pubescent; leaf blade ovate-oblong; segments oblong, pinnatilobate to pinnatisect, dentate, teeth callose.

Flower: Flowers interrupted basally. Calyx cylindric-campanulate, villous; lobes 5, unequal, posterior one triangular and entire, lateral ones larger, serrate. Corolla tube pilose, 1.8-2.2 cm; galea falcate; beak bent downward, straight; lower lip ovate-rounded, middle lobe much smaller than lateral lobes. 2 filaments pubescent, 2 glabrous.

Fruit: Capsule lanceolate, apex acute. Seeds ovoid.

Phenology: Fl. Jun-Aug; fr. Jul-Sep.

Habitat: Forests, moist stream beds; 2,800-4,000 m.

Distribution: S Xizang. Also distributed in Bhutan, C and E Nepal, and India (Sikkim).

III

直立茎，互生叶 / 部分假对生

98. 藓状马先蒿 xiǎn zhuàng mǎ xiān hāo

***Pedicularis muscoides* H. L. Li**, Proc. Acad. Nat. Sci. Philadelphia. 101: 91. 1949.

生活型： 极低矮的草本，连花高不及 4 cm，干时变黑。

根： 根成束，很变粗，肉质。

茎： 茎花葶状，长仅达 1 cm。

叶： 叶基生者有长柄，柄细长，有毛；叶片长圆状披针形，或有微毛，端钝，边缘羽状全裂或近端的一方为深羽状开裂；裂片卵形，有锯齿。

花： 花少数。萼长圆状卵圆形，有毛，具 5 脉，上部微有网纹；齿 5，狭三角形，微有波齿而近于全缘。花冠奶白色或玫红色；管长约 1.1 cm；盔多少前俯，额圆形，下缘前端尖，无齿；下唇裂片圆形，全缘，中裂圆形，向前伸出一半；花丝着生管基，前方 1 对近端处有毛。

果实： 蒴果长圆状卵圆形，多少扁平而偏斜，锐头。

花果期： 花期 6~8 月；果期 7~9 月。

生境： 生于海拔 3,900~5,300 m 的湿润高山草甸。

分布： 中国特有种。产四川西部、云南西北部，西藏东南部。

Habit: Herbs low, less than 4 cm tall, drying black.

Root: Roots fascicled, fleshy.

Stem: Stems scapelike, erect, usually to 1 cm.

Leaf: Basal leaf petiole slender, pubescent; leaf blade oblong-lanceolate, pinnatisect or pinnatipartite; segments ovate, glabrescent, dentate.

Flower: Flowers 2 or 3. Pedicel short. Calyx oblong-ovate, pubescent; lobes 5, subequal, narrowly triangular, ± entire or dentate. Corolla cream colored or bright rose; tube slightly bent and expanded apically, ca. 1.1 cm; galea ± bent, apex ± acute; lower lip lobes rounded, middle one projecting. 2 filaments pubescent apically, 2 glabrous throughout.

Fruit: Capsule oblong-ovoid, compressed, slightly oblique, apex acute.

Phenology: Fl. Jun-Aug; fr. Jul-Sep.

Habitat: Moist alpine meadows; 3,900-5,300 m.

Distribution: Endemic species in China. W Sichuan, NW Yunnan, SE Xizang.

99. 欧氏马先蒿 ōu shì mǎ xiān hāo

***Pedicularis oederi* Vahl**, Dansk Oekonom. Plantel. ed. 2. 580. 1806.

生活型：多年生草本，低矮，高 5~10（~20）cm，干时变为黑色。

根：根多数，多少纺锤形，肉质；根颈粗，顶端常生有少数宿存膜质鳞片。

茎：茎常为花葶状，其大部长度均为花序所占，多少有绵毛，有时几变光滑，有时很密。

叶：叶多基生，宿存成丛，有长柄；叶片羽状全裂，裂片多数。茎叶常极少，仅 1~2，与基叶同而较小。

花：花序顶生，常占茎的大部长度，其花开次序显然离心。萼狭而圆筒形；齿 5，几相等。花冠多二色，盔端紫黑色，其余黄白色，有时下唇及盔的下部亦有紫斑；管长 1.2~1.6 cm，花管在近端处多少向前膝曲使花前俯；盔额圆形，前缘之端稍作三角形凸出；下唇大小很多变化，宽甚过于长，侧裂甚大于中裂，后者几完全不向前方伸出；雄蕊花丝前方 1 对被毛，后方 1 对光滑。

果实：蒴果，上部生长常最良好，而下部之果往往不实；2 室强烈不等，但轮廓不甚偏斜，端锐头而有细凸尖。

花果期：花期 6~9 月；果期 7~10 月。

生境：多生于海拔 2,600~5,400 m 或以上的高山沼泽草甸和阴湿的林下。

分布：我国产甘肃，河北，青海，山西，陕西，四川，云南，新疆，西藏。国外广布于北温带，北极和高山地区。

Habit: Herbs perennial, 5-10 (-20) cm tall, drying black.

Root: Roots fascicled, fleshy.

Stem: Stems usually scape-like, woolly.

Leaf: Leaves mostly basal; petiole long, pubescent; leaf blade linear-lanceolate to linear, abaxially sometimes pubescent along veins, adaxially usually glabrous, pinnatisect; segments 10-30 pairs, ovate to oblong, dentate. Stem leaves 1 or 2, similar to basal leaves but smaller.

Flower: Inflorescences ca. 5 (-10) cm. Calyx lobes 5; equal. Corolla yellow, with purple galea, occasionally lower lip purple-spotted; tube falcate apically, 1.2-1.6 cm, apex obtuse; acute; galea rounded in front; lower lip middle lobe rounded, smaller than lateral lobes. Anterior filament pair pubescent. Stigma included or slightly exserted.

Fruit: Capsule long ovoid to ovoid-lanceolate.

Phenology: Fl. Jun-Sep; fr. Jul-Oct.

Habitat: Alpine meadows, pastures, damp limestone rocks, tundra, grassy slopes; 2,600-5,400 m.

Distribution: Gansu, Hebei, Qinghai, Shanxi, Shaanxi, Sichuan, Yunnan, Xinjiang, and Xizang. Widely distributed in northern temperate zone, North Pole and highlands.

100. 直盔马先蒿 zhí kuī mǎ xiān hāo

***Pedicularis orthocoryne* H. L. Li**, Proc. Acad. Nat. Sci. Philadelphia. 101: 89. 1949.

生活型：多年生低矮草本，高不达 4 cm，干时多少变黑。

根：根茎短，发出成束变粗而肉质的根多条。

叶：叶基出者有长柄，柄纤细有毛；叶片无毛或微有毛，羽状全裂或近顶处羽状深裂。

花：花序短，着少数花。萼长圆状卵圆形；齿 5，后方 1 齿较小，三角形全缘，其余 4 齿 2 大 2 小，三角状卵形。花冠浅黄白色，管长约 1.1 cm，微向前弓曲；盔伸直，额圆形，前方尖而有时略有转角，无齿；下唇裂片边缘有啮痕状细齿，侧裂约较中裂宽 1 倍，中裂约伸出于侧裂前一半；花丝前方 1 对近端处有长毛。

果实：蒴果长圆状卵圆形，稍扁平，具多少歪斜的尖头。

花果期：花期 6 月；果期 7~8 月。

生境：生于海拔 4,000~5,300 m 的草坡。

分布：中国特有种。产四川西部，云南西北部。

Habit: Herbs perennial, less than 4 cm tall, drying black.

Root: Roots numerous, fleshy.

Stem: Stems unbranched, puberulent.

Leaf: Basal leaf petiole slender, puberulent; leaf blade oblong-lanceolate, puberulent to glabrescent, pinnatisect to pinnatipartite; segments dentate.

Flower: Inflorescences few flowered. Pedicel short. Calyx lobes 5, unequal, posterior one triangular and entire, lateral lobes larger, ovate, serrate. Corolla yellow throughout, tube ca. 1.1 cm. Galea straight, rounded apically; lower lip erose, middle lobe smaller than lateral pair, projecting. Anterior filament pair villous apically.

Fruit: Capsule oblong-ovoid.

Phenology: Fl. Jun; fr. Jul-Aug.

Habitat: Grassy slopes; 4,000-5,300 m.

Distribution: Endemic species in China. W Sichuan, NW Yunnan.

101. 野苏子 yě sū zǐ

Pedicularis grandiflora **Fischer**, Mém. Soc. Imp. Naturalistes Moscou. 3: 60. 1812.

生活型: 高大草本可达1 m以上,常多分枝,干时变为黑色,全体无毛。

根: 根成丛,多少肉质。

茎: 茎粗壮,中空,有条纹及棱角。

叶: 叶互生,基生者在花期多已枯萎,茎生者极大,连柄可达30 cm以上,柄圆柱形;叶片轮廓为卵状长圆形,二回羽状全裂;裂片多少披针形,羽状深裂至全裂,最终的裂片长短不等,具生有白色胼胝的粗齿。

花: 花序长总状,向心开放;花稀疏,下部者有短梗。萼钟形,齿5相等,三角形,缘有胼胝细齿而反卷。花冠紫色;盔端尖锐而无齿;下唇不很开展,多少依附于盔而较短,裂片圆卵形,略等大,互相盖叠;雄蕊花丝无毛。

果实: 果卵圆形,有凸尖,稍侧扁,2室相等。

花果期: 花期7~8月;果期8~9月。

生境: 生于海拔300~400 m的沼泽和草甸中。

分布: 我国产吉林,内蒙古。国外分布于俄罗斯。

Habit: Herbs perennial, to more than 1 m tall, often many branched.

Root: Roots fascicled, ± fleshy.

Stem: Stems stout, hollow, ribbed, densely and minutely appressed puberulent.

Leaf: Basal leaves withering early; petiole long; leaf blade ovate-oblong, 2-pinnatisect; segments lanceolate, pinnatipartite to pinnatisect, dentate, teeth white and callose.

Flower: Inflorescences long racemose, centripetal, lax. Calyx lobes 5, equal, triangular, serrate. Corolla purple; lips ± connivent; galea falcate, marginally densely bearded; lower lip slightly shorter than galea. Filaments glabrous.

Fruit: Capsule ovoid, apiculate.

Phenology: Fl. Jul-Aug; fr. Aug-Sep.

Habitat: Swampy meadows; 300-400 m.

Distribution: Jilin, Nei Mongol. Also distributed in Russia.

102. 白氏马先蒿 bái shì mǎ xiān hāo

***Pedicularis paiana* H. L. Li**, Proc. Acad. Nat. Sci. Philadelphia. 101: 61. 1949.

生活型：植株高 35 cm，干时变黑。

根：鞭状根茎细长，在近地表处连接于生有一丛密须根的根颈上。

茎：茎单出，不分枝，有毛，具纵沟纹。

叶：叶多茎生，多少披针状长圆形，两面有疏毛，羽状开裂；裂片裂至一半，边缘有齿，多胼胝。

花：萼外面有毛，齿 5，几相等，披针状长圆形，多少有明显的锯齿。花冠黄色，外面全部有毛；管约与盔等长；盔多少镰状弓曲，前端下缘有 1 个不显著的小凸尖，上半沿下缘有密须毛；下唇约与盔等长，裂片 3 枚亚相等，长卵形钝头；雄蕊花丝 2 对均有疏毛。

花果期：花期 7~8 月；果期 8~9 月。

生境：生于海拔 2,800~3,000 m 的高山荒草坡中，偶见林下隙地。

分布：中国特有种。产甘肃，四川西部。

Habit: Herbs perennial, to 35 cm tall.

Root: Fibrous root fascicled on the rootstock.

Stem: Stems erect, pubescent, longitudinally striate.

Leaf: Leaves mostly on stem, lanceolate-oblong, sparsely pubescent, pinnatifid; segments dentate.

Flower: Calyx pubescent; lobes 5, ± equal, lanceolate-oblong, distinctly serrate. Corolla yellow, pubescent; tube ca. as long as galea; galea margin densely ciliate, apex acute; lower lip ca. as long as galea, lobes ± equal. Filaments sparsely pubescent.

Phenology: Fl. Jul-Aug; fr. Aug-Sep.

Habitat: Alpine meadows, *Picea* forests; 2,800-3,000 m.

Distribution: Endemic species in China. Gansu, W Sichuan.

103. 旌节马先蒿 jīng jié mǎ xiān hāo

Pedicularis sceptrum-carolinum **Linnaeus**, Sp. Pl. 2: 608. 1753.

生活型：多年生直立草本，高达 60 cm，基部常有宿存的老叶柄。

根：根粗线状，长而细，丛生。

茎：茎单一或偶有 2 条，仅下部有叶，上部长而裸露，作花葶状。

叶：叶基生者宿存而成丛，具有长柄，叶片下半部多羽状全裂，裂片小而疏距，上半部多羽状深裂，裂片羽状浅裂或具缺刻状重锯齿，齿上常有白色胼胝；茎生叶仅 1~2 枚，有时 3 枚作假轮生，形状与基出叶同而较小。

花：花序生于茎的顶部，在开花后期相当伸长，可达 20 cm 以上，此时花的假对或假轮常远距，但常只生少数花而短；花一般均为假对生或假轮生，极少有完全互生者。花萼钟形。花冠黄色，在上下唇的尖端有时有紫红色晕；管粗壮，长约 1.5 cm；上部逐渐扩大；盔作镰状弓曲，下缘尤其近端处有长而密的须毛；下唇依附于上唇；雄蕊花丝 2 对均在近基处有微毛。

果实：蒴果大，端有钩曲的凸尖，大部为苞片与宿萼所包裹。

花果期：花期 6~8 月；果期 8~9 月。

生境：多生于海拔 400~1,500 m 的河岸低湿地。

分布：我国产黑龙江，吉林，辽宁，内蒙古。国外分布于俄罗斯，蒙古，日本，韩国，哈萨克斯坦，欧洲中部、北部。

Habit: Herbs perennial, to 60 cm tall, glabrous or sparsely ciliolate.

Root: Roots linear, fascicled.

Stem: Stems often single.

Leaf: Basal leaves in a rosette; petiole long; leaf blade oblanceolate to linear-oblong, pinnatifid to pinnatisect; segments ovate to oblong, pinnatilobate, incised-double dentate, teeth white and callose. Stem leaves few, alternate or in pseudo-whorls of 3, similar to basal leaves but smaller.

Flower: Inflorescences to more than 20 cm. Flowers often pseudo-opposite or in pseudo-whorls, lax; bracts broadly ovate. Calyx lobes serrate. Corolla yellow, sometimes purple-red at apex of lower lip and galea, glabrous except on galea; tube ca. 1.5 cm; lips connivent; galea falcate, densely bearded along margin; lower lip with middle lobe entire. Filaments glabrous apically.

Fruit: Capsule globose, short mucronate.

Phenology: Fl. Jun-Aug; fr. Aug-Sep.

Habitat: Swampy woods, moist banks, marshy meadows; 400-1,500 m.

Distribution: Heilongjiang, Jilin, Liaoning, Nei Mongol. Also distributed in Russia, Mongolia, Japan, Korea, Kazakhstan, and C and N Europe.

104. 阴郁马先蒿 yīn yù mǎ xiān hāo

Pedicularis tristis **Linnaeus**, Sp. Pl. 2: 608. 1753

生活型：多年生直立草本，干时变为黑色，高 15~50 cm。

根：根须状成圆丛，生于根颈之上，根颈下接鞭状根茎。

茎：茎中空，有纵条纹，沿纹有毛，上部较密，不分枝。

叶：叶下部者较小，中部者最大，无柄，羽状深裂至距中脉的一半处，裂片三角形至卵形，具刺尖的重锯齿；上面遍布白毛，下面主要在主脉上有长毛。

花：花序总状，花疏密不等，下方者常远距。萼狭钟形，常被密毛，有时几光滑，齿多变，有时几相等，有时后方 1 枚较小，均线状披针形。花冠黄色；管部几不或仅稍超出萼齿，外面被毛，下唇不很开展，中裂较宽，其长稍过于盔，盔弓曲，端钝而常有喙状小凸尖，下缘有浓密的长须毛；雄蕊药室钝圆，花丝无毛。

花果期：花期 6~8 月；果期 7~9 月。

生境：生于海拔 2,700~3,200 m 的山地灌木草原或草原中。

分布：我国产甘肃，山西。国外分布于蒙古，俄罗斯西伯利亚和远东地区。

Habit: Herbs perennial, 15-50 cm tall.

Root: Root clustered.

Stem: Stems hollow, with lines of hairs.

Leaf: Leaves linear to linear-lanceolate, abaxially with long hairs along midvein, adaxially white pubescent, pinnatipartite; segments triangular to ovate, incised-double dentate.

Flower: Inflorescences to 20 cm, often interrupted basally. Calyx densely pubescent to subglabrous; lobes 5, ± equal, linear-lanceolate, entire or obscurely serrate. Corolla yellow; tube barely exceeding calyx lobes, pubescent; galea margin densely pubescent, apex obtuse or acute. Filaments glabrous.

Phenology: Fl. Jun-Aug; fr. Jul-Sep.

Habitat: Alpine and subalpine wet meadows, shrubby grassland; 2,700-3,200 m.

Distribution: Gansu, Shanxi. Also distributed in Mongolia, and Russia (Siberia, Far East).

105. 茨口马先蒿 cí kǒu mǎ xiān hāo

***Pedicularis tsekouensis* Bonati**, Bull. Soc. Bot. France. 54: 373. 1907.

生活型：多年生草本，植物高低极多变化，干时不变黑色，全体被毛。

根：根细而不为肉质，成丛。

茎：茎基部常有宿存的膜质旧叶柄，圆柱形，有毛。

叶：叶在低矮的植株中常多基生而茎几无叶；在高升的植株中则茎叶亦发达，其柄与叶片等长或长过子叶；叶片羽状浅裂至深裂，两面均有毛。

花：花序在低矮的植株中常成头状，含少数花，在高升的植株中伸长而为疏总状；花梗短。萼膜质，具 5 不等的齿，后方者小而全缘，三角形，其余多少叶状而有齿，后侧方 2 齿最大。花冠浅黄至玫瑰色，常有紫斑；管略比萼长，上端膨大；盔指向几与管同但稍仰起，至中部相近再微作膝曲，转指前方而稍偏上，背有毛，近端处更密，钝头，下缘无长须毛；下唇有长柄，在近端处 3 裂，裂片展开，中裂较大；雄蕊花丝有一对在近端处有毛。

花果期：花期 6~9 月；果期 8~10 月。

生境：生于海拔 3,000~4,500 m 的松林与杜鹃丛林中多石而干燥的地方。

分布：我国产四川西南部，云南西北部。国外分布于缅甸北部。

Habit: Herbs perennial, 10-60 cm tall, pubescent throughout.

Root: Roots fascicled, slender.

Leaf: Leaf blade lanceolate-oblong to ovate-elliptic; segments, oblique-ovate to triangular, pubescent, margin double dentate. Basal leaves in a rosette; petiole long. Stem leaves absent or few, similar to basal leaves but with shorter petioles and smaller.

Flower: Inflorescences capitate or racemose, elongating to more than 25 cm, lax. Pedicel short. Calyx lobes 5, unequal. Corolla pale yellow to rose, often purple spotted; tube slightly longer than calyx; galea densely pubescent apically. 2 filaments pubescent, 2 glabrous; anthers apiculate.

Phenology: Fl. Jun-Sep; fr. Aug-Oct.

Habitat: Dry stony pastures among *Pinus* and *Rhododendron* scrubs; 3,000-4,500 m.

Distribution: SW Sichuan, NW Yunnan. Also distributed in N Myanmar.

106. 阿洛马先蒿 ā luò mǎ xiān hāo

Pedicularis aloensis **Handel-Mazzetti**, Kaiserl. Akad. Wiss. Wien, Math.-Naturwiss. Kl., Anz. 60: 99. 1923.

生活型： 多年生，高 15~40 cm，干时不变黑。

根： 根茎鞭状，有三角形厚鳞片，在根颈发出长须状根，须状根有灰褐色毛，老时减退。

茎： 茎多数，柔弱而细，略作四角形，上部有沟纹，有 2 成行之毛或几光滑，有疏距的对生之枝与叶。

叶： 叶均茎生，三角状卵形，羽状全裂，上部者较少；裂片或小羽叶具有短小柄；下部者不对称，向叶端者互相连合，卵状椭圆形；小裂片宽而圆，有重宽锯齿或再作不明显之开裂，膜质，深绿色；下部叶柄与叶片等长，狭而扁平，上部者较短。

花： 花对生于茎与枝的中部及以上的叶腋中，很疏远。萼钟形膜质，沿 5 条主脉伸长为 5 枚三角形全缘具有绿色凸尖的小齿，有时有疏毛，缘有疏毛。花冠黄色，较小，外面主要上部有疏毛；管自基部逐渐扩大；盔几不向前俯，渐变狭，端钝而为兜状，缘无毛，与管等长；下唇以锐角伸张，中裂较卵状披针形锐头的侧裂宽 2 倍，圆形，有毛，自中裂与侧裂组成的尖形缺刻中凸起成为 2 条高凸的褶襞；花丝几等长，较短的 1 对下部有短毛。

果： 蒴果小，形如尖刀，很锐尖。

花果期： 花期 7 月；果期 7~8 月。

生境： 生于海拔 3,000~4,000 m 的林中和竹林中阴处。

分布： 中国特有种。产云南西北部。

Habit: Herbs perennial, 15-40 cm tall, not drying black.

Root: Rootstock stout, with thick stringy roots.

Stem: Stems numerous, delicate, branched apically, glabrous or with 2 lines of hairs.

Leaf: Stem leaves opposite; petiole ca. as long as leaf blade, shorter apically; leaf blade triangular-ovate, pinnatisect; segments ovate-elliptic, pinnatipartite, margin double dentate.

Flower: Flowers axillary, scattered. Pedicel short. Calyx sometimes sparsely pubescent; lobes 5, triangular, sparsely ciliate. Corolla yellow, sparsely pubescent apically; tube ca. as long as galea; galea ± straight or slightly falcate, apex entire; lower lip much shorter than galea, middle lobe rounded, apex entire. Filaments slightly pubescent.

Fruit: Capsule obliquely triangular-lanceolate, short apiculate.

Phenology: Fl. Jul; fr. Jul-Aug.

Habitat: Bamboo thickets, forests; 3,000-4,000 m.

Distribution: Endemic species in China. NW Yunnan.

左政裕/摄影

左政裕/摄影

左政裕/摄影

左政裕/摄影

107. 金黄马先蒿 jīn huáng mǎ xiān hāo

***Pedicularis aurata* (Bonati) H. L. Li**, Proc. Acad. Nat. Sci. Philadelphia. 101: 152. 1949.

生活型： 多年生草本，干时不变黑色，高可达 30 cm。

根： 根茎紫黑光滑，多少鞭状，节间很短，在节上发出粗线状的须状根，幼时密被浅黄褐色伸展的长毛。

茎： 茎细弱，有深刻的纵沟纹，几无毛，上部常有分枝，节疏远，分枝细柔，对生。

叶： 叶对生，或有时偶有互生现象，有长柄，柄基部常在茎上向下延伸以形成茎的沟纹，有翅状的棱角；叶片羽状全裂，或近端处为羽状深裂，两面无毛，背面网脉清晰，上部的叶渐小而为苞片。

花： 花几不成花序，有时几从茎的基部叶腋即开始生长，每节 2 花。萼前方不裂，漏斗状狭钟形，常有红晕，齿 5，三角形全缘。花冠黄色，管约为萼的 2 倍；下唇裂片 3，侧裂披针形锐头，中裂略作倒卵形，前方截头而微凹，中裂后面有高凸的褶襞 2 条，通向花喉；盔上部多少向端渐狭，仅有极细而不清晰的毛；花丝稍有毛。

果实： 蒴果斜三角状披针形，基部圆而向端渐尖，端有小凸尖，基部为宿萼所包围。

花果期： 花期 7 月；果期 7~8 月。

生境： 生于海拔 3,300~3,900 m 的松林和竹林中阴处。

分布： 中国特有种。产西藏东南部，云南西北部。

Habit: Herbs perennial, to 30 cm tall, not drying black.

Root: Roots whip-like, fibrous.

Stem: Stems often branched apically, herbaceous, striate, glabrescent.

Leaf: Leaves opposite or occasionally alternate; petiole long; leaf blade ovate to ovate-lanceolate, glabrous, pinnatisect; segments oblong-lanceolate to ovate, pinnatipartite, incised-dentate.

Flower: Flowers axillary, scattered; bracts leaflike. Pedicel short. Calyx usually tinged with red; lobes 5, triangular. Corolla yellow, nearly 2× as long as calyx; tube ca. as long as galea; galea ± straight or slightly falcate, apex entire; lower lip much shorter than galea, middle lobe obovate, apex emarginate. Filaments slightly pubescent.

Fruit: Capsule obliquely triangular-lanceolate, short apiculate.

Phenology: Fl. Jul; fr. Jul-Aug.

Habitat: Bamboo thickets, *Pinus* forests; 3,300-3,900 m.

Distribution: Endemic species in China. SE Xizang, NW Yunnan.

108. 勒氏马先蒿 lè shì mǎ xiān hāo

***Pedicularis legendrei* Bonati**, Bull. Soc. Bot. France. 57(Sess. Extraord.): 60. 1911.

生活型： 一年生至二年生草本，高可达 40 cm，干时多少变为黑色。

根： 根茎短而细，无毛而紫黑色，发出多条细长的侧根，外面密被黄褐色伸张之毛。

茎： 茎下部圆筒形上部有沟纹，无毛，多分枝，老时稍木质化。

叶： 叶有柄，叶片羽状全裂至羽状深裂；近基的裂片叶状有小柄，自身为羽状半裂至有重锯齿，小裂片有重锯齿，齿均有短刺尖，上面有散布的短粗毛，下面无毛。

花： 花对生于叶腋中。萼钟形，缘几截形；齿 5，不整齐，稍凸出。花冠玫红色；管长约 9 mm，喉部扩大，有细腺毛；盔强大，稍向前驼曲，背有相当密的毛，前缘近端处毛尤长；下唇长仅稍短于盔，侧裂稍向中部一方弓曲，卵状披针形而略带肾形，锐头，中裂为倒卵形钝头，中裂后方亦有褶襞 2 条，边缘有长毛；雄蕊花丝一对有毛。

花果期： 花期 8 月；果期 9 月。

生境： 生于海拔约 2,200 m 的岩石上。

分布： 中国特有种。产四川东部、中部。

Habit: Herbs annual to biennial, to more than 40 cm tall, drying black.

Root: Rootstock short, slender; lateral root numerous.

Stem: Stems many branched, glabrous, slightly woody when old.

Leaf: Leaves opposite; petiole short; leaf blade ovate-oblong, abaxially glabrous, adaxially sparsely hispidulous, pinnatisect to pinnatipartite; segments pinnatifid to double dentate, incised dentate.

Flower: Flowers axillary, scattered. Pedicel very short. Calyx lobes 5, very short, unequal. Corolla rose; tube ca. 9 mm, expanded apically, glandular pubescent; galea slightly falcate, densely pubescent abaxially, margin densely long pubescent near apex, apex entire; lower lip nearly as long as galea, long ciliate. 2 filaments pubescent, 2 glabrous.

Phenology: Fl. Aug; fr. Sep.

Habitat: Open rocky slopes; ca. 2,200 m.

Distribution: Endemic species in China. C and E Sichuan.

109. 哈巴山马先蒿 hā bā shān mǎ xiān hāo

***Pedicularis habachanensis* Bonati**, Notes Roy. Bot. Gard. Edinburgh. 15: 151. 1926.

生活型： 多年生草本，多低矮，干时变黑。

根： 根茎粗短，有时分枝，下部发出数条肉质纺锤形的根，有时分枝。

茎： 茎单条或数条，直立，不分枝，常有成线的毛，有疏叶。

叶： 叶多基生，有长柄，肉质，无毛；叶片羽状全裂；裂片最近基的 1~2 对很小，三角形，向上渐大，多少卵状长圆形，基部很宽，缘羽状浅裂，小裂片卵形钝头，有锐齿；茎生叶互生，少数，与基生叶相似而柄较短。

花： 花序顶生而极密。萼 5 主脉；齿 5，后方 1 齿针形，其余 4 齿稍较长，端膨大有缺刻状齿，缘有长毛。花冠红色；管长约 1.2 cm；盔前缘至近顶向前凸出而后再形成截形而凸出的喙状尖端，在其下角有小齿 1 对或有时缺失；下唇很短，常因花的俯垂而向前下方开展，中裂很小，侧裂大很多，圆卵形，端平而微凹；雄蕊着生于花管下部 1/3 处，前方 1 对花丝有密毛。

花果期： 花期 7 月；果期 8 月。

生境： 生于海拔 4,100~4,600 m 的高山沼泽草甸。

分布： 中国特有种。产云南西北部。

Habit: Herbs perennial, drying black.

Root: Rootstock short, ± branched, fleshy.

Stem: Stems 1 to several, erect, unbranched, with lines of hairs.

Leaf: Basal leaf petiole fleshy, glabrous; leaf blade linear to elliptic-oblong, pinnatisect; segments triangular or ± ovate-oblong, pinnatifid, incised-dentate. Stem leaves few, alternate.

Flower: Inflorescences dense. Flowers short pedicellate. Calyx lobes 5, unequal, long ciliate. Corolla red throughout, tube ca. 1.2 cm; galea ca. as long as tube, slightly falcate; lower lip much shorter than galea. 2 filaments densely pubescent, 2 glabrous.

Phenology: Fl. Jul; fr. Aug.

Habitat: Alpine swampy meadows; 4,100-4,600 m.

Distribution: Endemic species in China. NW Yunnan.

110. 迈氏马先蒿 mài shì mǎ xiān hāo

Pedicularis merrilliana **H. L. Li**, Proc. Acad. Nat. Sci. Philadelphia. 101: 96. 1949.

生活型： 多年生草本，干时变为黑色，植株低矮，一般高约 4 cm，可达 8 cm。

根： 根有分枝，常 2~3 条，多少肉质而胡萝卜状；根颈常有须根，端有宿存的去年枯叶柄与枯茎。

茎： 茎 1~5 条，不分枝，黑色有光泽，微有棱角，沿棱有毛线，并有锈色长疏毛或几光滑，草质，基部常有多层膜质鳞片。

叶： 叶多基生，成密丛，有长柄，纤细扁平，沿中肋有狭翅，近于无毛；叶片上面无毛，下面有锈色的毛，沿主肋两侧有不规则翅状凸起各 1 条，边缘羽状全裂。

花： 花序生于茎顶。花梗纤细，疏被长柔毛。萼长圆状钟形，厚膜质，前方不开裂，被短毛，齿 5，后方 1 齿较小。花冠紫红色；盔约与管等长，略镰状弓曲，前缘有细齿，下角有主齿 1 对；下唇无缘毛，侧裂斜倒卵形，约比中裂大 1 倍；雄蕊着生于花管近基处，花丝 2 对均无毛。

果实： 蒴果长圆状卵形，端有小凸尖。

花果期： 花期 6~7 月；果期 7~8 月。

生境： 生于海拔 3,200~4,900 m 的高山草甸中。

分布： 我国产四川西北部，甘肃西南部。国外分布于不丹。

Habit: Herbs perennial ca. 4 (-8) cm tall, drying black.

Root: Roots ± fleshy.

Stem: Stems 1-5, unbranched, shiny, with membranous scales at base.

Leaf: Leaves mostly basal; petiol, slender, glabrescent; leaf blade oblong, abaxially rust colored pubescent, adaxially glabrous, pinnatisect; segments oblong to ovate-oblong, dentate.

Flower: Inflorescences ca. 3-flowered. Pedicel slender, sparsely villous. Calyx slightly cleft anteriorly, pubescent; lobes 5, unequal, serrate. Corolla purple-red; tube ± erect,1-1.2 cm; galea slightly falcate, with a short, wide beaklike apex, truncate, with 1 distinct subapical, marginal tooth on each side; lower lip glabrous. Filaments glabrous.

Fruit: Capsule oblong-ovoid, slightly oblique, apex acute.

Phenology: Fl. Jun-Jul; fr. Jul-Aug.

Habitat: Alpine meadows; 3,200-4,900 m.

Distribution: NW Sichuan, SW Gansu. Also distributed in Bhutan.

111. 假多色马先蒿 jiǎ duō sè mǎ xiān hāo

***Pedicularis pseudoversicolor* Handel-Mazzetti**, Kaiserl. Akad. Wiss. Wien, Math.-Naturwiss. Kl., Anz. 57: 104. 1920.

生活型：多年生草本，低矮，高仅 10 cm 左右，高者可达 15 cm，干时变为黑色。

根：根茎粗短，在其上发出多条纺锤形或萝卜形的根，根颈常有披针形膜质鳞片。

茎：茎多单条，粗壮，完全裸露或具 1~3 叶，有毛。

叶：叶多基生，叶柄很长，叶片无毛或有疏缘毛，羽状全裂，背面有白色肤屑状物，脉有紫晕，茎叶较小而柄亦较短。

花：穗状花序极密，开花次序显然离心。萼齿 5，后方 1 齿仅为萼管长 1/2。花冠黄色而盔紫红色，管圆筒形，稍长于萼，端稍前俯，向端稍扩大，外面一上半部腹面有毛枝 2 条；盔前缘中部以下向前膨鼓，顶圆形，前缘上部向前弓弯，两者会合，而向前凸出作喙状，端微凹或有短钝齿 1 对；下唇甚短于盔，3 深裂，开展，端均凹头，缘有疏毛；雄蕊前方 1 对花丝上部有毛。

花果期：花期 6~8 月；果期 9 月。

生境：生于海拔 3,600~4,500 m 的高山草坡上。

分布：我国产云南西北部，西藏南部。国外产不丹等地。

Habit: Herbs perennial, to 15 cm tall, drying black. Roots numerous.

Root: Rootstock stout; roots fascicled, fleshy.

Stem: Stems usually single, stout, pubescent.

Leaf: Basal leaf petiole long; leaf blade lanceolate, abaxially white scurfy, tinged with purple along veins, pinnatisect; segments oblong or obovate, sparsely ciliate, incised-dentate. Stem leaves 1-3 or absent, alternate.

Flower: Inflorescences dense. Pedicel short or almost absent, wide. Calyx lobes 5, lateral lobes ca. 1/2 as long as tube, unequal. Corolla yellow, with purple-red galea; tube slightly bowed and expanded apically, slightly longer than calyx; galea bent apically; lower lip shorter than galea, sparsely ciliate. 2 filaments pubescent apically, 2 glabrous throughout.

Phenology: Fl. Jun-Aug; fr. Sep.

Habitat: Alpine meadows; 3,600-4,500 m.

Distribution: NW Yunnan, S Xizang. Also distributed in Bhutan.

112. 喙齿马先蒿 huì chǐ mǎ xiān hāo

Pedicularis rhynchodonta **Bureau & Franchet**, J. Bot. (Morot). 5: 108. 1891.

生活型： 多年生草本，高 10~20 cm，干时变黑。

根： 根茎短，向下发出束生的纺锤形根，多达 8 条，根颈上常生有膜质鳞片。

茎： 茎紫黑色有光泽，有毛，老时几变光滑，有少数叶子。

叶： 叶主要基出，成丛，有长柄，叶片羽状全裂，裂片较多，面无毛，上有疏长毛，面上有白色肤屑状物，茎叶较小，最上 1~2 枚常 3 裂而作苞片状。

花： 花开次序显为离心。萼管状，前方微微开裂，齿 5。花冠紫红色；管仅略伸出于萼外，无毛，约在与盔相接处向前弓曲，使花前俯；盔前缘下半部向前膨鼓，上部向后弯曲然后再弯向前，全部略成“S”形，前缘有宽喙，喙的下角有清晰的主齿 1 对，而截形的缘上更有小齿若干；下唇略短于盔，裂片缘有啮痕状细齿及缘毛，中裂仅及侧裂的半大；雄蕊花丝前方 1 对有毛。

果实： 蒴果披针状卵形，前背缝线不很弓曲，后背缝线渐圆拱至近端处突然前弯成一斜截头，端有小刺尖。

花果期： 花期 5~6 月；果期 6~8 月。

生境： 生于海拔 3,700~4,700 m 的高山草地及草坡中。

分布： 中国特有种。产四川西部、西南部。

Habit: Herbs perennial, 10-20 (-30) cm tall, drying black.

Root: Roots fascicled.

Stem: Stems dark purple, shiny, pubescent when young, glabrescent.

Leaf: Leaves mostly basal, in a rosette; petiole long; leaf blade linear-oblanceolate to lanceolate-oblong, abaxially sparsely long pubescent, adaxially glabrous, pinnatisect; segments triangular to ovate-oblong, pinnatifid to incised-dentate. Stem leaves few, alternate, smaller than basal leaves.

Flower: Inflorescences 3-7 (-9) cm. Pedicel short, sparsely pubescent. Calyx slightly cleft anteriorly; lobes 5; equal, serrate. Corolla purple-red; tube ca. as long as calyx; galea bent apically, truncate, proximal teeth most distinct and longest; lower lip slightly shorter than galea, praemorse-serrulate and ciliate. 2 filaments pubescent, 2 glabrous.

Fruit: Capsule lanceolate-ovoid.

Phenology: Fl. May-Jun; fr. Jun-Aug.

Habitat: Alpine meadows, grassy slopes; 3,700-4,700 m.

Distribution: Endemic species in China. SW and W Sichuan.

113. 蓍草叶马先蒿 shī cǎo yè mǎ xiān hāo

Pedicularis achilleifolia **Stephan ex Willdenow**, Sp. Pl. 3: 219. 1800.

生活型： 多年生草本，干时几不变黑，高 10~40 cm。
根： 根多条成束。
茎： 茎常单条，基部常有鳞片，圆柱形，被有白色薄绵毛。
叶： 叶多基生，成丛，柄长，亦有白色薄绵毛；叶片二回羽状全裂，第二回裂片有锯齿，齿有胼胝，两面有毛，上面较疏，缘常反卷；茎叶与基叶相似而较小。
花： 花密生，花序轴有白色薄绵毛。萼管部膜质，主脉粗壮，次脉细，主脉及齿上有白毛，齿后方 1 枚较小，均基部三角形前端伸长锥形，全缘或偶有锯齿。花冠外面无毛；管长约 1.3 cm，无毛；盔几伸直，仅近端处向前弓曲，稍短于管，额圆形，端向前方伸出成一斜截形的短喙，下角有明显的细长齿 1 对；下唇甚短于盔，有明显之柄，无缘毛，中裂较小，圆卵形，向前凸出；雄蕊花丝中 1 对有毛。
花果期： 花期 6~7 月；果期 7~8 月。
生境： 生于海拔 1,000~2,500 m 的草原以及有岩石的山坡草地中。
分布： 我国产新疆东北部。国外分布于蒙古，俄罗斯西伯利亚。

Habit: Herbs perennial, 10-40 cm tall, drying ± black.
Root: Roots numerous, fascicled.
Stem: Stems often single, striate, often with persistent scales and old petioles at base, whitish woolly.
Leaf: Leaves mostly basal, clustered; petiole long, whitish woolly; leaf blade lanceolate-oblong, pubescent on both surfaces, 2-pinnatisect; segments dentate, teeth callose. Stem leaves similar to basal ones but smaller.
Flower: Inflorescences to 25 cm; axis whitish woolly. Calyx whitish pubescent along midvein and lobes; tube membranous; lobes 5, unequal, 2 pairs of lateral lobes connivant. Corolla yellow; tube ca. 1.3 cm, glabrous externally; galea falcate apically, slightly shorter than tube; beak very short, obliquely truncate apically, marginally 2 subulate-toothed; lower lip much shorter than galea, distinctly stipitate basally. 2 filaments pubescent, 2 glabrous.
Phenology: Fl. Jun-Jul; fr. Jul-Aug.
Habitat: Steppes, rocky gravelled slopes; 1,000-2,500 m.
Distribution: NE Xinjiang. Also distributed in Mongolia, and Russia (Siberia).

114. 长根马先蒿 cháng gēn mă xiān hāo

Pedicularis dolichorrhiza **Schrenk**, Bull. Cl. Phys.–Math. Acad. Imp. Sci. Saint-Pétersbourg, Sér. 2. 1: 80. 1843.

生活型： 多年生草本，高可达 1 m，干时不变黑。

根： 根颈粗短，生有膜质鳞片，向下发出成丛的长根，粗细不等，多少肉质而纺锤形。

茎： 茎单条或 2~3 条，圆筒形而中空，直立，不分枝，有成行的白色短毛。

叶： 叶互生，基生者成丛，极大，连柄可达 45 cm，柄长；叶片羽状全裂；裂片多，披针形，羽状深裂，有胼胝质凸头的锯齿。

花： 花序长穗状而疏。萼钟形，有疏长毛，前方稍开裂，主脉 5；齿 5，极短，其左右两侧的齿两两相并成一大齿，齿端锥形，有缘毛。花冠黄色；盔向前镰状弓曲，端渐尖为短喙，端 2 裂作齿状；下唇约与盔等长，有褶襞 2 条，通向花喉，内面基部有毛，前方 3 裂，侧裂大于中裂 1 倍，缘均有啮痕状齿；花丝着生处有疏毛，前方 1 对有毛。

果实： 蒴果熟时黑色，前端狭，具有凸尖。

花果期： 花期 6~7 月；果期 7~8 月。

生境： 生于海拔约 2,000m 的草地。

分布： 我国产新疆西北部。国外分布于中亚各国。

刘冰/摄影

Habit: Herbs perennial, to 1 m tall, sparsely pubescent, not drying black.

Root: Roots ± fleshy, fusiform.

Stem: Stems 1 to several, erect, unbranched, hollow, with lines of whitish hairs.

Leaf: Basal leaves clustered, withering in fruit; petiole long; leaf blade narrowly lanceolate, pinnatisect; segment lanceolate, pinnatipartite, dentate, teeth callose. Stem leaves smaller than basal leaves, distal ones shorter petiolate.

Flower: Inflorescences long spicate. Calyx campanulate, sparsely long pubescent, slightly cleft anteriorly; lobes 5, triangular, wider than long, 2 pairs of lateral lobes connected, ± triangular, ciliate. Corolla yellow; galea falcate apically; beak distinct, longer than wide, apex 2-cleft, lobes toothlike; lower lip ca. as long as galea, erose-dentate. Filaments pubescent.

Fruit: Capsule oblong-ovoid, apex acute.

Phenology: Fl. Jun-Jul; fr. Jul-Aug.

Habitat: Grassland; ca. 2,000 m.

Distribution: NW Xinjiang. Also distributed in C Asia.

刘冰/摄影

刘冰/摄影

刘冰/摄影

115. 红色马先蒿 hóng sè mǎ xiān hāo

***Pedicularis rubens* Stephan ex Willdenow**, Sp. Pl. 3: 219. 1800.

生活型：多年生草本，高可达 35 cm。

根：根束生，长达 8 cm，疏生丝状细须根。

茎：茎单条，生有白色短细毛所合成的毛线，基部多少有宿存的鳞片或其残余。

叶：叶多基生，有长柄，被白色短毛；叶片狭长圆形至长圆状披针形，二回至三回全裂，第二回裂片枝形而有胼胝质锐齿或再度开裂而裂片很细。

花：花序总状。萼外面密生长白毛。花冠红色；盔约与管等长，下部伸直，中部以上多少镰形弓曲，额圆形，端斜截头，下角有细长的齿 1 对，指向前下方，其上更有小齿数枚；下唇略短于盔，裂片多少皱缩而作波状；花丝着生处有微毛，1 对上部亦有疏毛。

花果期：花期 6~7 月；果期 7~8 月。

生境：草原以及疏林山坡。

分布：我国产内蒙古东北部，黑龙江，吉林，辽宁，河北北部。国外分布于蒙古，俄罗斯西伯利亚东部。

Habit: Herbs perennial, to 35 cm tall, drying black or not.

Root: Roots clustered, linear.

Stem: Stems single, sulcate, with lines of whitish hairs; persistent remnant scales at base.

Leaf: Leaves mostly basal; petiole long, whitish pubescent; leaf blade narrowly oblong to oblong-lanceolate, 2- or 3-pinnatisect; segments linear, incised-dentate, teeth callose.

Flower: Inflorescences racemose, more than 10 cm. Calyx densely whitish villous, with dense reticulate venation; lobes 5, unequal, 2 pairs of lateral lobes connivent, entire, apex 2-cleft. Corolla rose; tube ca. 1.4 cm, glabrous; falcate apically, ca. as long as tube; beak short, apex obliquely-truncate, marginally 2 subulate-toothed and with several small teeth; lower lip slightly shorter than galea. Filaments sparsely pubescent.

Phenology: Fl. Jun-Jul; fr. Jul-Aug.

Habitat: Steppes, thinly wooded slopes.

Distribution: NE Nei Mongol, Heilongjiang, Jilin, Liaoning and N Hebei. Also distributed in Mongolia, and Russia (E Siberia).

116. 水泽马先蒿 shuǐ zé mǎ xiān hāo

Pedicularis uliginosa **Bunge**, Del. Sem. Hort. Dorpat. 8. 1839.

生活型：多年生草本，高 5~35 cm。

根：根短，具有多少变粗的纤维状根。

茎：茎单条，直立或微弯，无毛或花序及其轴上薄被卷曲长柔毛，基部具膜质鳞片。

叶：叶基生者有柄，轴上有狭翅；叶片光滑或在下部沿脉有卷毛，羽状全裂；裂片披针形，有胼胝质的短尖，羽状开裂，小裂片有胼胝质短尖及锯齿；茎生叶柄较短，向上渐小，形状相同。

花：花序紧密，在果时伸长；有花梗。萼管状钟形，脉 10，有长毛，其间有网脉；齿 5，不等，三角状披针形，缘有重锯齿或锯齿。花冠紫色；管长于盔约 1.5 倍；盔多少镰状，前端下缘有短而钩状的齿 1 对；下唇较短于盔；雄蕊花丝 1 对被毛或全部光滑。

果实：蒴果长圆状披针形。

花果期：花期 7~8 月；果期 8~9 月。

生境：生于山地上部草地上及小溪边。

分布：我国产新疆。国外分布于俄罗斯西伯利亚西部、蒙古及中亚。

Habit: Herbs perennial, 5-35 cm tall.

Root: Roots clustered, slightly thickened.

Stem: Stems single, rigid, erect or ascending, with membranous scales at base.

Leaf: Basal leaf petiole slightly shorter than to 1/2 as long as leaf blade; leaf blade glabrous or abaxially floccose-pubescent along veins, pinnatisect; segments lanceolate, pinnatifid, dentate, teeth callose, apex acute. Stem leaves similar to basal leaves but shorter petiolate.

Flower: Flowers initially in a dense raceme, later elongated in fruit. Pedicel short basally. Calyx villous, densely reticulate-veined; lobes 5, unequal, triangular-lanceolate, ca. 1/3 as long as tube. Corolla purple-red; tube ca. 1.5× longer than galea; galea ± falcate, beakless, apex marginally 2-uncinate toothed; lower lip shorter than galea. 2 filaments pubescent and 2 glabrous or all 4 glabrous.

Fruit: Capsule oblong-lanceolate.

Phenology: Fl. Jul-Aug; fr. Aug-Sep.

Habitat: Shaded glades in forests, shaded damp meadows along streams, summits of hills.

Distribution: Xinjiang. Also distributed in Russia (W Siberia) , Mongolia and C Asia.

117. 秀丽马先蒿 xiù lì mǎ xiān hāo

***Pedicularis venusta* Schangin ex Bunge**, Bull. Acad. Imp. Sci. Saint-Pétersbourg. 8: 251. 1841.

生活型： 多年生草本，高可达 40cm。

根： 具有等径的长纤维根。

茎： 茎通常单条，直立，不分枝，常纤细，被有抽长的卷毛。

叶： 叶基生者具有被细长毛的叶柄，叶柄短于叶片的 1/2 或更多，上面无毛，下面沿脉有长卷毛；叶片披针形，羽状全裂；裂片疏距，长圆形，渐尖，羽状深裂，小裂片具细而胼胝质的细尖，缘有其胼胝的齿；茎生叶向上渐小，下部者有短柄，与基生者相似，上部者则极小。

花： 花序长圆形而稠密或伸长，常被粗糙的长卷毛；花梗几不存在。萼钟形，近于革质，脉有分叉的短细支脉；齿 5，宽三角形，短于萼管长的 1/2。花冠黄色；管伸直，略短于盔，稍向前倾斜；上部镰状弓曲，盔短，端具 2 齿；下唇比盔稍短，3 裂，缘无毛；雄蕊花丝 1 对有毛。

果： 蒴果为偏斜的长圆形，顶端具凸尖。

花果期： 花期 6~7 月；果期 7~8 月。

生境： 生于山坡禾草丛中。

分布： 我国产新疆，内蒙古，黑龙江。国外分布于蒙古，俄罗斯西伯利亚和远东地区。

Habit: Herbs perennial, 10-40 cm tall.

Root: Root fibrous.

Stem: Stems usually single, erect, unbranched, often slender, long woolly.

Leaf: Basal leaf petiole ca. 1/2 to as long as leaf blade, pubescent; leaf blade lanceolate, pinnatisect; segments oblong, pinnatipartite, dentate, teeth callose. Stem leaves similar to basal ones but smaller, distal ones shorter petiolate.

Flower: Inflorescences oblong, dense or elongated spikes, often scabrously long woolly. Pedicel ± absent. Calyx campanulate, ± leathery; lobes 5, broadly triangular, wider than long. Corolla yellow; tube erect, falcate apically, shorter than galea; galea short, beakless; lower lip slightly shorter than galea, not ciliate. 2 filaments pubescent, 2 glabrous.

Fruit: Capsule compressed, obliquely oblong, apiculate.

Phenology: Fl. Jun-Jul; fr. Jul-Aug.

Habitat: Meadows, frequently in alkaline places.

Distribution: Xinjiang, Nei Mongol, Heilongjiang. Also distributed in Mongolia, and Russia (Siberia, Far East).

118. 高升马先蒿 gāo shēng mǎ xiān hāo

Pedicularis elata **Willdenow**, Sp. Pl. 3: 210. 1800.

生活型： 多年生草本，干时不变黑色，草质，除苞片与萼有绵毛外几全部无毛。

茎： 茎基部有去年老茎的残余及棕色膜质鳞片；茎圆筒形中空，高 30~60 cm，多少尤其上部有紫红色晕，有细条纹。

叶： 叶密生，基出者早枯，有长柄，基部变宽而略作鞘状；上部之叶柄较短，其膨大的基部常有多少绵毛；叶片在下部叶中者最大，卵状长圆形，在接近花序的叶中则较小，羽状全裂；裂片篦齿状而整齐，中后部者最长。

花： 花序伸长。萼膜质，前方稍开裂，主脉 5，特别显著而高凸，两侧常有斜上的支脉，次脉极细；齿后方 1 枚三角形较小。花冠浅玫瑰色，其整体自管基至盔顶成为镰状弓曲；盔长约为下唇的 2 倍，略较管为宽，前缘多少浅 "S" 形，背镰状弓曲，额圆凸，至近下缘处突然向前凸出少许与下缘共同粗成方形的短喙，其下端各有 1 极短的细齿；下唇几平展，侧裂较大，斜方状卵形，端有微凹，中裂倒卵形，端亦微凹，缘均有不规则啮痕状细齿及疏缘毛；花丝前方 1 对全被长柔毛，后方 1 对仅基部有毛。

花果期： 花期 6 月；果期 7 月。

生境： 生于疏林草原中。

分布： 我国产新疆。国外分布于哈萨克斯坦，蒙古，俄罗斯西伯利亚。

Habit: Herbs perennial, 30-60 cm tall, herbage subglabrous, not drying black.

Stem: Stems erect, unbranched, with brown, lanceolate to linear-lanceolate scales at base.

Leaf: Basal leaves withering early; petiole long. Stem leaves alternate; petiole short to barely sessile; leaf blade ovate-oblong, pinnatipartite; segments narrowly lanceolate, pinnatifid to dentate.

Flower: Inflorescences long spicate. Calyx membranous, slightly cleft anteriorly; teeth triangular, entire. Corolla pale rose; tube ca. 1 cm; galea falcate, ca. 2× as long as lower lip, apex very short beaked; lower lip sparsely ciliate and erose, middle lobe emarginate apically. Filaments pubescent.

Phenology: Fl. Jun; fr. Jul.

Habitat: Steppes, thinly wooded slopes.

Distribution: Xinjiang. Also distributed in Kazakhstan, Mongolia, and Russia (Siberia).

刘冰/摄影

刘冰/摄影

刘冰/摄影

刘冰/摄影

119. 粗毛马先蒿 cū máo mǎ xiān hāo

Pedicularis hirtella **Franchet**, J. Linn. Soc., Bot. 26: 209. 1890.

生活型： 高 20~50 cm，干时变黑，全体密被红褐色毛，毛有时有腺。

根： 根或根茎未见，根颈密生须状根一丛。

茎： 茎坚挺直立，不分枝，有条纹，沿纹有密腺毛，近基处尤密。

叶： 叶生于基部者多少莲座状而大，稍向上处即突然变小而后逐渐形成苞片，其最下者常两两相对，稍上数枚即互生，有明显的柄；叶片羽状开裂约至中脉的 1/2；裂片缘有缺刻状钝圆齿，上面多长毛，尤以裂片上为多，下面沿凸起的中肋与明显的侧脉密生长毛；上部叶无柄或几无柄，卵状披针形至三角状卵形，开裂较浅或只具重齿。

花： 花序穗状，下部花常疏距。萼圆筒形，具 5 齿，齿线状长圆形而厚，多少不等，多腺毛。花冠白色至玫瑰色，有腺毛；管长约等萼的 2 倍，近基处很细，向上逐渐扩大；盔自中下部向前作镰状弓曲，额圆形，下端与盔的前缘会合伸长而成 2 个清晰之齿；下唇几不开展，在花开时仅其裂片向下张开，裂片圆形，几相等，有缘毛，中裂后方有清晰的褶襞 2 条通向花喉；雄蕊花丝 2 对均无毛。

花果期： 花期 8~9 月；果期 9~10 月。

生境： 生于海拔 2,800~3,700 m 的荒草坡与灌丛中。

分布： 中国特有种。产云南西北部。

Habit: Herbs biennial, 20-50 cm tall, reddish brown hirtellous, sometimes glandular pubescent.

Root: Lateral root clustered.

Stem: Stems erect, rigid, unbranched, with 1 or 2 lines of dense glandular hairs.

Leaf: Basal leaves large; petiole short; leaf blade ovate-oblong to lanceolate-oblong, abaxially densely long pubescent along veins, adaxially long pubescent; segments ovate to ovate-lanceolate, dentate. Stem leaves smaller than basal leaves, ± sessile.

Flower: Inflorescences spicate, often interrupted basally. Calyx cylindric, glandular pubescent; lobes 5, linear-oblong, ± equal. Corolla white to rose, glandular pubescent; tube ca. 2× as long as calyx; galea falcate, distinctly subulate-dentate at apex; lower lip shorter than galea, lobes rounded, ± equal, ciliate. Filaments glabrous.

Phenology: Fl. Aug-Sep; fr. Sep-Oct.

Habitat: Open stony pastures, thickets; 2,800-3,700 m.

Distribution: Endemic species in China. NW Yunnan.

明升平/摄影

120. 红纹马先蒿 hóng wén mǎ xiān hāo

***Pedicularis striata* Pallas**, Reise Russ. Reich. 3: 737. 1776.

生活型：多年生草本，高达 1 m，直立。

根：根粗壮，有分枝。

茎：茎单出，或在下部分枝，密被短卷毛。

叶：叶互生，基生者成丛，茎叶很多，渐上渐小，至花序中变为苞片；叶片均为披针形，羽状深裂至全裂；裂片边缘有浅锯齿，齿有胼胝。

花：花序穗状，稠密，轴被密毛。萼钟形，被疏毛。花冠黄色，具绛红色的脉纹，管在喉部以下向右扭旋，其长约等于盔；盔强大，向端作镰形弯曲，端部下缘具 2 齿，下唇不很张开，稍短于盔，3 浅裂，中裂宽过于长；花丝有 1 对被毛。

果实：蒴果卵圆形，2 室相等，有短凸尖。

花果期：花期 6~7 月；果期 7~8 月。

生境：生于海拔 1,300~2,700 m 的高山草原及疏林中。

分布：我国产甘肃南部，河北，辽宁，内蒙古，宁夏，陕西，山西。国外产蒙古，俄罗斯西伯利亚和远东地区。

Habit: Herbs perennial, to 1 m tall.

Root: Roots stout.

Stem: Stems erect, branched basally or unbranched, becoming woody when old, initially tomentose, glabrescent.

Leaf: Basal leaves in a rosette; stem leaves many; petiole long; leaf blade lanceolate, pinnatipartite to pinnatisect; segments linear, serrulate.

Flower: Inflorescences dense, spicate; rachis densely pubescent. Calyx sparsely pubescent; lobes 5, unequal, ovate-triangular. Corolla yellow with reddish purple stripes; galea falcate, with a distinct tooth on one side of margin; lower lip slightly shorter than galea. 2 filaments pubescent, 2 glabrous.

Fruit: Capsule ovoid, apex mucronulate.

Phenology: Fl. Jun-Jul; fr. Jul-Aug.

Habitat: Grassy slopes, *Betula* forests, meadows; 1,300-2,700 m.

Distribution: S Gansu, Hebei, Liaoning, Nei Mongol, Ningxia, Shaanxi, Shanxi. Also distributed in Mongolia and Russia (Siberia, Far East).

121. 江西马先蒿 jiāng xī mǎ xiān hāo

***Pedicularis kiangsiensis* P. C. Tsoong & S. H. Cheng**, Fl. Reipubl. Popularis Sin. 68: 119. 1963.

生活型：多年生草本，高 70~80 cm。

根：具根茎，侧根粗，丛生于根颈上。

茎：茎直立，紫褐色，有 2 被毛的纵浅槽，上部具显明的棱，不分枝或分枝。

叶：叶假对生，生在茎顶部者常为互生，具长柄，有纵纹，被疏毛；叶片羽状浅裂至深裂，裂深有时至中脉 2/3 处以上，上面被疏粗毛，前端较密，沿中脉更密，暗绿色，下面浅绿，网脉密而显明，近于无毛；裂片自身亦有缺刻状小裂或有重锯齿，齿有刺尖头。

花：花序总状而短，生于主茎与侧枝之端。花梗长短不一，被有密毛，常多少弯曲使花前俯。萼狭卵形，被腺毛，有主脉 2，前方开裂；齿 2，宽三角形，顶有刺尖。花冠管稍在萼内向前弓曲，由萼管裂口斜伸而出；盔略作镰状弓曲，背略有毛，额部圆钝，端突然向后下方成一方角，其下缘伸长为极细而须状的齿 1 对；下唇不展开，侧裂斜肾状椭圆形，内侧大而耳形，甚大于中裂，中裂三角状卵形，多少凸出于侧裂之前，与侧裂组成 2 个狭而深的缺刻；雄蕊花丝 2 对均无毛。

花果期：花期 8~9 月；果期 9~10 月。

生境：生于海拔 1,500~1,700 m 的阳坡石岩上，或山顶阴处灌丛边缘。

分布：中国特有种。产江西（武功山）与浙江。

Habit: Herbs perennial, 70-80 cm tall.

Root: Rootstock stout; roots fascicled.

Stem: Stems erect, branched or not, with 2 lines of hairs.

Leaf: Leaves pseudo-opposite, often alternate apically; leaf blade long ovate to lanceolate-oblong, abaxially subglabrous, adaxially sparsely pubescent, pinnatifid to pinnatipartite; segments oblong to obliquely triangular-ovate, margin lobed or double dentate.

Flower: Inflorescences racemose, short. Pedicel ± curved, densely pubescent. Calyx glandular pubescent, deeply cleft anteriorly; lobes 2, equal, entire, apex acute. Galea falcate, with 1 fine marginal tooth on each side at apex; lower lip ciliate. Filaments glabrous.

Phenology: Fl. Aug-Sep; fr. Sep-Oct.

Habitat: Rocks of sunny slopes, among shrubs on mountain summits; 1,500-1,700 m.

Habitat: Endemic species in China. Jiangxi (Wugong Shan) and Zhejiang.

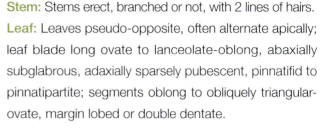

122. 拉不拉多马先蒿 lā bù lā duō mǎ xiān hāo

***Pedicularis labradorica* Wirsing**, Eclog. Bot. 2: t. 10. 1778.

生活型： 二年生草本，高 10~30 cm。

茎： 茎直立，坚挺，被毛，多分枝，枝互生，偶有对生，上部者较短，均被毛。

叶： 叶在茎上者互生，在枝上者互生、亚对生或对生，有柄；叶片先端渐尖，基部圆形，羽状浅裂；裂片边缘有不整齐细锯齿，有时具胼胝，在植株上部者边缘不为羽状分裂而仅具三角形的小重锯齿，上面无毛，下面被腺毛。

花： 总状花序顶生；花微向前俯，有短梗。萼具 4 显明的脉，无毛或微被柔毛；前方开裂，具 3 全缘急尖的萼齿，中间 1 齿极小。花冠黄色，有时盔部先端粉红色；花管约为萼长的 1.5 倍或仅稍长，无毛；盔部微向后仰，顶部圆钝，弯指下方，下缘稍凸出，并具有 1 对披针形小齿；下唇不甚展开，约与盔部等长或稍短，具有紫色斑纹，中裂较小，两边为侧裂所压盖；雄蕊花丝仅 1 对被毛。

秦隆/摄影

果实： 蒴果外面棕黄色，有网纹，宽披针形，两侧相等，顶端急尖。

花果期： 花期 8 月；果期 9 月。

生境： 生于海拔 300~900 m 的落叶松林缘及林下。

分布： 我国见于内蒙古东北部。广泛分布于北温带和北极。

Habit: Herbs biennial, 10-30 cm tall.

Stem: Stems erect, rigid, pubescent, many branched; branches alternate, rarely opposite.

Leaf: Leaves alternate or ± opposite; leaf blade linear-lanceolate, abaxially glandular pubescent, adaxially glabrous, pinnatifid or only double dentate apically; segments serrate or distal ones double dentate.

Flower: Inflorescences racemose. Pedicel short. Calyx ± leathery, glabrous or sparsely pubescent, deeply cleft anteriorly; lobes 3, unequal, entire. Corolla yellow, sometimes galea tinged with red or purple; tube ca. 1/2 as long as calyx, glabrous; galea slightly curved apically, with 1 lanceolate marginal tooth on each side at apex; lower lip nearly as long as galea, ciliate. 2 filaments pubescent, 2 glabrous.

Fruit: Capsule broadly lanceolate, apex acute.

Phenology: Fl. Aug; fr. Sep.

Habitat: Mossy and lichenous luxuriant heath and tundra; 300-900 m.

Distribution: NE Nei Mongol. Widely distributed in northern temperate zone and North Pole.

秦隆/摄影

秦隆/摄影

123. 沼生马先蒿 zhǎo shēng mǎ xiān hāo

***Pedicularis palustris* Linnaeus**, Sp. Pl. ed. 1. 607. 1753.

生活型：一年生草本，高 30~60 cm。

根：主根短而渐细，侧根聚生于根颈周围。

茎：茎直立，坚挺或多少弯曲，无毛，棕黄色或棕褐色，有光泽，多分枝；小枝斜伸向上，劲直，互生或有时假对生乃至假轮生。

叶：叶几无柄，对生，偶有轮生现象；叶片三角状披针形，先端渐尖，在着生处有长毛，背面有疏毛，羽状全裂，叶轴上部具狭翅；裂片线形或斜三角状披针形，近基者最长，向端者渐短，边缘有小裂片或锯齿，齿有胼胝，常因反卷而转至背面。

花：花序总状，生于茎枝之顶，花小，有梗，花梗着生处有长毛。萼管状钟形，开花后期微膨大，被疏毛，具褐色脉纹，2 裂。花冠紫色，管直立，约比萼筒长 1 倍或稍不及，无毛；下唇中裂较侧裂小，倒卵圆形，凸出于侧裂片之前，有缘毛；盔部直立，无喙，前端边缘具有 1 对小齿；雄蕊花丝 2 对均无毛。

果实：蒴果卵形，稍扁平，2 室不等，先端弯向前下方，具小凸尖，基部圆形，大部为宿存被毛的萼筒所包裹。

花果期：花期 8 月；果期 9 月。

生境：生于海拔约 400 m 的山脚潮湿处。

分布：我国产内蒙古东北部，黑龙江西北部，新疆北部。国外分布于蒙古北部，俄罗斯，中亚，欧洲中部、北部。

Habit: Herbs biennial, sometimes annual, 30-60 cm tall, subglabrous.

Root: Root short, slender.

Stem: Stems erect, usually many branched; branches rigid, alternate, rarely pseudo-opposite or pseudo-whorled.

Leaf: Leaves alternate or opposite, rarely whorled, short petiolate or sessile; leaf blade triangular-lanceolate to linear, subglabrous, pinnatisect; segments linear to lanceolate, pinnatifid to dentate.

Flower: Inflorescences racemose. Pedicel short. Calyx lobes 2, crenate-serrate. Corolla purple; tube erect, nearly 2× as long as calyx, glabrous; galea erect, with 1 subulate marginal tooth on each side at apex; lower lip slightly longer than galea, ciliate. Filaments glabrous.

Fruit: Capsule obliquely ovoid, apiculate.

Phenology: Fl. Aug; fr. Sep.

Habitat: Marshy places, swampy meadows, flat bogs, ditches; ca. 400 m.

Distribution: NE Nei Mongol, NW Heilongjiang, N Xinjiang. Also distributed in N Mongolia, Russia, C Asia, and C and N Europe.

124. 拟蕨马先蒿 nǐ jué mǎ xiān hāo

Pedicularis filicula **Franchet ex Maximowicz**, Bull. Acad. Imp. Sci. Saint-Pétersbourg. 32: 573. 1888.

生活型：多年生草本，高 5~18 cm，干时变为浓黑。

根：根茎粗短，密布鳞片脱落痕迹，下方发出成丛之根，后者强烈纺锤形，肉质，常更有小分枝，上方有时变为多头，每头发出一茎。

茎：茎有沟纹，沟中密生锈色毛，不分枝。

叶：叶多基生，常成密丛，有长柄；叶片羽状全裂；裂片极多，上面无毛，背面棕色，被有白色肤屑状物，茎上叶多退化而小，稍上者即掌状 3 裂而为苞片。

花：花序开花次序显然离心。萼管状钟形；齿 5，后方 1 齿极细，其余 4 齿较大。花冠紫红色；管约与萼齿等长，近端处稍扩大，多少向前弓曲，使盔与唇前俯；盔前方急细为指向前下方的圆锥形短喙，端截头而有细齿；下唇缘有啮痕状细齿，并有缘毛，中裂较侧裂为小；雄蕊花丝前方 1 对有疏毛。

果实：蒴果指向前上方，长圆形，锐尖头，下部 1/3 为宿萼所包。

花果期：花期 5~7 月；果期 7~8 月。

生境：生于海拔 2,800~4,900 m 的高山草地中。

分布：中国特有种。产云南西北部，四川西南部。

Habit: Herbs perennial, 5-18 cm tall, drying dark black. Roots fleshy, fusiform, fascicled.

Root: Roots fascicled, fleshy.

Stem: Stems 3 or 4 (-6) , unbranched, with 2 or 3 lines of densely rust colored hairs.

Leaf: Leaves mostly basal, usually in a dense rosette; petiole sparsely pubescent apically; leaf blade linear-lanceolate, abaxially white scurfy, adaxially glabrous, pinnatisect; segments lanceolate-ovate, margin double dentate. Stem leaves few, smaller than basal leaves or absent.

Flower: Inflorescences centrifugal, usually densely pubescent, with long rust colored hairs. Pedicel short. Calyx lobes 5, unequal, leaflike. Corolla purple-red; tube ca. as long as calyx; galea bent at a right angle apically; beak truncate apically, denticulate; lower lip ciliate, erose. Filaments glabrous or anterior pair sparsely pubescent.

Fruit: Capsule oblong.

Phenology: Fl. May-Jul; fr. Jul-Aug.

Habitat: Alpine meadows; 2,800-4,900 m.

Distribution: Endemic species in China. NW Yunnan, SW Sichuan.

125. 勒公氏马先蒿 lè gōng shì mǎ xiān hāo

***Pedicularis lecomtei* Bonati**, Bull. Soc. Bot. France. 55: 543. 1908.

生活型：多年生低矮草本，高 5~12 cm，干时变黑。

根：根束生，纺锤形；根颈有许多鳞片脱落痕迹。

茎：茎不分枝，基部有 1~2 层卵形或卵状披针形的膜质鳞片，有纵纹，被有锈色长柔毛。

叶：叶几全部为基出，具长柄；叶片上面几无毛，下面有相当密的白色肤屑状物，有时更有疏密不等的锈色糠秕状物，缘羽状全裂。

花：花序总状顶生，短而多少头状；花梗纤细，密被锈色长毛。萼圆筒形，被长柔毛，前方稍开裂；齿 5，不等，后方 1 齿较小，基部均三角形全缘，上部叶状膨大，3 裂。花冠黄色，喙则紫色；花管伸直，外面无毛，长 1.2~2.2 cm；盔直立部分很长，前方突然狭细成一指向前下方的短喙，顶端有 1~2 不清晰细齿，下唇几与盔等长，开裂几至一半，中裂较小；雄蕊前方 1 对花丝密生长毛。

花果期：花期 6~7 月；果期 7~8 月。

生境：生于海拔约 3,500 m 的多岩山坡上。

分布：中国特有种。产云南西北部。

Habit: Herbs perennial, 5-12 cm tall, drying black.

Root: Roots fascicled, fusiform.

Stem: Stems unbranched, rust colored villous.

Leaf: Leaves barely all basal; petiole pubescent; leaf blade oblong-lanceolate to linear-lanceolate, abaxially densely white scurfy, adaxially glabrescent, pinnatipartite; segments ovate to long ovate, pinnatifid or incised-dentate.

Flower: Inflorescences racemose. Pedicel slender, densely rust colored villous. Calyx villous, slightly cleft anteriorly; lobes 5, unequal, leaflike. Corolla yellow, with purple beak; tube straight, 1.2-2.2 cm, glabrous; falcate apically; beak indistinctly marginally 1- or 2-toothed near apex; lower lip not ciliate. Anterior filament pair densely villous.

Phenology: Fl. Jun-Jul; fr. Jul-Aug.

Habitat: Rocky slopes; ca. 3,500 m.

Distribution: Endemic species in China. NW Yunnan.

126. 苍山马先蒿 cāng shān mǎ xiān hāo

Pedicularis tsangchanensis **Franchet ex Maximowicz**, Bull. Acad. Imp. Sci. Saint-Pétersbourg. 32: 571. 1888.

生活型： 多年生草本，干时变黑。

根： 根茎短，向下发出多条侧根，线形，有时微肉质增粗，纤维状须根多数。

茎： 茎常 2~3 条，多倾斜上升，不分枝，中空，草质，稍有棱角，多少有毛并有毛线，基部有披针形膜质鳞片。

叶： 叶基出者具长柄，扁平，沿中肋有狭翅，中肋被短柔毛，缘有多细胞长毛；叶片上面疏被长短不等的毛，背面沿中肋密被长毛，羽状浅裂至深裂，尖头或钝头，缘有浅圆齿，齿常反卷。茎生叶互生，有时假对生，较短而宽，柄亦较短。

花： 总状花序顶生，上部花较密，下部者较疏。花梗纤细，被短柔毛，向上渐短。萼圆筒状钟形，前方略开裂，密被浅色多细胞短毛，主脉 5，无网脉；齿 5，质较厚，约为萼筒的半长或稍多，后方 1 齿较小，5 齿均有长柄而顶部膨大有齿，齿常反折。花冠红色；管伸直，长约 1.6 cm，外面有疏短毛；盔前方急细成直指向前的圆锥状喙，端 2 浅裂；下唇基部宽楔形狭缩为阔柄状，前端 3 浅裂，缘无毛而有啮痕状细齿，中裂宽卵形，微凸出，宽约相等，基部亚心形而无柄，侧裂斜倒卵形；雄蕊着生于花管中部，前方 1 对花丝有毛。

生境： 生于海拔约 4,000 m 的草甸。

分布： 中国特有种。产云南西北部。

Habit: Herbs perennial, 8-15 cm tall, drying black.

Root: Roots linear, slightly fleshy.

Stem: Stems usually 2 or 3, ascending, unbranched, ± pubescent, with 1 or 2 lines of hairs.

Leaf: Basal leaf petiole pubescent; leaf blade ovate-oblong to lanceolate-oblong, abaxially densely long pubescent along midvein, adaxially slightly pubescent, pinnatifid to pinnatipartite; segments crenate-dentate. Stem leaves alternate, sometimes pseudo-opposite, shorter petiolate.

Flower: Inflorescences racemose, centrifugal. Pedicel basally, slender, pubescent. Calyx slightly cleft anteriorly, densely pubescent; lobes 5, unequal, dentate. Corolla red; tube erect, ca. 1.6 cm, sparsely pubescent; galea bent apically; beak 2-cleft apically; lower lip glabrous, erose-dentate. Anterior filament pair pubescent.

Habitat: Alpine meadows; ca. 4,000 m.

Distribution: Endemic species in China. NW Yunnan.

郑海磊/摄影

王开林/摄影

郑海磊/摄影

127. 菌生马先蒿 jūn shēng mǎ xiān hāo

Pedicularis mychophila **Marquand & Shaw**, J. Linn. Soc., Bot. 48: 212. 1929.

生活型： 多年生草本，干时多少变黑，低矮，高 5~9 cm，密被灰色短绒毛。

根： 根茎较短，节上有膜质鳞片，由根茎节上及下端发出 1~5 侧根，圆筒状纺锤形，肉质，细弱或有时变粗，长短多变，须根不多。

茎： 茎少单条，多 2~4 从根颈发出，基部常有少数卵形至披针形膜质鳞片，纤细柔弱，均弯曲上升，常下细上粗，无叶，被有褐色腺毛。

叶： 叶全部基出，少数成疏丛，有时较密；叶柄厚膜质，扁平，沿中肋有狭翅，密被锈色短毛；叶片大小多变，两面密被短柔毛，下面间有白色肤屑状物，边缘羽状全裂。

花： 花均腋生，假对生或有时单生，每茎上 1~3 对；花梗明显，密被短绒毛。萼为多少偏斜的管状钟形，厚膜质，前方稍开裂，密被短绒毛；齿 5，后方 1 齿三角形有凸头，很小，其余 4 齿 2 大 2 小且有反卷的圆齿。花冠深紫红色；管伸直，长 1.1~1.3 cm，无毛；盔向前平伸成细喙，喙向前下方直伸或多少弯指下方；下唇大，无缘毛而有明显的啮痕状齿，中裂宽三角状卵形，侧裂大于中裂 1 倍；雄蕊前方 1 对有微毛。

果实： 蒴果卵圆形，有短凸尖。

花果期： 花期 6~7 月；果期 7~8 月。

生境： 生于海拔 4,200~4,500 m 的生有苔藓的片麻岩壁上。

分布： 中国特有种。产西藏东南部。

Habit: Herbs perennial, 5-9 cm tall, densely gray tomentose, drying ± black.

Root: Roots 1-5, fusiform, fleshy.

Stem: Stems usually 2-4, slender, ascending, glandular pubescent, with brown hairs.

Leaf: Leaves mostly or all basal; petiole densely rust colored pubescent; leaf blade ovate-oblong to lanceolate-oblong, densely pubescent on both surfaces, pinnatisect; segments triangular-ovate to oblong, incised-crenate. Stem leaves few if any.

Flower: Flowers axillary or pseudo-opposite. Pedicel usually curved, densely tomentose. Calyx slightly cleft anteriorly or not, densely tomentose; lobes 5, unequal, short. Corolla purplish red; tube erect, 1.1-1.3 cm, glabrous; galea bent at a right angle apically; beak straight or ± curved downward; lower lip glabrous but praemorse-dentate. 2 filaments slightly pubescent, 2 glabrous.

Fruit: Capsule ovoid, short mucronate.

Phenology: Fl. Jun-Jul; fr. Jul-Aug.

Habitat: Moss-covered rocks; 4,200-4,500 m.

Distribution: Endemic species in China. SE Xizang.

128. 迈亚马先蒿 mài yà mǎ xiān hāo

***Pedicularis mayana* Handel-Mazzetti**, Symb. Sin. 7: 858. 1936.

生活型：多年生低矮草本，干时变黑，高 4~9 cm。

根：根茎粗壮，密被褐色丝状的宿存叶柄。

茎：茎丛生，直立，纤细而中空，沿棱有锈色毛线，基部被有卵形至披针形鳞片数层。

叶：叶互生，几为基出，柄长而纤细扁平，沿中肋有狭翅，中肋及边缘疏被长柔毛；叶片草质，上面无毛，下面疏被短毛和糠秕状物，边羽状全裂；裂片披针形，基部稍下延，连于中肋两侧构成狭翅，缘有反卷的圆齿。

花：花序顶生，亚头状。萼长钟形，厚膜质，前方不开裂，被锈色长柔毛；主脉 5，4 粗 1 细；齿 5，长约为管长的 1/3，不等，后方 1 齿成线状披针形，全缘。花冠紫色；管伸直，略长于萼；盔有雄蕊的部分很膨大，前端狭成短喙，稍向下弓曲，端 2 浅裂；下唇边缘有啮痕状齿，中裂圆形，侧裂斜椭圆形，约大于中裂 1 倍；雄蕊花丝无毛。

果实：蒴果披针状长圆形，扁平，稍偏斜，端有短凸尖。

花果期：花期 5~8 月；果期 8~9 月。

生境：生于海拔 3,700~4,600 m 的高山草原上。

分布：中国特有种。产云南西北部，怒江—澜沧江分水岭。

Habit: Herbs perennial, 4-9 cm tall marcescent leaves with petioles and scales persistent at base, drying black.

Root: Rootstock stout.

Stem: Stems usually 3-7, erect or ascending, slender, with lines of rust colored hairs.

Leaf: Leaves alternate; basal leaves in a rosette; petiole slender, sparsely villous; leaf blade ovate-lanceolate to ovate-oblong, abaxially sparsely pubescent, scurfy, adaxially glabrous, pinnatisect; segments lanceolate, crenate.

Flower: Inflorescences subcapitate, usually 4-8-flowered. Calyx slightly cleft anteriorly, rust colored villous; lobes 5, unequal, oblanceolate, crenate. Corolla purple; tube erect, 0.9-1.2 cm, glabrous; galea falcate apically, usually slightly crested; beak slender; lower lip distinctly praemorse, glabrous. Filaments glabrous.

Fruit: Capsule lanceolate-oblong, slightly oblique, apex acute.

Phenology: Fl. May-Aug; fr. Aug-Sep.

Habitat: Alpine meadows; 3,700-4,600 m.

Distribution: Endemic species in China. NW Yunnan, Lancang Jiang-Nu Jiang Divide.

129. 小花马先蒿 xiǎo huā mǎ xiān hāo

***Pedicularis micrantha* H. L. Li**, Proc. Acad. Nat. Sci. Philadelphia. 101: 106. 1949.

生活型：多年生草本，高约 20 cm，除花序外无毛。

根：根多数，丝状。

茎：茎单条，不分枝，直立坚挺，生有少数叶。

叶：叶基出者多数，有长柄；叶片两面无毛，羽状浅裂；裂片中间的较大。茎生叶 1~2，互生，疏距，与基生者相似而较小。

花：花序顶生，短总状，有绒毛，多花，上部稠密，下部疏散；花梗有绒毛。萼圆筒形，有疏毛，前方稍开裂；齿 5，不等，后方 1 齿较小。花冠玫瑰色；管伸直，稍长于萼，上方扩大；盔镰状弓曲，伸长为长喙，喙纤细，线形，平伸而略弯向下方，下唇约与盔相等，缘有毛，3 裂，中裂稍向前伸出；雄蕊前方 1 对花丝端有长毛。

花果期：花期 7 月；果期 7~8 月。

生境：生于海拔 3,100 m 的灌木林缘。

分布：中国特有种。产云南西北部，澜沧江—怒江分水岭。

Habit: Herbs perennial, ca. 20 cm tall, glabrous.

Root: Roots filiform.

Stem: Stems single, erect, unbranched, rigid.

Leaf: Basal leaves numerous; petiole slender; leaf blade oblong-ovate pinnatifid; segments ovate, crenate-pinnatifid, dentate. Stem leaves 1 or 2, alternate, widely spaced, similar to basal leaves but smaller.

Flower: Inflorescences short racemose, lax basally, many flowered. Pedicel erect. Calyx sparsely pubescent, slightly cleft anteriorly; lobes 5, unequal. Corolla pink; tube erect, slightly longer than calyx, expanded apically; galea falcate; beak straight or bent slightly downward, linear; lower lip ca. as long as galea, ciliate. Filaments long pubescent apically.

Phenology: Fl. Jul; fr. Jul-Aug.

Habitat: Thicket margins; 3,100 m.

Distribution: Endemic species in China. NW Yunnan, Lancang Jiang-Nu Jiang Divide.

130. 悬岩马先蒿 xuán yán mǎ xiān hāo

***Pedicularis praeruptorum* Bonati**, Notes Roy. Bot. Gard. Edinburgh. 13: 126. 1921.

生活型： 多年生草本，高低多变，干时变为深黑色。

根： 根茎短，向下发出支根一丛，一般多为强烈的纺锤形。

茎： 茎草质，直立，有条纹，密被腺质细毛，一般全部裸露，仅极偶然生有 1 叶，基部常有少数膜质鳞片。

叶： 叶大小多变，有长柄；叶片羽状深裂至羽状全裂；裂片缘有小羽裂或重锯齿，齿多反卷而略有胼胝，面深黑无毛，背脉上有疏散白毛，有时毛很密，并有褐色肤屑状物。

花： 花序短总状或在果中稍伸长；有花梗，密被短毛。萼管前方开裂至 1/3~1/2；齿 5，后方 1 齿较小，端略膨大呈绿色，上方叶状而羽状开裂，裂片 5，强烈反卷。花冠紫色；管长约 9 mm，无毛；盔直立部分前缘约以直角向前转折，前方多少细成直指向前或稍弓向下方的喙，端微 2 裂；下唇很大，有缘毛，裂片圆形，中裂略较小，大半向前伸出；雄蕊花丝 2 对皆有密毛，以前方 1 对尤多。

花果期： 花期 7~8 月；果期 9~10 月。

生境： 生于海拔 3,600~4,200 m 的岩壁上及高山草地中。

分布： 中国特有种。产云南西北部。

Habit: Herbs perennial, (4-) 10 (-19) cm tall, drying black.

Root: Roots fascicled, fusiform.

Stem: Stems erect, densely glandular pubescent.

Leaf: Leaves almost all basal; petiole long; leaf blade lanceolate to linear-lanceolate, abaxially white pubescent along veins, adaxially glabrous, pinnatipartite to pinnatisect; segments ovate to lanceolate, pinnatifid or double dentate.

Flower: Inflorescences short racemose. Pedicel densely pubescent. Calyx 1/3-1/2 cleft anteriorly, with long hairs along midvein; lobes 5, unequal, posterior lobe smallest, ± entire, others dentate. Corolla purple; tube ca. 9 mm, glabrous; galea bent at a right angle apically, densely minutely pubescent; beak straight or bent slightly downward; lower lip ciliate. Filaments densely pubescent.

Phenology: Fl. Jul-Aug; fr. Sep-Oct.

Habitat: On rocks, alpine meadows; 3,600-4,200 m.

Distribution: Endemic species in China. NW Yunnan.

131. 伞花马先蒿 sǎn huā mǎ xiān hāo

Pedicularis umbelliformis **H. L. Li**, Proc. Acad. Nat. Sci. Philadelphia. 101: 100. 1949.

生活型： 多年生草本，干时多少变黑，高 6~13 cm。
根： 根茎短，生有多数须根；根颈有宿存的去年枯叶柄及膜质鳞片。
茎： 茎 2~3 或更多单条，完全裸露而无叶，极少有生 1 叶者，有相当多的细毛。
叶： 叶均基生，很少超过 8 叶，一般仅 5~6 叶；叶片无毛，背有疏毛及肤屑状物，缘羽状全裂或羽状深裂。
花： 花序顶生，短总状，含 5~10 花。萼圆筒形，齿 5。花冠红紫色；管仅稍长于萼；盔的直立部分前缘几以直角转折向前成为含有雄蕊部分，前端多少急狭为细喙，一般多略向上仰，但有时直指前方而稍偏下或多少弓曲；下唇约与盔等长，缘有疏毛，更有不规则浅波状疏齿，中裂很小，几完全向前凸出；雄蕊花丝前方 1 对有毛。
生境： 生于海拔 3,400 m 的草坡中。
分布： 中国特有种。产云南西北部。

Habit: Herbs perennial, 6-13 cm tall; drying black.
Root: Rootstock short, fibrous.
Stem: Stems 2 or 3 (-6) , unbranched, minutely pubescent.
Leaf: Leaves almost all basal, 5 or 6 (-8) ; petiole to 2.5 cm, slender, pubescent; leaf blade ovate-elliptic to oblong-lanceolate, abaxially sparsely pubescent, scurfy, adaxially glabrous, pinnatisect or pinnatipartite; segments ovate, pinnatifid, dentate.
Flower: Inflorescences short racemose or umbelliform, 5-10-flowered. Calyx ca. 6 mm, sparsely pubescent; lobes 5, equal, dentate. Corolla red-purple; tube erect, ca. 8 mm; galea bent at a right angle apically; lower lip sparsely ciliate, middle lobe smaller than lateral pair, lateral lobes nearly fully projecting. 2 filaments pubescent, 2 glabrous.
Habitat: Grassy slopes; 3,400 m.
Distribution: Endemic species in China. NW Yunnan.

132. 王红马先蒿 wáng hóng mǎ xiān hāo

***Pedicularis wanghongiae* M. L. Liu & W. B. Yu**, Phytotaxa. 217 (1): 59. 2015.

生活型：多年生草本，高 7~16 cm，干时稍变黑。

根：根束生，纺锤形。

茎：茎直立，密被短柔毛。

叶：叶均基生，无茎生叶，叶柄较长；叶片羽状裂到羽状全裂，背面沿脉被白色短柔毛，正面无毛。

花：花序短总状，花梗密被短柔毛。萼前方开裂 1/2~2/3，沿中脉具长毛；萼齿 5，不等长，后方 1 齿最小。花冠紫色或玫瑰红色，喉部白色，管稍长于萼，无毛；盔顶部以直角弯曲，密被短微柔毛，前方细缩成喙，喙向上弯曲；下唇宽大，疏生缘毛，3 裂，裂片几大小相等，中裂具柄，突出侧裂大半；雄蕊前方 1 对花丝具短柔毛，后方 1 对花丝无毛。

果实：蒴果卵状披针形，不斜，先端锐尖。

花果期：花期 5~7 月；果期 7~10 月。

生境：生于海拔 3,200~3,500 m 的高山湿草甸上。

分布：中国特有种。产云南西北部。

Habit: Herbs perennial, 7-16 cm tall, drying slightly black.

Root: Roots fascicled, fusiform.

Stem: Stems erect, densely glandular pubescent.

Leaf: Leaves basal, cauline leaves absent; petiole long; leaf blade ovate-oblong to oblong-lanceolate, abaxially white pubescent along veins, adaxially glabrous, pinnatipartite to pinnatisect; segments lanceolate, pinnatifid, dentate.

Flower: Inflorescences short racemose. Pedicel densely pubescent. Calyx 1/2-2/3 cleft anteriorly, with long hairs along midvein; lobes 5, unequal, posterior lobe smallest, ± entire, others dentate, with 4 or 5 cleft divisions. Corolla purple or rose-red, white at throat; tube ca. 9 mm long, glabrous; galea bent at a right angle apically, densely minutely pubescent; beak bent upward; lower lip sparsely ciliate, the middle lobe oblong-obovate, projecting and stiped. Anterior filament pair pubescent at the lower part, posterior filament pair glabrous.

Fruit: Capsule ovoid-lanceolate, not oblique, apex acute.

Phenology: Fl. May-Jul; fr. Jul-Oct.

Habitat: Growing in wet meadow of high mountains at the elevation of 3,200-3,500 m.

Distribution: Endemic species in China. NW Yunnan.

133. 季川马先蒿 jì chuān mǎ xiān hāo

***Pedicularis yui* H. L. Li**, Proc. Acad. Nat. Sci. Philadelphia. 101: 102. 1949.

生活型： 二年生，干时变为黑色，低矮，高 6~7 cm，近无毛。

根： 根茎多节，节上常有膜质三角形鳞片，不定根少，或 3~5 条，丝状或稍肉质增粗。

茎： 茎常单条，直立不分枝，无毛，基部有多数膜质披针形鳞片，亦有去年的枯叶柄宿存。

叶： 叶互生，全部基出；叶片上面无毛，下面沿主脉被有白色柔毛或无毛，间有白色肤屑状物，边缘羽状全裂。

花： 花序顶生，总状或作亚头状，具 4~6 花；花梗丝状而细。萼圆筒形，前方不裂；齿 5，后方 1 齿较小，约等筒部的半长有余，基部向中部狭细成柄状，上部多少膨大，有少数裂片，反卷。花冠紫色；管比萼长约 1 倍，伸直，细而向端稍扩大；盔直立部分短，前额斜下以渐成向前直伸或稍下弯的喙，端 2 浅裂；下唇无缘毛而有细波齿，中裂仅等侧裂的 1/3，半凸出；雄蕊花丝 2 对均无毛。

花果期： 花期 6~7 月；果期 7 月。

生境： 生于海拔 4,100 m 的高山沼泽中。

分布： 中国特有种。产云南西北部。

Habit: Herbs 6-7 cm tall, glabrescent, drying black.

Root: Rootstock joint, fleshy.

Stem: Stems usually single, erect, unbranched, slender, marcescent leaves and petioles of preceding year and lanceolate scales persistent at base.

Leaf: Leaves alternate, mostly basal; leaf blade long ovate to ovate-oblong abaxially usually white villous along midvein, adaxially glabrous, pinnatisect; segments short ovate, minutely crenulate.

Flower: Inflorescences racemose or subcapitate, 4-6-flowered; bracts leaflike. Pedicel filiform. Calyx sparsely long pubescent or glabrous, slightly cleft anteriorly; lobes 5, unequal, ovate, serrate. Corolla purple; tube erect, ca. 2× longer than calyx; galea bent at a right angle apically; beak bent slightly downward, straight; lower lip glabrous or ciliate, minutely crenulate. Filaments glabrous or 2 pubescent.

Phenology: Fl. Jun-Jul; fr. Jul.

Habitat: Alpine swamps; 4,100 m.

Distribution: Endemic species in China. NW Yunnan.

134. 云南马先蒿 yún nán mǎ xiān hāo

***Pedicularis yunnanensis* Franchet ex Maximowicz**, Bull. Acad. Imp. Sci. Saint-Pétersbourg. 32: 572. 1888.

生活型： 多年生草本，稍升高，可达 25 cm，干时不变黑。

根： 根束生，常多数，多的达 10 余条，两端很细，中部膨大很多作纺锤形。

茎： 茎常为褐色，基部常有少数膜质鳞片，有条纹，有由卷曲短毛组成的毛线，在毛线间完全光滑，无叶或仅具 1 叶。

叶： 叶多基生，有长柄，柄显然长于叶片，向基常多少变宽而膜质，无毛；叶片在生于外方的基叶中常不发达而很小，内方者较大，羽状深裂至距中脉 2/3 处；裂片三角状卵形至卵状长圆形，缘有羽状小裂片或缺刻状大齿，裂片有细齿，上面无毛，下面有网脉，脉上有疏毛，面上有时有白色肤屑状物。

花： 花序短总状；花梗在果后伸长，具毛线。萼管状或多少卵圆形，前方开裂约 1/3，厚膜质，主脉 5，细而清晰，次脉 7~8；齿 5，后方 1 齿针形，全缘而较小。花冠红色；管稍长于萼；盔直立部分前缘转折成为多少镰形弓曲的喙，自顶部起至额部前有 1 狭鸡冠状凸起；下唇长过于盔，基部心形，宽过于长，裂片亚相等，圆形，均有缘毛，中裂向前凸出一半；花丝着生于花管中部，2 对均有疏毛。

果实： 蒴果卵状披针形，有向前弯曲的凸尖。

花果期： 花期 6~8 月；果期 7~9 月。

生境： 生于海拔 3,000~4,000 m 的高山草地中。

分布： 中国特有种。产云南西部。

Habit: Herbs perennial, to 25 cm tall, not drying black.

Root: Roots fascicled, fusiform.

Stem: Stems erect, glabrous except for lines of hairs.

Leaf: Leaves mostly basal; petiole 4-7 cm, glabrous; leaf blade ovate-oblong to oblong-lanceolate, abaxially sparsely pubescent along veins, adaxially glabrous, pinnatipartite; segments triangular-ovate to ovate-oblong, pinnatifid or incised-dentate.

Flower: Inflorescences short racemose. Pedicel short. Calyx 1/3 cleft anteriorly; lobes 5, unequal, posterior one smallest, entire, others serrate. Corolla red, tube slightly longer than calyx; galea ± bent at a right angle apically, slightly crested; beak bent downward; lower lip lobes ± equal, rounded, ciliate. Filaments sparsely pubescent.

Fruit: Capsule ovoid-lanceolate, short apiculate.

Phenology: Fl. Jun-Aug; fr. Jul-Sep.

Habitat: Alpine meadows; 3,000-4,000 m.

Distribution: Endemic species in China. W Yunnan.

135. 波齿马先蒿 bō chǐ mǎ xiān hāo

***Pedicularis crenata* Maximowicz**, Bull. Acad. Imp. Sci. Saint-Pétersbourg. 32: 559. 1888.

生活型：多年生草本，高 20~35 cm，干时不变黑色，基部多少木质化，全体密被灰色短柔毛。

根：根茎少数成束或仅 1 条，多少平展，略作纺锤形膨大，近肉质；支根细，生于根颈周围，少数。

茎：茎直立，有时有 2~3 分枝，圆筒形；分枝多少有棱角，以锐角或弯曲上升。

叶：叶茂密，全部茎生，柄极短或几无柄；叶片草质而近肉质，两面均密被短卷毛，线状长圆形；上部者渐变为苞片，缘有浅波状重锯齿，齿有胼胝而反卷。

花：花序总状而短，生于茎枝之端，含有多花，下部有间断，上部稠密。萼圆筒形，管部膜质，外面密被柔毛，前方开裂；齿 2，绿色，各齿又分成 2 片，缘有锐齿。花冠红色或紫红色；管直立，上部不扩大，超出萼外；盔无毛，作两次膝状弓曲，第一次转向前方而稍偏上方，成为稍膨大的含有雄蕊的部分，第二次由额部转向前下方的喙；下唇稍长于盔，侧裂肾形而较大，中裂圆形；雄蕊着生于管的基部，前方 1 对花丝上半部中段略有疏长毛。

花果期：花期 8~9 月；果期 9~10 月。

生境：生于海拔 2,600~3,400 m 的草坡和高山草地中。

分布：中国特有种。产云南西北部。

Habit: Herbs perennial, 20-35 cm tall, base ± woody, densely gray pubescent, not drying black.

Root: Roots fusiform, fleshy.

Stem: Stems erect, leafy, not or sometimes 2- or 3-branched; branches forked or ascending.

Leaf: Leaves short petiolate (barely 1 mm) to ± sessile; leaf blade linear-oblong, sometimes ovate-elliptic basally, ± fleshy, densely tomentose on both surfaces, base attenuate to subcordate-clasping, double crenate, teeth callose, apex obtuse.

Flower: Inflorescences short racemose, many flowered, interrupted basally. Pedicel hispid. Calyx membranous, densely villous, scarcely cleft anteriorly; lobes 2 (or 4) , serrate. Corolla red or purple-red, tube erect, exceeding calyx; galea recurved apically; beak, apex truncate; lower lip slightly longer than galea, ciliate. 2 filaments sparsely pubescent, 2 glabrous.

Phenology: Fl. Aug-Sep; fr. Sep-Oct.

Habitat: Alpine meadows, grassy slopes, among limestone rocks; 2,600-3,400 m.

Distribution: Endemic species in China. NW Yunnan.

136. 细波齿马先蒿 xì bō chǐ mǎ xiān hāo

***Pedicularis crenularis* H. L. Li**, Proc. Acad. Nat. Sci. Philadelphia. 101: 48. 1949.

生活型： 植株高约 30 cm。

茎： 茎单一，上部分枝，密被短柔毛。

叶： 叶互生，几无柄，亚肉质，上面有绒毛，背面密被长柔毛，线状长圆形，缘有深波状齿，每边约 10 齿，圆形，有细波齿。

花： 花序穗状，顶生；花几无柄，多少密生。萼圆筒形，外面有密细毛，前方开裂，具 2 齿，齿团扇形。花冠玫瑰色，无毛，直立；盔长下部伸直，上部镰状弓曲，端伸长为极短而圆锥形的喙，喙端截形；下唇与盔等长，3 裂，裂片近于相等；雄蕊花丝有疏长毛。

果实： 蒴果斜披针形，2 室不等。

花果期： 花期 10 月；果期 10 月。

生境： 生于海拔 2,400~3,200 m 的草坡。

分布： 中国特有种。产云南西部。

Habit: Herbs ca. 30 cm tall.

Stem: Stems single, branched apically, densely pubescent.

Leaf: Leaves sessile, linear-oblong; fleshy, abaxially densely villous, adaxially tomentose, base rounded or subcordate, pinnatilobate; segments rounded, 10-crenate on each side, apex acute.

Flower: Inflorescences spicate. Flowers dense. Calyx cylindric, densely pubescent, deeply cleft anteriorly; lobes 2, flabellate, serrate. Corolla rose, glabrous; tube erect, ca. 1.8 cm; galea falcate apically; beak conical, barely 1 mm, apex truncate; lower lip ca. as long as galea, glabrous. Filaments sparsely long pubescent.

Fruit: Capsule obliquely lanceolate.

Phenology: Fl. Oct; fr. Oct.

Habitat: Grassy slopes; 2,400-3,200 m.

Distribution: Endemic species in China. W Yunnan.

137. 显盔马先蒿 xiǎn kuī mǎ xiān hāo

***Pedicularis galeata* Bonati**, Notes Roy. Bot. Gard. Edinburgh 13: 130. 1921.

生活型：多年生草本，干时变为黑色，高 15~35 cm。
根：根须状成密丛，下接细长如鞭的根茎，长可达 15 cm。
茎：茎直立，中空，具生有长毛的纵条纹。
叶：基叶常不见；茎叶下部者早枯，中部者基部广楔形至圆形，稍抱茎，边缘有相当整齐的重锯齿，上面中肋凹陷，有棕色短毛，下面沿中肋有稀疏的长毛。
花：花少数，开花时成头状，结果时伸长。萼钟形，齿卵形至三角状卵形，后方 1 齿较小，缘均有不等的锯齿，其主脉有羽状支脉，在主脉上生有疏长毛。花冠紫色；花管略短于萼，外面有疏毛；盔镰状弓曲，额圆凸，外面有疏毛，下缘之端指向前方，常有凸出的喙状小尖；下唇前端 3 裂，裂片钝圆多相盖叠；雄蕊花丝无毛。
果实：蒴果略扁平，广卵形，有凸尖；种子有蜂窝状细孔纹。
花果期：花期 8 月；果期 9 月。
生境：生于海拔 3,500~4,400 m 的草坡中
分布：中国特有种。产云南西北部。

Habit: Herbs perennial, 15-35 cm tall.
Root: Root clustered.
Stem: Stems hollow, with lines of hairs.
Leaf: Leaves alternate, sessile, lanceolate-oblong to ovate-elliptic. Middle leaves larger than basal and apical leaves, abaxially sparsely villous along midvein, adaxially brown pubescent along midvein, base broadly cuneate to rounded, apex obtuse to acute.
Flower: Inflorescences lax racemes, capitate at anthesis, elongating in fruit, ± sessile. Calyx sparsely villous along midvein; lobes 5, unequal. Corolla purple; tube barely exceeding calyx, sparsely pubescent; lower lip ciliate. Filaments glabrous; anthers apiculate.
Fruit: Capsule broadly ovoid, compressed, apex acute.
Phenology: Fl. Aug; fr. Sep.
Habitat: Grassy slopes; 3,500-4,400 m.
Distribution: Endemic species in China. NW Yunnan.

138. 龙陵马先蒿 lóng líng mǎ xiān hāo

***Pedicularis lunglingensis* Bonati**, Notes Roy. Bot. Gard. Edinburgh. 15: 160. 1926.

生活型： 多年生草本，直立或斜升，全体被长粗毛。

根： 根有分枝，其枝在近端处常膨大。

茎： 茎简单或常多细弱的分枝，基部圆筒形，顶部有棱角。

叶： 叶肉质，互生，有短柄，有狭翅；叶片卵状长圆形至狭长圆形，钝头，基部宽楔，缘有羽状深波状开裂；裂片椭圆形，具细圆齿，小锯齿卵形。

花： 花无梗，单生于茎枝顶端的上叶及苞片的腋中，略聚伞状排列。萼圆筒形，前方开裂，密被长柔毛；齿 2，相等，卵形至圆形，基部狭缩，端钝圆，缘有缺刻状重锯齿。花冠红色或紫色；管伸直，长约 2 cm，无毛，下部圆筒形，上部稍扩大；盔无毛，镰状弓曲，指向前上方，含有雄蕊部分微膨大而略作舟形，额部渐狭成截形的短喙，指向前方；下唇与盔等长或稍长，以锐角开展，无缘毛，基部楔形，端 3 浅裂，侧裂斜椭圆形，略大于卵形的中裂，中裂稍向前伸出；雄蕊着生于花管的基部，花丝 2 对均有伸张的疏长毛。

花果期： 花期 9~10 月；果期 10~11 月。

生境： 生于海拔 1,200~1,500 m 的草坡中

分布： 中国特有种。产云南西部。

Habit: Herbs perennial, 10-15 cm tall, hirsute throughout.

Root: Root branched.

Stem: Stems erect or ascending, often branched; branches slender.

Leaf: Leaf petiole short; leaf blade ovate-oblong to narrowly oblong, fleshy, base broadly cuneate, pinnatifid; segments elliptic, crenate.

Flower: Flowers axillary, sessile; bracts leaflike, longer than calyx. Calyx cleft anteriorly, densely villous; lobes 2, ca. 1/2 as long as tube, incised-serrulate. Corolla red or purple, glabrous; tube straight, ca. 2 cm; galea falcate; beak truncate; lower lip longer than galea, glabrous. Filaments sparsely long pubescent to subglabrous.

Phenology: Fl. Sep-Oct; fr. Oct-Nov.

Habitat: Grassy slopes; 1,200-1,500 m.

Distribution: Endemic species in China. W Yunnan.

139. 黑马先蒿 hēi mǎ xiān hāo

Pedicularis nigra **(Bonati) Vaniot ex Bonati**, Notes Roy. Bot. Gard. Edinburgh. 13: 130. 1904.

生活型： 多年生草本，高可达 70 cm，几全部无毛，干时常多少变为黑色。

根： 根茎肉质，多少纺锤形膨大，丛生；根须状，丛生于根颈周围。

茎： 茎直立坚挺，简单或有分枝，中空，无棱角。

叶： 叶互生，偶有少数假对生者；下部者卵状椭圆形至披针状长圆形，有长柄，缘有圆重锯齿，面密布粗短毛，尤以沿下陷的中肋为多，背面有清晰的网纹而少毛；中部以上者多为线状披针形，极似柳叶，缘有细重齿而作整齐的反卷。

花： 花序穗状，有时短而亚头状。萼前方开裂至一半；齿 2，端圆形而有小凸片，片上有细齿或几全缘。花冠极大，疏生短细毛，盔的额部较多，管长达 2.2 cm；下唇略作倒卵状椭圆形，基部广楔形，前端 3 裂，侧裂圆头，中裂锐头，基部两侧有高凸的 2 褶襞通向花喉，裂片边缘均有啮痕状细齿；盔渐弓曲作镰刀状，端无明显的喙；花丝 2 对均有极疏的毛。

果实： 蒴果斜披针形，尖头，2 室不等。

花果期： 花期 7~10 月；果期 8~11 月。

生境： 生于海拔 1,100~2,300 m 的荒草坡中。

分布： 我国产云南东部、南部，贵州。国外分布于泰国北部。

Habit: Herbs perennial, to 70 cm tall, glabrous, drying black.

Root: Rootstock fleshy.

Stem: Stems erect, rigid, branched or not.

Leaf: Leaves alternate, occasionally pseudo-opposite; petiole long; leaf blade often linear-lanceolate, abaxially sparsely pubescent, adaxially densely hispidulous, long attenuate at both ends, finely double dentate.

Flower: Inflorescences spicate; bracts leaflike. Calyx 1/2 cleft anteriorly, glabrous; lobes 2, triangular, entire. Corolla violet-red, sparsely fine pubescent; tube straight, to 2.2 cm; galea falcate; beak scarcely conspicuous; lower lip erose-serrulate. Filaments sparsely pubescent.

Fruit: Capsule obliquely lanceolate, slightly longer than calyx, apex acute.

Phenology: Fl. Jul-Oct; fr. Aug-Nov.

Habitat: Grassy slopes; 1,100-2,300 m.

Distribution: E and S Yunnan, Guizhou. Also distributed in N Thailand.

140. 返顾马先蒿 fǎn gù mǎ xiān hāo

***Pedicularis resupinata* Linnaeus**, Sp. Pl. 2: 608. 1753.

生活型：多年生草本，高 30~70 cm，直立，干时不变黑色。

根：根多数丛生，细长而纤维状。

茎：茎常单出，上部多分枝，粗壮而中空，多方形有棱，有疏毛或几无毛。

叶：叶密生，均茎出，互生或有时下部甚或中部者对生，叶柄短，上部叶近无柄；叶片膜质至纸质，前方渐狭，基部广楔形或圆形；裂片边缘有钝圆的重齿，齿上有浅色的胼胝或刺状尖头，且常反卷，两面无毛或有疏毛。

花：花单生于茎枝顶端的叶腋中，无梗或有短梗。萼长卵圆形，多少膜质，几无毛，前方深裂；齿仅 2，宽三角形，全缘或略有齿，光滑或有微缘毛。花冠淡紫红色至紫色，或淡黄色；管长 1.2~1.5 cm，伸直，近端处略扩大，自基部起即向右扭旋，脉理清晰可见，此种扭旋使下唇及盔部成为回顾之状；盔的直立部分与花管同一指向，在此部分以上作两次多少膝状弓曲，第一次向前上方成为含有雄蕊的部分，其背部常多少有毛，第二次至额部再向前下方以形成圆锥形短喙；下唇稍长于盔，以锐角开展，中裂较小，略向前凸出，广卵形；雄蕊花丝前面 1 对有毛。

果实：蒴果斜长圆状披针形，仅稍长于萼。

花果期：花期 6~8 月；果期 7~9 月。

生境：生于海拔 300~2,000 m 的湿润草地及林缘。

分布：我国产黑龙江，吉林，辽宁，内蒙古，河北，山西，陕西，山东，安徽，浙江，湖北，甘肃，四川，广西，贵州。国外分布于日本，韩国，蒙古，哈萨克斯坦，俄罗斯西伯利亚。

Habit: Herbs perennial, 30-70 cm tall, not drying black.

Root: Roots fascicled, fibrous.

Stem: Stems often single, erect, many branched apically, sparsely pubescent or subglabrous.

Leaf: Stem leaves numerous, petiolate or uppermost sometimes sessile; petiole glabrous or pubescent; leaf blade ovate to oblong-lanceolate, membranous to papery, glabrous or sparsely pubescent, base broadly cuneate to rounded, margin crenate or serrate, apex acuminate.

Flower: Flowers axillary. Pedicel short or absent. Calyx glabrescent; lobes 2, broad, entire. Corolla pink to purple or yellowish; tube straight, 1.2-1.5 cm; galea falcate; beak conical; lower lip slightly longer than galea, ciliate. 2 filaments pubescent, 2 glabrous.

Fruit: Capsule obliquely oblong-lanceolate, slightly longer than calyx.

Phenology: Fl. Jun-Aug; fr. Jul-Sep.

Habitat: Grassy slopes, open forests; 300-2,000 m.

Distribution: Heilongjiang, Jilin, Liaoning, Nei Mongol, Hebei, Shanxi, Shaanxi, Shandong, Anhui, Zhejiang, Hubei, Gansu, Sichuan, Guangxi and Guizhou. Also distributed in Japan, Korea, Mongolia, Kazakhstan, and Russia (Siberia).

141. 地黄叶马先蒿 dì huáng yè mǎ xiān hāo

***Pedicularis veronicifolia* Franchet**, Bull. Soc. Bot. France. 47: 30. 1900.

生活型： 多年生草本，高达 60 cm。

根： 具有成丛的或少数略作纺锤形的肉质根茎；根颈上生有细侧根。

茎： 茎直立，下部圆柱形，多木质化，上部多少扁平而有棱沟，被有细毛或几光滑。

叶： 叶互生，有叶柄；叶片倒卵形至菱状披针形，缘有羽状浅裂或圆重齿，齿有胼胝，两面均被粗涩之毛，上面常有泡状鼓凸。

花： 花序总状。萼管状，前方开裂，具 5 明显的主脉，外面脉上有长毛；齿不规则，多粗短毛。花浅红色，花管长 1.4~1.5 cm，无毛；盔长镰状弓曲，额圆，端向下后方钩曲而成强壮之短喙，喙顶端截形；下唇基部楔形，前方 3 裂，裂片椭圆状卵形，钝头；雄蕊花丝 2 对均被长柔毛。

果实： 蒴果斜披针状卵圆形，2 室不等，先端尖锐而弯指前下方。

花果期： 花期 8~10 月；果期 9~11 月。

生境： 生于海拔 1,000~2,600 m 的草地中及林下。

分布： 中国特有种。产云南东部、南部，四川西北部及西南部。

Habit: Herbs perennial, to 60 cm tall.

Root: Rootstock fleshy.

Stem: Stems erect, many branched or unbranched, finely pubescent or glabrescent.

Leaf: Leaves petiolate; leaf blade obovate to rhomboid-lanceolate, hispid on both surfaces, base long attenuate, pinnatifid or double crenate, apex rounded to attenuate.

Flower: Inflorescences racemose, interrupted basally. Calyx densely hispidulous, long pubescent along veins, deeply cleft anteriorly; lobes 2 (or 3) , narrow, distinctly serrulate. Corolla pale rose; tube 1.4-1.5 cm, glabrous; galea falcate; beak truncate. Filaments villous.

Fruit: Capsule obliquely lanceolate-ovoid, apex acute.

Phenology: Fl. Aug-Oct; fr. Sep-Nov.

Habitat: Grassy slopes, forests; 1,000-2,600 m.

Distribution: Endemic species in China. E and S Yunnan, NW and SW Sichuan.

142. 美观马先蒿 měi guān mǎ xiān hāo

***Pedicularis decora* Franchet**, Bull. Soc. Bot. France. 47: 28. 1900.

生活型：多年生草本，高达 1 m，干时多少变为黑色，多毛。

根：根茎粗壮肉质，以多少伸长而具节的鞭状根茎连接于接近地表而生有稠密须状根的根颈之上。

茎：茎简单或有时上部分枝，中空，生有白色无腺的疏长毛。

叶：叶深裂至 2/3 处为长圆状披针形的裂片；裂片较多，裂片缘有重锯齿。

花：花序穗状而长，毛较密而具腺，下部花疏距，上部较密。萼有密腺毛，齿三角形而小，锯齿不明显或几全缘。花黄色；花管约长 1.2 cm，有毛，约长于萼 3 倍；盔约与下唇等长，舟形，下缘有长须毛；下唇裂片卵形，钝头，中裂较大于侧裂。

果实：蒴果卵圆而稍扁，2 室相等，端有刺尖。

花果期：花期 6~7 月；果期 8 月。

生境：生于海拔 2,200~2,800 m 的荒草坡上及疏林中。

分布：中国特有种。产陕西南部，甘肃南部，湖北西部，四川东北部。

Habit: Herbs perennial, to 1 m tall, pubescent.

Root: Rootstock stout; roots fascicled.

Stem: Stems branched apically or unbranched, sparsely white villous.

Leaf: Leaves narrowly lanceolate, pinnatipartite; segments oblong-lanceolate, margin double dentate.

Flower: Inflorescences long spicate, interrupted basally, densely glandular pubescent Calyx densely glandular pubescent; lobes 5, triangular, ± entire. Corolla yellow; tube ca. 1.2 cm, ca. 3× as long as calyx, pubescent outside; galea navicular, ca. as long as lower lip, margin densely bearded; lower lip ± sessile.

Fruit: Capsule ovoid, compressed, apex short acuminate.

Phenology: Fl. Jun-Jul; fr. Aug.

Habitat: Grassy slopes, *Picea* forests, *Betula* forests; 2,200-2,800 m.

Distribution: Endemic species in China. S Shaanxi, S Gansu, W Hubei, NE Sichuan.

143. 邓氏马先蒿 dèng shì mǎ xiān hāo

***Pedicularis dunniana* Bonati**, Notes Roy. Bot. Gard. Edinburgh. 8: 44. 1913.

生活型：多年生草本，高大草本，干时多少变黑，全体多褐色之长毛，高可达 1.6 m。

根：根茎粗壮肉质，以较细的鞭状根茎连接于根颈；根颈周围生有稠密的须根一丛。

茎：茎单出或数条，粗壮中空，上部有时分枝。

叶：叶中部者最大，下部者较小而早枯，上部者渐小而变苞片，基部抱茎；叶片长披针形，羽状深裂，两面均有疏毛，齿有胼胝。

花：花序除下部稍疏外常稠密，多腺毛。萼有密腺毛，齿有锯齿。花冠较大，黄色，管长约 1.2 cm，有毛；盔的直立部分稍向前弓曲，含有雄蕊的部分转折向前作舟形，下缘有长须毛，下唇约与盔等长，中裂宽过于长而为横肾形，宽于侧裂。

果实：蒴果较大，卵状长圆形，2 室相等，有小凸尖。

花果期：花期 7 月；果期 8~9 月。

生境：生于海拔 3,300~3,800 m 的草坡与林中。

分布：中国特有种。产四川西部，云南西北部。

Habit: Herbs perennial, to 1.6 m tall, brown pubescent throughout.

Root: Rootstock stout, fleshy.

Stem: Stems 1 to several, sturdy, hollow, sometimes branched apically.

Leaf: Leaves clasping, linear-lanceolate. Middle leaves largest, sparsely pubescent, pinnatipartite; segments lanceolate-oblong, margin lobed or double dentate.

Flower: Inflorescences to 20 cm, elongating to 26 cm in fruit, glandular pubescent; upper bracts slightly longer than calyx. Calyx densely glandular pubescent or not; lobes 5, serrate. Corolla yellow; tube ca. 1.2 cm, pubescent; galea navicular, margin densely bearded; lower lip ± sessile; nearly as long as galea.

Fruit: Capsule ovoid-oblong, apex acute. Seeds reticulate.

Phenology: Fl. Jul; fr. Aug-Sep.

Habitat: Grassy slopes, forests; 3,300-3,800 m.

Distribution: Endemic species in China. W Sichuan, NW Yunnan.

144. 粗野马先蒿 cū yě mǎ xiān hāo

***Pedicularis rudis* Maximowicz**, Bull. Acad. Imp. Sci. Saint-Pétersbourg. 24: 67. 1877.

生活型： 多年生草本，高升 1 m 有余，一般高约 60 cm，上部常有分枝，干时多少变黑，多毛。

根： 根茎粗壮，肉质，上部以细而鞭状的根茎连接于生在地表下而密生须根的根颈之上。

茎： 茎中空，圆形。

叶： 叶无基出者，茎生者发达，下部者较小而早枯，中部者最大，上部者渐小而变为苞片；叶片无柄而抱茎，羽状深裂，两面均有毛，齿有胼胝。

花： 花序长穗状，毛被多具腺点。萼狭钟形，密被白色具腺之毛；齿 5，略相等，卵形而有锯齿。花冠白色；管长约 1.2 cm，在中部多少向前弓曲，使花前俯，与盔部一样都有密毛；盔部与管的上部在同一直线上，指向前上方，上部紫红色，弓曲向前而使前部成为舟形，额部黄色，端稍上仰而成一小凸喙；下缘有极长的须毛，背部毛较他处为密，下唇 3 裂片均为卵状椭圆形，中裂稍较大，都有长缘毛；花丝无毛。

果实： 蒴果宽卵圆形，略侧扁，前端有刺尖。

花果期： 花期 7~8 月；果期 8~9 月。

生境： 生于海拔 2,200~3,400 m 的荒草坡或灌丛中，亦见于云杉与桦木林中。

分布： 中国特有种。产内蒙古，甘肃西部，青海，陕西，四川北部，西藏东部。

Habit: Herbs perennial, to more than 1 m, usually branched apically, pubescent.

Root: Rootstock stout, fleshy.

Stem: Stems hollow.

Leaf: Stem leaves clasping, lanceolate-linear, pinnatipartite; segments oblong to lanceolate, pubescent, margin double dentate.

Flower: Inflorescences long spicate, more than 30 cm, glandular pubescent; bracts leaflike below, ovate above, longer than calyx. Calyx densely white glandular pubescent; lobes 5, ± equal, serrate. Corolla white; tube ca. 1.2 cm, pubescent externally; galea purple-red apically, front yellow, navicular, margin densely bearded, apex mucronulate, bent slightly upward; lower lip ± sessile, ca. as long as galea, ciliate. Filaments glabrous.

Fruit: Capsule broadly ovoid, compressed, apex acute.

Phenology: Fl. Jul-Aug; fr. Aug-Sep.

Habitat: Grassy slopes, *Picea* forests, *Betula* forests; 2,200-3,400 m.

Distribution: Endemic species in China. Nei Mongol, W Gansu, Qinghai, Shaanxi, N Sichuan, E Xizang.

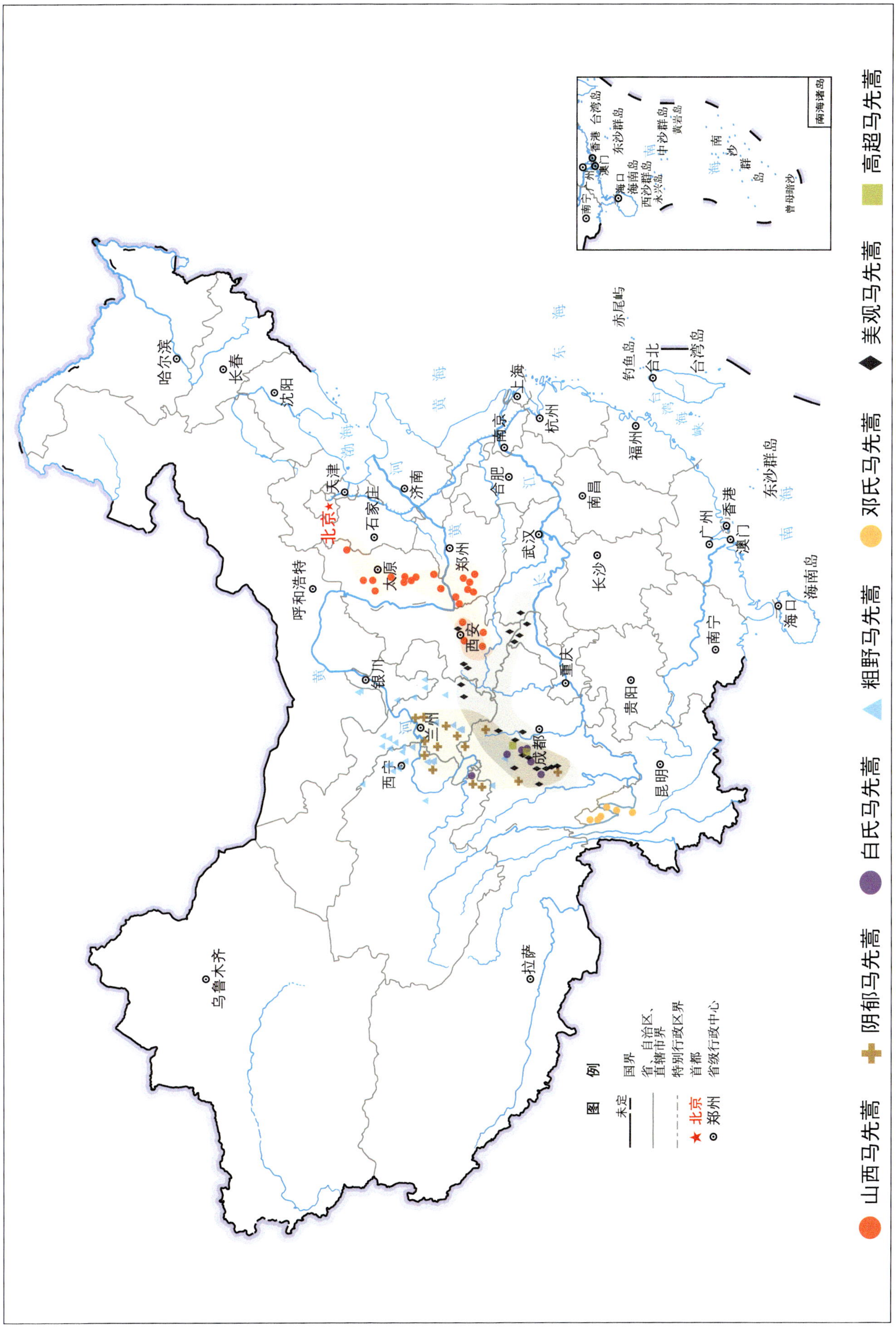

插图2　粗野马先蒿类物种地理分布图

145. 狭裂马先蒿 xiá liè mǎ xiān hāo

***Pedicularis angustiloba* P. C. Tsoong**, Acta Phytotax. Sin. 3: 303. 1955.

生活型：多年生草本，达 70 cm，除了多毛的花序外几无毛，干时变黑。

根：根茎变粗，以鞭状细根茎连接于靠近地面处密生须根的根颈之上。

茎：茎单出，直立中空，生有密叶。

叶：茎生者披针状线形，基部抱茎，端锐头，缘边浅羽裂，裂片众多，有重锯齿，上面光亮，背面无光。

花：花序较长。萼管外面有白色长毛，有中等密的网脉；齿 5，亚相等，三角状披针形。花冠黄色，管短于萼，外面无毛；盔黄色而有紫斑，弯向前上方，中部膨大，前缘有疏毛，端有明显的短喙，向内钩曲；下唇卵状长圆形，缘多少有毛；雄蕊花丝均有毛，前 1 对密，后 1 对疏。

花果期：花期 6~8 月；果期 8 月。

生境：生于海拔 3,400~4,500 m 的林中干地上、岩石与冰碛石滩上。

分布：中国特有种。产西藏东部。

Habit: Herbs perennial, drying black.

Root: Rootstock stout, fleshy.

Stem: Stems to 70 cm tall, erect, unbranched, subglabrous, leafy throughout.

Leaf: Basal leaves early deciduous. Stem leaves clasping, lanceolate-linear, adaxially shiny; segments margin double dentate.

Flower: Inflorescences pubescent. Calyx white villous; lobes 5, ± equal, ± entire. Corolla yellow; tube ca. 9 mm, slightly shorter than calyx; galea purple-spotted, conspicuously navicular, margin pilose, apex slightly curved; beak decurved; lower lip ± ciliate, lobes lanceolate, denticulate. Filaments pubescent.

Phenology: Fl. Jun-Aug; fr. Aug.

Habitat: Loose moraine screes, dry places in forests; 3,400-4,500 m.

Distribution: Endemic species in China. E Xizang.

146. 长舟马先蒿 cháng zhōu mǎ xiān hāo

Pedicularis dolichocymba **Handel-Mazzetti**, Kaiserl. Akad. Wiss. Wien, Math.-Naturwiss. Kl., Anz. 57: 102. 1920.

生活型： 多年生草本，干时变为黑色，高低多变化，低者仅 13 cm，高者可达 40 cm。

根： 须根成丛，生于根颈之上，后者下连接鞭状根茎。

茎： 茎有沟棱，沟中生有成条的褐色毛，上部较密。

叶： 叶中部者最大，两端者较小，基部者鳞片状，无柄而多少抱茎，缘有浅裂或重齿；裂片或齿圆形，上面中肋上密生褐色短毛，下面中肋上散生疏长毛。

花： 花少，花序头状。萼宽钟形；齿 5，卵形，有锯齿。花冠管长于萼 1.5 倍；下唇斜展，基部广楔形，前端 3 裂，裂片卵形，几相等，短于盔部；盔稍向前俯，全面有疏毛，下缘密生长须毛，前端狭缩为短而清晰的小喙；雄蕊花丝 2 对均无毛。

果实： 果包于宿萼内，前端伸出，黑色，扁卵圆形，有小凸尖。

花果期： 花期 8 月；果期 8~9 月。

生境： 生于海拔 3,500~4,300 m 的荒山高草坡与岩石间。

分布： 中国特有种。产四川西部，西藏东部，云南西北部。

Habit: Herbs perennial, 13-40 cm tall.

Root: Roots fascicled.

Stem: Stems rarely branched, longitudinally grooved, with lines of brown hairs.

Leaf: Leaves alternate, sessile; basal leaves scalelike; stem leaves ovate-oblong to lanceolate-oblong, middle leaves largest, abaxially sparsely villous along midvein, adaxially densely brown pubescent along midvein, margin lobed or double dentate.

Flower: Inflorescences capitate and 3- or 4-flowered to short racemose and more than 10-flowered, elongating to 12 cm in fruit. Calyx lobes 5, ovate, serrate. Corolla deep rose to blackish purple, tube ca. 1.5× as long as calyx, glabrous; galea sparsely pubescent, margin densely bearded; lower lip much shorter than galea. Filaments glabrous.

Fruit: Capsule compressed, ovoid, apex acute.

Phenology: Fl. Aug; fr. Aug-Sep.

Habitat: Alpine meadows, rocky slopes, among boulders; 3,500-4,300 m.

Distribution: Endemic species in China. W Sichuan, E Xizang, NW Yunnan.

147. 硕大马先蒿 shuò dà mǎ xiān hāo

Pedicularis ingens **Maximowicz**, Bull. Acad. Imp. Sci. Saint-Pétersbourg. 32: 565. 1888.

生活型：多年生草本，高升达 60 cm 以上，干时变黑，毛疏密多变。

根：鞭状根茎较粗，其上的根颈生有少量而不成大丛的须根。

茎：茎中空，有条纹，基部生有膜质的长圆形鳞片。

叶：叶下部者早枯，中部者最大，上部者渐短阔而成为苞片；叶片基部耳状抱茎，锐尖头，缘有小缺刻状重锯齿，多至 40 余对，小齿有胼胝及刺尖。

花：花序长可达 20 cm。萼中大，齿 5，略不等，均有明显而具有刺尖的锯齿。花冠黄色；管长而细，上下等径，长 1.4 cm，有自盔部下缘延下的毛带 2 条，在近端处稍向前弓曲，使花前俯；盔略作舟形，转折指向前方而略偏下，下缘有长须毛，端有不很明显的短喙，喙端 2 裂；下唇裂片中间 1 较宽，为阔倒卵形，侧裂较狭，缘有清晰的细圆齿，尤以前端为然，在中裂基部后面有 2 褶襞；花丝 1 对有毛。

花果期：花期 7~9 月；果期 9 月。

生境：生于海拔 3,000~4,200 m 的高草坡中及多石岩处。

分布：中国特有种。产甘肃，青海东部，四川北部。

Habit: Herbs perennial, drying black.

Root: Rootstock stout, flagellate.

Stem: Stems more than 60 cm tall, erect, hollow, pubescent, with oblong scales at base.

Leaf: Basal leaves withering early; stem leaves clasping, sessile, oblong-linear, base auriculate, margin incised-double dentate, teeth more than 40 pairs, apex acute.

Flower: Inflorescences to 20 cm; bracts leaflike. Calyx, densely pubescent; lobes 5, serrulate. Corolla yellow; tube slender, 1.4 cm; galea inconspicuously navicular, margin long pubescent; beak short, indistinct, apex 2-cleft; lower lip lobes denticulate. 2 filaments pubescent, 2 glabrous.

Phenology: Fl. Jul-Sep; fr. Sep.

Habitat: High weedy slopes, grassy and scrubby slopes; 3,000-4,200 m.

Distribution: Endemic species in China. Gansu, E Qinghai, N Sichuan.

148. 东俄洛马先蒿 dōng é luò mǎ xiān hāo

***Pedicularis tongolensis* Franchet**, Bull. Soc. Bot. France. 47: 29. 1900.

生活型： 多年生草本，植株高 30~60 cm。

根： 鞭状根茎较粗，其上的根颈生有少量而不成大丛的须根。

茎： 茎直立，不分枝，有长毛，至顶部密生叶。

叶： 叶互生，无柄，披针状线形，密生缺刻状裂片，裂片有尖锐的缺刻状齿。

花： 花排列为不密的穗状花序，长超过 15 cm。萼有粗脉，在脉间有膜质而散布肤屑状毛；齿 5，全缘，卵状披针形，边有长缘毛。花冠黄色，管比萼长 2 倍；盔弯曲，背部无毛，两侧卵形凸出，边有稠密红毛；喙弯曲，约等于盔宽；下唇几不比盔短；雄蕊花丝无毛。

生境： 生于海拔 3,000~4,300 m 的空旷多石草坡。

分布： 中国特有种。产云南西北部，四川西部。

Habit: Herbs perennial, 30-60 cm tall.

Root: Rootstock stout, flagellate.

Stem: Stems erect, unbranched, long pubescent, leafy throughout.

Leaf: Leaves sessile, lanceolate-linear; lobes densely incised.

Flower: Inflorescences spicate, more than 15 cm, loose. Calyx membranous, sparsely pubescent; lobes 5, ovate-lanceolate, ca. 3× shorter than tube, long ciliate, entire. Corolla yellow; tube ca. 2× longer than calyx; galea curved, inconspicuously navicular, margin densely red pubescent; beak curved; lower lip scarcely shorter than galea. Filaments glabrous.

Habitat: Open stone meadows, forest margins; 3,000-4,300 m.

Distribution: Endemic species in China. NW Yunnan, W Sichuan.

149. 毛舟马先蒿 máo zhōu mǎ xiān hāo

Pedicularis trichocymba **H. L. Li**, Proc. Acad. Nat. Sci. Philadelphia. 101: 72. 1949.

生活型：多年生草本，植株高而粗壮，高达 60 cm。

根：鞭状根茎较粗，其上的根颈生有少量而不成大丛的须根。

茎：茎单一，不分枝，无毛，有条纹，多叶。

叶：叶茎生，两面无毛，端锐，基部有耳，缘有波状锯齿，齿钝头，有细锐锯齿。

花：花序顶生穗状，长约 15 cm，花生于下部者远距，上部者靠近。萼管状，无毛，除萼齿外无网脉；齿 5，相等，三角状长圆形，锐头，有不显著的锯齿或亚全缘。花冠黄色；管伸直，超过萼 2 倍；盔基部伸直，上部弯曲，下缘略略收缩，喙圆形端截形，略作 2 裂；下唇与盔相等，基部收缩，伸直，前部 3 裂，裂片亚相等，圆形，缘有时微有细齿，无毛；雄蕊花丝前面 1 对端有粗毛，后方 1 对无毛。

花果期：花期 5~6 月；果期 7 月。

生境：生于海拔 2,700~4,700 m 的山坡草地处。

分布：中国特有种。产四川西部。

Habit: Herbs perennial.

Root: Rootstock stout, flagellate.

Stem: Stems to 60 cm tall, erect, sturdy, unbranched, glabrous, striate, leafy throughout.

Leaf: Leaves sessile, linear-lanceolate, glabrous, base auriculate, margin incised-dentate.

Flower: Inflorescences racemose, ca. 15 cm, interrupted basally; bracts leaflike, exceeding flowers. Calyx glabrous; lobes 5, equal. Corolla yellow; tube erect, ca. 2× as long as calyx; galea curved apically, inconspicuously navicular; lower lip ca. as long as galea. 2 filaments pubescent, 2 glabrous.

Phenology: Fl. May-Jun; fr. Jul.

Habitat: Open stone meadows; 2,700-4,700 m.

Distribution: Endemic species in China. W Sichuan.

150. 须毛马先蒿 xū máo mǎ xiān hāo

***Pedicularis trichomata* H. L. Li**, Proc. Acad. Nat. Sci. Philadelphia. 101: 70. 1949.

生活型：多年生直立草本，干时变黑。

根：鞭状根茎黑色，上有鳞片脱落痕迹，下细上粗而连着于生有成丛须根的根颈基部。

茎：茎高达 40 cm，不分枝，有条纹，基部生有稠密褐色污毛，和少数卵形鳞片，上部毛仅成条生于沟纹中，棱上无毛。

叶：叶在茎两端者小，在中部者大，线状披针形，端锐头至锐尖头，基部亚抱茎而有耳，缘有多数浅缺刻状细重锯齿，齿小。

花：花序顶生，总状而密，长达 15 cm。花几无梗。萼长圆状卵圆形；齿 5，三角形锐头，几全缘，主脉很粗。花冠管约与萼等长，长约 1.1 cm，上部较粗；盔舟形，在含有雄蕊的部分下缘密生长须毛，前端转向前方成短喙；下唇裂片 3，亚相等，多少卵形钝头，中间 1 枚稍宽，缘边尤其前端有清晰的细齿；雄蕊前方 1 对近端处有密长毛，药室有小凸尖。

生境：生于海拔 3,000~4,300 m 的空旷多石草坡或云杉林中。

分布：中国特有种。产云南西北部。

Habit: Herbs perennial, drying black.

Root: Rootstock stout, flagellate.

Stem: Stems to 40 cm tall, erect, unbranched, densely grayish brown pubescent, with few ovate scales at base.

Leaf: Leaves ± clasping, sessile, linear-lanceolate, base auriculate, margin incised-double dentate, apex acute.

Flower: Inflorescences racemose, to 15 cm, dense. Calyx oblong-ovate; lobes 5, triangular, ± entire. Corolla yellow; tube ca. 1.1 cm; galea conspicuously navicular, margin densely long pubescent; lower lip lobes ± rounded, denticulate. 2 filaments pubescent, 2 completely glabrous including extreme apex.

Habitat: Open stone meadows, forest margins, *Picea* forests; 3,000-4,300 m.

Distribution: Endemic species in China. NW Yunnan.

151. 灰色马先蒿 huī sè mǎ xiān hāo

***Pedicularis cinerascens* Franchet**, Bull. Soc. Bot. France. 47: 30. 1900.

生活型： 多年生草本，低者仅 10 cm 余，高者可达 28 cm，干时变黑。

根： 根须状成丛，生于鞭状根茎上面的根颈周围，粗根茎未见。

茎： 茎有条纹，生有褐色污毛，上部尤密。

叶： 叶狭披针形，生于茎近基处者较密，在最下者较小，基部狭而为柄，向中部渐大，无柄，均有重齿或羽状浅裂至深裂；裂片有重齿，上部者渐小而较变为苞片，仅有浅齿或几全缘，基部宽而多少抱茎，上面中肋上密生短褐毛，并在面上散生疏而白色的毛，背面光滑，齿端常有白色胼胝。

花： 花序头状至疏总状，达 20 花以上。萼全面被毛，管状钟形；齿 5，几相等，长约等于管的一半。花冠玫红色带白色；花管长约 1.2 cm，无毛，有扭旋之脉；盔含有雄蕊的部分卵形，以直角自直立部分转折，下缘有紫色长须毛，前端突然细缩成线形而稍向下的喙，与含雄蕊部分等长；下唇 3 深裂，裂片圆形，有明显的柄，柄短于裂片长度的一半；雄蕊花丝 2 对均无毛。

果实： 果黑色，卵状长圆形而扁，包于宿萼内，光滑，端有小凸尖。

花果期： 花期 7 月；果期 7~8 月。

生境： 生于海拔 4,000~4,400 m 的草坡上。

分布： 中国特有种。产四川西部。

Habit: Herbs perennial, 10-28 cm tall.

Root: Roots flagellate, fascicled.

Stem: Stems grayish brown pubescent, striate.

Leaf: Leaves short petiolate to sessile or ± clasping; leaf blade narrowly lanceolate; leaves dense and small basally, abaxially glabrous, adaxially pubescent, crenate-pinnatilobate to pinnatipartite; segments double dentate.

Flower: Inflorescences capitate to laxly racemose, to 14 cm, with more than 20 flowers. Calyx pubescent, 5-lobed. Corolla whitish rose; tube ca. 1.2 cm, glabrous; galea glabrous except for long bearded margin, with purple hairs; lower lip deeply 3-parted nearly to base. Filaments glabrous.

Fruit: Capsule black, ovoid, compressed, apex acute.

Phenology: Fl. Jul; fr. Jul-Aug.

Habitat: Grassy slopes; 4,000-4,400 m.

Distribution: Endemic species in China. W Sichuan.

152. 克氏马先蒿 kè shì mă xiān hāo

Pedicularis clarkei **J. D. Hooker**, Fl. Brit. India. 4: 310. 1884.

生活型：多年生草本，高升，有粗毛或长柔毛。

根：根茎极粗壮而为肉质，顶端发出数条向上渐变粗的分枝，上接鞭状根茎，后者不分枝，更上的根颈围有密须状根一丛。

茎：茎不分枝，高 50~80 cm，直而坚挺，圆柱形而有沟纹，中空。

叶：叶密生，基出者与下部茎生者早枯，叶片无柄，线状长圆形，裂片较多，疏远，具尖刺的锯齿。

花：花序稠密，坚挺；花有梗。萼有粗毛，钟形。花冠紫色管伸直，稍长于萼，下唇缘有毛，在中裂与侧裂组成的 2 个缺的底部均有一凸出的三角形齿；盔端渐转向前方，再转向前下方，渐细为端有 2 浅裂的喙，其全部几作一新月形的弓曲；雄蕊着生点有微毛，花丝 2 对均无毛。

果实：蒴果，卵形尖头。

花果期：花期 7~9 月；果期 8~9 月。

生境：生于海拔 3,700~4,500 m 的灌木林中。

分布：我国产于西藏南部。国外分布于不丹，尼泊尔东部，印度锡金。

Habit: Herbs perennial, hirtellous. Rhizomes fleshy.

Root: Rootstock stout, flagellate.

Stem: Stems to 50-80 cm tall, rigid, hollow, unbranched, striate.

Leaf: Basal leaves withering early; stem leaves clasping, linear-oblong, base auriform; segments ovate-oblong, incised-dentate.

Flower: Inflorescences rigid, dense. Calyx pubescent, 5-lobed. Corolla purple; tube 1.6-1.8 cm; beak of galea sparsely pubescent, apex 2-lobed; lower lip ciliate. Filaments glabrous.

Fruit: Capsule ovoid, apiculate.

Phenology: Fl. Jul-Sep; fr. Aug-Sep.

Habitat: Among dwarf scrubs, steep banks below cliffs; 3,700-4,500 m.

Distribution: S Xizang. Also distributed in Bhutan, E Nepal, and India (Sikkim).

153. 绒舌马先蒿 róng shé mǎ xiān hāo

***Pedicularis lachnoglossa* J. D. Hooker**, Fl. Brit. India. 4: 311. 1884.

生活型：多年生草本，一般高 20~50 cm，干时变黑。

根：根茎略木质化而多少疏松，粗壮，粗如食指，少分枝。

茎：茎常多条自根茎顶发出，直立，有条纹，多少密生褐色柔毛。

叶：叶多基生成丛，有长柄；叶片羽状全裂，中脉两侧略有翅；裂片多数，缘羽状深裂或有重锯齿，齿有胼胝。茎生叶很不发达，上部者多变为极其狭细。

花：花序总状。萼圆筒状长圆形，略在前方开裂，有主脉 5，侧脉 5，上部有网脉，无毛；齿线状披针形，有重锯齿，缘有长柔毛。花冠紫红色，管圆筒状，上部稍扩大，在中部稍上处多少向前弓曲而自萼的裂缺中伸出，脉纹显然扭转；盔颏部与额部及其下缘均密被浅红褐色长毛，前方又多少急细而为细直的喙，喙下缘亦有长毛，而端则有刷状之毛一丛；下唇 3 深裂，裂片卵状披针形，锐头，有长而密的浅红褐色缘毛；花丝无毛。

果实：蒴果黑色，长卵圆形，稍侧扁，端有刺尖。

花果期：花期 6~7 月；果期 8 月。

生境：生丁海拔 2,500~5,400 m 的高山草原与疏云杉林中多石之处。

分布：我国产四川西部，云南东北部，西藏南部、东南部。国外分布于不丹，尼泊尔东部，印度锡金。

Habit: Herbs perennial, 20-50 cm tall.

Root: Roots ± woody, stout.

Stem: Stems usually 2-5, sometimes to 8, brown pubescent, base with petiolar remnants from preceding years.

Leaf: Leaves clustered at base; petiole long; leaf blade lanceolate-linear, pinnatisect; segments lanceolate, pinnatipartite or double dentate.

Flower: Inflorescences racemose, to 20 cm, usually interrupted. Pedicel short. Calyx cylindric-oblong, cleft more deeply anteriorly; lobes 5, ± entire. Corolla purple-rose; galea densely red-brown pubescent abaxially and at margin; lower lip densely red-brown ciliate. Filaments glabrous.

Fruit: Capsule long ovoid.

Phenology: Fl. Jun-Jul; fr. Aug.

Habitat: Alpine meadows, *Abies* forests, among small shrubs on hillsides; 2,500-5,400 m.

Distribution: W Sichuan, NW Yunnan, S and SE Xizang. Also distributed in Bhutan, E Nepal, and India (Sikkim).

154. 毛颏马先蒿 máo hái mǎ xiān hāo

***Pedicularis lasiophrys* Maximowicz**, Bull. Acad. Imp. Sci. Saint-Pétersbourg. 24: 68. 1877.

生活型：多年生草本，干时变黑。

根：根须状，丛生于根颈周围，下连于细而鞭状的根茎。

茎：茎直立，不分枝，有条纹，沿纹有毛。

叶：叶在基部者最发达，有时成假莲座，中部以上几无叶；叶片缘有羽状的裂片或深齿，裂片或齿两侧全缘，顶端复有重齿或小裂，上面散生疏白毛，下面散生褐色之毛，沿中肋尤多。

花：花序多少头状或伸长为短总状。萼钟形多毛；齿5，几相等，三角形全缘，约为萼管长度的一半。花冠淡黄色，其管仅稍长于萼；盔以直角自直立部分转折，前端突然细缩成稍下弯而光滑的喙，其前额与颏均密被黄色的毛，与其下缘的须毛相衔接；下唇3裂，稍短于盔，裂片均圆形而有细柄；雄蕊花丝2对均无毛。

果实：果黑色光滑，卵状椭圆形，有小凸尖，多少扁平，室相等。

花果期：花期7~8月；果期8~9月。

生境：生于海拔2,900~5,000 m的高山草甸中，亦生于柳梢林及云杉林中的多水处。

分布：中国特有种。产甘肃，青海，四川北部。

Habit: Herbs perennial.

Root: Roots flagellate, fascicled.

Stem: Stems usually unbranched, with 2 lines of hairs, striate.

Leaf: Leaves mostly basal, sometimes pseudo-rosulate, short petiolate or sessile to clasping; leaf blade lanceolate-linear, abaxially brown pubescent, adaxially whitish pilosulous when young, crenate-pinnatifid, dentate.

Flower: Inflorescences capitate to short racemose. Calyx tomentose, 5-lobed. Corolla yellow; tube slightly longer than calyx, glabrous or pubescent; galea densely yellow pubescent except for glabrous beak; lower lip deeply 3-parted to base. Filaments glabrous.

Fruit: Capsule black, ovoid, compressed, apex acute.

Phenology: Fl. Jul-Aug; fr. Aug-Sep.

Habitat: Alpine meadows, *Picea* forests; 2,900-5,000 m.

Distribution: Endemic species in China. Gansu, Qinghai, N Sichuan.

155. 头花马先蒿 tóu huā mǎ xiān hāo

***Pedicularis cephalantha* Franchet ex Maximowicz**, Bull. Acad. Imp. Sci. Saint-Pétersbourg. 32: 540. 1888.

生活型： 多年生草本，干时多少变黑。

根： 根茎短或伸长，节上常有宿存的膜质鳞片，下端多发出 2~5 条多少纺锤形变粗而肉质的侧根，无主根，须状根散生。

茎： 茎单条，或自根颈发出多条，常多少弯曲上升，外围者常基部倾卧，色暗而光滑，有时有毛线，一般仅下部分枝，但亦偶在中下部分枝。

叶： 叶多基生，有时成密丛，茎生者常仅 1~2；基叶有长柄，近基处多少膜质变宽，略抱茎；茎叶柄相似而短；基叶的叶片羽状全裂，裂片不很紧密；茎生叶叶片相似而小。

花： 花序亚头状，含少数花。萼膜质，圆筒形，前方深裂至 2/3 处，外面被有疏毛，主脉 5，明显不粗凸，次脉不明显；萼齿 2 或 5，草质，极小，其中 2 齿较大，倒披针形。花冠深红色；管伸直，约为萼长 1.5 倍，外面无毛，内面喉部以下有长毛；盔下缘的中部常有 1 对向后的细长倒齿，有时仅单侧有之，前方突然细缩成为多少下弯的细喙，在细缩处形成高凸的额部，但无鸡冠状凸起；下唇宽过于长，基部心形，无缘毛，前方 3 裂，中裂仅侧裂长度的 1/2，向前凸出，前部圆，基部狭缩成柄，侧裂极宽，为椭圆形；雄蕊花丝前方 1 对有毛。

果实： 蒴果长卵形，渐尖，上部偏斜。

花果期： 花期 6 月；果期 8 月。

生境： 生于海拔 2,800~4,900 m 的高山草地中，亦见于云杉林中。

分布： 中国特有种。产四川南部，云南西北部。

Habit: Herbs perennial, 12-20 cm tall, drying ± black.

Root: Rootstock short; roots numerous, adsperse.

Stem: Stems single, sometimes to 6, central stem often ± ascending, outer stems usually procumbent at base, often branched basally, glabrous or sometimes with lines of hairs.

Leaf: Leaves mostly basal; petiole glabrescent; leaf blade elliptic-oblong to lanceolate-oblong, abaxially sparsely whitish villous along midvein, adaxially glabrous, pinnatisect; segments ovate to ovate-lanceolate, pinnatifid, spinescent-dentate. Stem leaves few, often only 1 or 2, similar to basal leaves but smaller.

Flower: Inflorescences subcapitate, few flowered. Calyx 2/3 cleft anteriorly, sparsely pubescent; lobes 2 or 5, unequal or when 2, equal, small. Corolla deep red, purple, or purplish red; tube erect, ca. 1.4 cm, glabrous externally; galea falcate apically, glandular pubescent abaxially, with 1 distinct reflexed marginal tooth on one side. 2 filaments pubescent, 2 glabrous.

Fruit: Capsule long ovoid.

Phenology: Fl. Jun; fr. Aug.

Habitat: Alpine meadows, *Picea* forests; 2,800-4,900 m.

Distribution: Endemic species in China. S Sichuan, NW Yunnan.

156. 重头马先蒿 chóng tóu mǎ xiān hāo

Pedicularis dichrocephala **Handel-Mazzetti**, Symb. Sin. 7: 863. 1936.

生活型：一年生草本，高 20~60 cm。

根：主根与茎近等粗，近地表处有一轮须状根，根茎生有数枚半膜质而长三角形鳞片。

茎：茎基部不分枝，近四棱形，被有 2~4 行白色毛线，向上渐密，至植株顶部变为稠密的白色长柔毛。

叶：叶互生，叶柄疏被白色长毛，羽状深裂，两面均被白色柔毛及糠秕状物，裂片长圆形，边缘具不规则的重锯齿。

花：花序总状，花密集呈头状。萼筒状，纸质，外面疏生白毛，具 10 脉，5 粗 5 细，全部为网脉所串连，前方深裂近 1/2，齿 5，不相等，近于圆形。花冠紫红色，花管疏被长柔毛及黄色小腺点，长约 1.5 cm；盔背线有长柔毛，顶端约以直角向前转折，先端渐细为镰状喙；下唇比盔为短，色较盔浅，为黄白色，深裂至一半以上，疏被缘毛，中裂倒卵形，伸出于侧裂之前；雄蕊花丝 2 对均有长柔毛。

花果期：花期 8 月；果期 9 月。

生境：生于海拔 3,300~3,500 m 的高山草地中。

分布：中国特有种。产云南西北部。

Habit: Herbs annual, 20-60 cm tall.

Root: Rootstock stout; roots fibrous.

Stem: Stems unbranched at base, with 2-4 lines of whitish hairs.

Leaf: Leaves alternate; petiole sparsely whitish villous; leaf blade ± lanceolate-oblong, whitish pubescent and scurfy on both surfaces, pinnatipartite; segments oblong, margin double dentate.

Flower: Inflorescences racemose, densely capitate; bracts leaflike, proximal ones petiolate and shorter than flowers, distal ones ± sessile, whitish scurfy and sparsely pubescent. Calyx sparsely whitish pubescent, 1/2 cleft anteriorly; lobes 5, unequal, ± leaflike. Corolla purplish red; tube erect, bent at a right angle apically, ca. 1.5 cm, sparsely villous and yellow glandular punctate, villous abaxially; beak falcat, bent downward; lower lip yellowish white, shorter than galea, sparsely ciliate, middle lobe obovate, not emarginate. Filaments villous.

Phenology: Fl. Aug; fr. Sep.

Habitat: Alpine meadows; 3,300-3,500 m.

Distribution: Endemic species in China. NW Yunnan.

157. 细裂叶马先蒿 xì liè yè mǎ xiān hāo

***Pedicularis dissectifolia* H. L. Li**, Proc. Acad. Nat. Sci. Philadelphia. 101: 119. 1949.

生活型： 多年生草本，高 20~25 cm，干时相当变黑。

根： 根茎短，节紧密，有时有卵形鳞片宿存，肉质侧根柱形至纺锤形。

茎： 茎自根茎顶端发出多条，近基部再行分枝，茎枝均细弱草质，直立或常弯曲上升，无毛或被疏毛。

叶： 叶互生，下部者常假对生，基生者大，具长柄，被疏长毛，叶片两面均无毛，有极疏的白色肤屑状物，羽状全裂，裂片基部楔形而为小叶状，缘有具刺尖的锯齿；茎生叶在茎枝上部者极少。

花： 花序亚头状，仅 3~5 花，下方有 1 花疏距。萼膜质，被疏毛，前方开裂至一半，主脉 5，次脉、支脉少，不成网纹，齿 3 或 2，后方 1 齿小而尖或缺失。花冠紫红色，管比萼长 1 倍以上，外面无毛；盔约以 40° 角转折向前成为含有雄蕊的部分，前方渐细成喙，其额部高凸，喙细而指向前下方，近端处更弓曲向下；下唇稍长于盔，缘无明显的长毛，但疏生短毛，中裂极小，狭而近于长圆形，侧裂椭圆形而斜，为纵置的肾形，基部耳形；雄蕊着生于花管中部，前方 1 对花丝有毛。

分布： 中国特有种。产云南西北部。

Habit: Herbs perennial, 20-25 cm tall, drying black.

Root: Rootstock stout; lateral root conical.

Stem: Stems several, branched near base; branches erect or ascending, slender, glabrous or sparsely pubescent.

Leaf: Leaves mostly basal, alternate or proximal ones often pseudo-opposite. Petiole of basal leaves long, sparsely villous; leaf blade oblong-lanceolate to ovate-oblong, glabrous on both surfaces, sparsely whitish scurfy, pinnatisect; segments ± oblong, pinnatipartite, spinescent-dentate. Stem leaves few, smaller than basal leaves, shorter petiolate.

Flower: Inflorescences subcapitate, 3-5-flowered. Pedicel barely 1 mm. Calyx 1/2 cleft anteriorly; lobes 2 or 3, unequal, posterior one, when present, smallest. Corolla purplish red; tube erect, longer than calyx, glabrous; galea falcate, conspicuously crested, with 1 reflexed marginal tooth on one side; beak slightly cleft at apex, ± horizontal; lower lip slightly longer than galea, sparsely pubescent. 2 filaments pubescent, 2 glabrous.

Distribution: Endemic species in China. NW Yunnan.

158. 法氏马先蒿 fǎ shì mǎ xiān hāo

***Pedicularis fargesii* Franchet**, Bull. Soc. Bot. France. 47: 26. 1900.

生活型：一年生或二年生草本，高 20~40 cm，干时不变黑色，几无毛。
根：根茎细长，在根颈上发出少数长侧根。
茎：茎弱，常仅具 2 叶或无叶。
叶：叶少数，基出者有长柄；叶片中部以下为全裂，中部以上则为羽状深裂而轴有翅，或全部为羽状深裂；裂片缘有缺刻状重锯齿，上面无毛，下面沿脉微有白色短毛。茎叶对生或近于对生，较小。
花：花序顶生。萼卵状短圆筒形，前方稍开裂，脉上有微毛；齿 5，亚相等。花冠白色，管细长，约为萼长的 2 倍；下唇稍短于盔，裂片圆形，中裂略小，均微有缘毛，喙端稍向下钩曲；花丝 2 对上部均被长毛。
果实：蒴果斜披针形，先端锐尖。
花果期：花期 6~7 月；果期 8~9 月。
生境：生于海拔 1,400~1,800 m 的石灰岩上及松林中。
分布：中国特有种。产甘肃南部，湖北西部，湖南，四川东部。

Habit: Herbs annual or biennial, to 20-40 cm tall, subglabrous, not drying black.
Root: Rootstock slender, lateral roots few.
Stem: Stem weak, with few leaves or absent.
Leaf: Petiole of basal leaves long; leaf blade ovate-oblong to elliptic-oblong, membranous, pinnatisect to pinnatipartite; segments ovate-oblong, incised-double dentate, abaxially sparsely white pubescent along veins, adaxially glabrous. Stem leaves often only 2 or absent, ± opposite.
Flower: Inflorescences capitate, 5- or 6-flowered. Calyx slightly cleft anteriorly; lobes 5, ± equal, serrate. Corolla white; tube slender, ca. 2× as long as calyx; galea crescent-shaped apically; beak pointing forward, perpendicular to basal part of galea, ± straight, curved only apically; lower lip slightly shorter than galea, ciliate. Filaments villous.
Fruit: Capsule obliquely lanceolate, apex acute.
Phenology: Fl. Jun-Jul; fr. Aug-Sep.
Habitat: *Pinus* and *Abies* forests, grassy slopes; 1,400-1,800 m.
Distribution: Endemic species in China. S Gansu, W Hubei, Hunan, E Sichuan.

159. 国楣马先蒿 guó méi mǎ xiān hāo

***Pedicularis fengii* H. L. Li**, Proc. Acad. Nat. Sci. Philadelphia. 101: 120. 1949.

生活型： 草本，中下高低，高 20~30 cm。

茎： 茎无毛，常自基部分枝，直立或向上斜升，上部不分枝或有疏分枝。

叶： 叶互生，有时下部之叶或甚至上部者亦假对生，具长柄，细长，有狭翅；叶片羽状深裂；裂片疏距，呈卵形，先端钝，边缘深羽裂，小裂片长圆形，锐头，有圆齿。

花： 花序顶生，为短而密的总状。萼卵圆形，膜质，无毛，前方开裂达一半，端具 3 齿，后方 1 齿披针形锐头而亚全缘，侧齿折扇形，上方有缺刻状开裂，裂片有圆齿。花冠玫瑰色；管直立，长过于萼，圆筒形，上方几不膨大；盔镰状弓曲，下缘仅一侧有 1 齿或两侧各具 1 反折的极清晰的齿，额几无鸡冠状凸起，端渐向前为喙，后者细，歪斜，多少弯曲，端不作 2 裂；下唇约与上唇等长，缘无毛，裂片圆形，中裂小或亚向前凸出；雄蕊花丝较长的 1 对近顶处稍有长毛。

果实： 蒴果长圆状卵圆形，很扁平，锐头，几不从宿萼中伸出。

花果期： 花期 8 月；果期 9 月。

生境： 生于海拔 3,600~4,200m 的林下沼泽草甸。

分布： 中国特有种。产云南西北部，四川西南部。

Habit: Herbs 20-30 cm tall.

Stem: Stems erect or ascending, often branched basally, glabrous.

Leaf: Leaves mostly on stem, alternate or sometimes pseudo-opposite; petiole slender; leaf blade ovate or oblong-ovate, pinnatipartite; segments widely spaced, ovate, pinnatipartite, crenate-dentate.

Flower: Inflorescences short compact racemes. Calyx glabrous, 1/2 cleft anteriorly; lobes 3, unequal, lateral pair flabellate, longer than posterior one. Corolla rose; tube erect, longer than calyx; galea falcate, inconspicuously crested, with 1 reflexed marginal tooth on one or both sides; beak bent obliquely downward, slender, slightly cleft at apex; lower lip nearly as long as galea, glabrous. 2 filaments sparsely villous, 2 glabrous.

Fruit: Capsule barely completely enclosed by accrescent calyx, oblong-ovoid, compressed, apex acute.

Phenology: Fl. Aug; fr. Sep.

Habitat: Swampy meadows under the *Picea* forests, *Betula* woodlands; 3,600-4,200 m.

Distribution: Endemic species in China. NW Yunnan, SW Sichuan.

160. 细瘦马先蒿 xì shòu mǎ xiān hāo

Pedicularis gracilicaulis **H. L. Li**, Proc. Acad. Nat. Sci. Philadelphia. 101: 32. 1949.

生活型：一年生草本，高 20~40 cm。

根：主根细而圆柱形，长达 6 cm，端有须状侧根。

茎：茎自根颈发出多条，细弱而常弯曲上升，在中下部常有分枝，被有疏毛或几无毛。

叶：叶互生，有时生近茎基者假对生，具有纤长的叶柄；叶片羽状深裂，膜质，两面均被长柔毛；裂片卵形或卵状长圆形，边缘有小羽裂或锯齿。

花：花序生于茎枝之顶，花密聚为亚头状，少数，在花序下的 1~2 个叶腋中常有单生之花。萼卵圆形，膜质，被毛，前方略膨大，开裂至近中部；齿 5，不相等，多少扇形而掌状 3 裂。花冠紫色；花管伸直或稍弯曲，圆筒形，甚长于萼，约 1.5 cm；盔的直立部分前缘以约 45° 角转向前上方，而后全部作镰状弓曲，前方额部微有鸡冠状凸起，先端渐细为喙；下唇 2 深裂，侧裂斜椭圆形，中裂略小，倒卵形，端微凹，基部楔形有柄，稍凸出于侧裂之前；雄蕊着生于花管中部，花丝 2 对上部均被长柔毛。

果实：蒴果卵形，扁平，先端急尖。

花果期：花期 7~8 月；果期 8~9 月。

生境：生于海拔 3,000~3,300 m 的高山草地中。

分布：中国特有种。产云南西北部。

Habit: Herbs annual, 20-40 cm tall.

Root: Roots slender, conical; lateral root fibrous.

Stem: Stems several, often ascending, usually branched basally and at middle, sparsely pubescent or glabrescent.

Leaf: Leaves alternate; petiole slender; leaf blade oblong, villous on both surfaces, pinnatipartite; segments ovate or ovate-oblong, pinnatifid or dentate.

Flower: Inflorescences subcapitate, dense with few flowers. Calyx oblong-ovate pubescent, 1/2 cleft anteriorly; lobes 5, unequal, flabellate, 3-cleft. Corolla purple; tube ca. 1.5 cm; galea falcate near middle, inconspicuously crested; beak slightly 2-cleft at apex; lobes of lower lip not ciliate, middle lobe slightly smaller than lateral pair and slightly projecting, obovate, emarginate. Filaments villous apically.

Fruit: Capsule compressed, ovoid, apiculate.

Phenology: Fl. Jul-Aug; fr. Aug-Sep.

Habitat: Alpine meadows; 3,000-3,300 m.

Distribution: Endemic species in China. NW Yunnan.

161. 多茎马先蒿 duō jīng mǎ xiān hāo

***Pedicularis hongii* Kottaim.**, Ann. Bot. Fenn. 57: 209. 2020.

生活型： 多年生草本，高 20~50 cm，无毛，干时略变黑。

根： 主根纤细，纺锤形。

茎： 茎丛生，多（0）1~3（10）条自茎基发出，上升或部分匍匐并有须根，分枝多数，无毛或有少许成行短柔毛。

叶： 无基叶。茎叶互生，叶柄短，无毛；叶片卵形或椭圆形，两面无毛，羽状全裂；裂片较少，锯齿状羽状全裂。

花： 花序总状，长可达 30 cm；花梗短。萼筒无毛，前端裂至 1/3 处；3 齿，不等大，后面 1 齿针状，两侧稍大叶状具齿。花冠玫瑰色，管伸直，长 8~10 mm；盔镰刀状，一侧下缘带一反折的齿，喙短直，前端微 2 裂；下唇有少量缘毛，3 裂不等大，中裂先端稍具葫芦状；花丝全无毛。

果实： 蒴果披针状卵圆形。

花果期： 花期 6~8 月；果期 7~9 月。

生境： 生于海拔 2,900~3,200m 的湿草甸或湿地边缘。

分布： 中国特有种。产云南西北部。

Habit: Herbs perennial, 20-50 cm tall, glabrescent, drying slightly black.

Root: Taproots slender, fusiform.

Stem: Stems caespitose, mostly from a caudex, ascending or partially crawling and branchlets (0) 1-3 (10) , glabrescent or sparely pubescent along the lines.

Leaf: Basal leaves absent; cauline leaves alternate; leaf

blade ovate-elliptic or oblong, glabrous, pinnatisect; segments ovate to lanceolate-oblong, incised-pinnatifid.

Flower: Inflorescences racemose, up to 30 cm long. Calyx glabrescent, 1/3 cleft anteriorly; lobes 3, unequal, posterior one acicular, lateral pair larger, leaf-like and toothed. Corolla rose; tube erect, 8-10 mm long; galea ± falcate, with 1 distinct reflexed marginal tooth on one side; beak straight, slightly 2-cleft at apex; lower lip sparely ciliate, lobes 3 unequal; middle lobes apex slightly cucullate. Filaments 4 glabrous.

Fruit: Capsule lanceolate-oblong.

Phenology: Fl. Jun-Aug; fr. Jul-Sep.

Habitat: Wet meadow or the margin of wetland; 2,900-3,200 m.

Distribution: Endemic species in China. NW Yunnan.

162. 法且利亚叶马先蒿 fǎ qiě lì yà yè mǎ xiān hāo

Pedicularis phaceliifolia **Franchet**, Bull. Soc. Bot. France. 47: 27. 1900.

生活型： 一年生或二年生，干时不变黑色，中等高低或相当高升，可达 60 cm，无毛。

根： 根有分枝，有时多少变粗而带肉质。

茎： 茎单一或 2~3 条，简单或上部有短分枝，多少弯曲上升。

叶： 叶基出者大，草质有长柄，扁平；叶片近基处或中部以下羽状全裂，前半部或上部为羽状深裂而轴有翅。茎叶较小，常为对生，仅花序下之叶为互生。

花： 花序多少头状而密，顶生于主茎或分枝之端。萼膜质，沿脉有长毛，前方稍开裂，齿 5，后方 1 齿较小而狭，其他 4 齿卵形，各齿间的缺刻缘边有毛；花冠白色；管稍长于萼，中裂圆形较小，两侧叠置于侧片之下，盔极粗短，具短喙，端 2 裂；花丝 2 对均有长毛。

果实： 蒴果斜披针形，在下基线的前方有小凸尖。

花果期： 花期 6~8 月；果期 9~10 月。

生境： 生于海拔 1,500~3,400 m 的阴湿灌丛、沟边等处。

分布： 中国特有种。产云南西北部，四川西部。

Habit: Herbs annual or biennial, to 60 cm tall, glabrous, not drying black.

Root: Root ± branched, ± fleshy.

Stem: Stems ± flexuous ascending.

Leaf: Basal leaf petiole long; leaf blade ovate-oblong to oblong-lanceolate, pinnatisect to pinnatipartite; segments ovate to oblong, leathery, pinnatifid, dentate. Stem leaves often opposite, only alternate apically, smaller than basal leaves.

Flower: Inflorescences ± capitate. Calyx slightly cleft anteriorly; lobes 5, unequal. Corolla white; tube scarcely longer than calyx; galea semicircular apically; beak parallel to basal part of galea, curved downward; lower lip ca. as long as galea. Filaments villous.

Fruit: Capsule obliquely lanceolate, apex acute.

Phenology: Fl. Jun-Aug; fr. Sep-Oct.

Habitat: Grassy slopes, shaded places, *Abies* forests, under shrubs; 1,500-3,400 m.

Distribution: Endemic species in China. NW Yunnan, W Sichuan.

雷波/摄影

雷波/摄影

163. 假头花马先蒿 jiǎ tóu huā mǎ xiān hāo

***Pedicularis pseudocephalantha* Bonati**, Bull. Soc. Bot. Genève, Sér. 2, 5: 314. 1913.

生活型：一年生草本。

根：根圆锥形，少分枝，近地表处常有丛生须状侧根。

茎：茎直立，常多分枝，尤以下部为多，枝以 30° ~45° 角斜展，茎枝均有条纹，微有柔毛。

叶：叶互生，具长柄，面有浅槽，疏被柔毛；叶片顶端钝，上面疏被白色短毛，下面密生白色糠秕状物，羽状深裂，边缘具有重锯齿。

花：花聚生茎枝之顶，亚头状，下部少数叶腋中有单生的花；花梗在果期伸长。萼斜钟状，前方强烈膨鼓，外面密被白色长毛，具明显而相当密的网脉；齿 5，不相等，近圆形。花冠二色，盔紫红色而下唇淡黄色；花管长约 1.2 cm，伸直，疏被长柔毛；盔直立部分与管同一指向，或稍向后仰，基部在花末期具向右扭折的趋势，额部鸡冠状凸起，被密生的白色长柔毛及黄色小腺点，先端成线状的弓曲长喙，喙端折向前下方；下唇黄白色，侧裂斜椭圆形，中裂狭长，伸出于侧裂前方很长，边缘被长缘毛；雄蕊花丝前方 1 对被密毛，后方 1 对稍被白色柔毛。

果实：蒴果宽卵形，大部分被包于宿存的萼中。

花果期：花期 7~8 月；果期 9 月。

生境：生于海拔 3,000~3,800 m 的高山草地中。

分布：中国特有种。产云南西北部。

Habit: Herbs annual, 25-40 cm tall.

Root: Roots conical, with a tuft of fibrous roots.

Stem: Stems erect, usually many branched, sparsely pubescent.

Leaf: Leaves alternate; petiole long, sparsely pubescent; leaf blade oblong or ovate-oblong, abaxially densely whitish scurfy, adaxially sparsely pubescent, pinnatipartite; segmentspairs, obliquely triangular or oblong, margin double dentate.

Flower: Inflorescences subcapitate-racemose. Pedicel ± elongating in fruit. Calyx obliquely campanulate, 1/3 cleft anteriorly, densely whitish villous; lobes 5, unequal. Corolla yellowish white, with purplish red galea; tube erect, ca. 1.2 cm, sparsely villous and glandular punctate; galea bent at a right angle apically, conspicuously crested, densely whitish villous, yellowish glandular punctate; beak filiform, horizontal; lower lip long ciliate, middle lobe elliptic to oblong. Filaments pubescent.

Fruit: Capsule broadly ovoid.

Phenology: Fl. Jul-Aug; fr. Sep.

Habitat: Alpine meadows; 3,000-3,800 m.

Distribution: Endemic species in China. NW Yunnan.

164. 大山马先蒿 dà shān mǎ xiān hāo

***Pedicularis tachanensis* Bonati**, Notes Roy. Bot. Gard. Edinburgh. 13: 116. 1921.

生活型：多年生草本，干时多少变黑，高 20~32 cm。
根：根束生，多少纺锤形，肉质变粗。
茎：茎多单条，直立，不分枝，中空，向基光滑，向上渐生暗棕色柔毛。
叶：基生者成丛，具长柄；叶片羽状全裂或后半部羽状全裂，前半部羽状深裂，裂片较多，边缘有缺刻状重锯齿。茎生叶不发达，下部者稍大，上部者很小，而使茎显得裸露。
花：花序顶生而短，亚头状。萼膜质，管略作圆筒形，前方稍开裂，后方 1 枚针形，侧方 2 枚基部狭缩，卵形有锯齿。花冠玫瑰色；管伸直，长 1.2~1.4 cm，圆筒形，外面有长毛；盔约以直角向前转折成为地平部分，前方渐狭细成喙，在其额部以前的喙的缝线上有多少突然隆起而为扁三角形的鸡冠状凸起；喙伸直，基部多少作镰状弓曲，指向前下方；下唇较盔为短，无缘毛，中裂宽卵形至几圆形，基部多少狭缩成短柄，侧裂斜椭圆形；雄蕊着生于花冠管的上部 1/3 处，花丝 2 对均有毛，后方 1 对毛较少或几光滑。
果实：蒴果长圆形，端渐尖。
花果期：花期 8 月；果期 8~9 月。
生境：生于海拔约 2,200 m 的沼泽地中。
分布：中国特有种。产云南东部。

Habit: Herbs perennial, 20-32 cm, drying black.
Root: Roots ± fusiform, fleshy.
Stem: Stems often single, erect, unbranched, pubescent apically.
Leaf: Leaves many, mostly basal; petiole long; leaf blade linear-lanceolate, pinnatisect to pinnatipartite; segment ± ovate, incised-double dentate. Stem leaves few, often 3-5, smaller than basal leaves.
Flower: Inflorescences subcapitate. Calyx slightly cleft anteriorly; lobes 3, unequal, posterior one smallest. Corolla rose; tube erect, 1.2-1.4 cm, villous; galea ± bent at a right angle, prominently crested, with 1 linear reflexed marginal tooth on one or both sides. Filaments pubescent.
Fruit: Capsule oblong. Seeds ovoid.
Phenology: Fl. Aug; Fr. Aug-Sep.
Habitat: Swampy places; ca. 2,200 m.
Distribution: Endemic species in China. E Yunnan.

165. 大海马先蒿 dà hǎi mǎ xiān hāo

***Pedicularis tahaiensis* Bonati**, Notes Roy. Bot. Gard. Edinburgh. 13: 114. 1921.

生活型： 一年生草本，中下高低，干时多少变黑。

茎： 茎细弱，中空，基部圆形，近无毛，中下部以上具浅沟纹，沟中渐生白色细毛，至上部则毛很密，不分枝或中部以下有短枝。

叶： 叶基出者未见。茎生者少而疏，常作假对生，几无毛，下部者柄长，向上渐短，上部者近于无柄；叶片卵形，羽状深裂而近于全裂；裂片卵形至多少长圆形，但因边缘反卷而显得狭长，缘有羽状浅裂或深锯齿，齿有急尖，上面无毛，背面碎冰纹网脉明显，有白色肤屑状物。

花： 花序短总状，下部少数花生于疏距的苞腋中。萼圆筒形，很小，前方稍开裂，外面密被白色长毛，主脉 3，次脉多数，无网脉串连，均细而不高凸；齿 3，后方 1 齿斜形全缘，余 2 齿基部有细柄，上面膨大为卵形，草质绿色而厚，有具刺尖的锐锯齿。花冠玫瑰色；管伸直，长 1.1~1.5 cm，外被长柔毛；盔无毛，下缘有 1 对或偶有 1 齿指向后方的倒齿，前方渐细为喙，但因在额部有鸡冠状凸起，喙细长，指向前下方，端 2 深裂；下唇宽过于长，疏生缘毛或有时无毛，中裂远小于侧裂，宽阔而有柄，有明显的凹头，多少向前凸出，侧裂为纵置的肾形；雄蕊花丝前方 1 对有长毛。

花果期： 花期 7~8 月；果期 9 月。

生境： 生于海拔约 3,200 m 的高山草地中。

分布： 中国特有种。产云南东北部。

Habit: Herbs annual, to 30 cm tall, drying black.

Stem: Stems slender, branched basally or unbranched, with lines of hairs.

Leaf: Leaves pseudo-opposite, glabrescent; proximal petioles distal ones ± sessile; leaf blade ovate, abaxially whitish scurfy, pinnatipartite to sub-pinnatisect; segments ovate to ± oblong, pinnatifid or deeply dentate.

Flower: Inflorescences short racemose. Calyx deeply cleft anteriorly, densely whitish long pubescent; lobes 3, unequal, posterior one smallest. Corolla rose; tube erect, 1.1-1.5 cm, villous exteriorly; galea ± bent at a right angle apically, with 1 reflexed marginal tooth on one side; beak deeply 2-cleft at apex; lower lip sparsely ciliate, middle lobe emarginate apically. 2 filaments villous, 2 glabrous.

Phenology: Fl. Jul-Aug; fr. Sep.

Habitat: Alpine meadows; ca. 3,200 m.

Distribution: Endemic species in China. NE Yunnan.

166. 汉姆氏马先蒿 hàn mǔ shì mǎ xiān hāo

Pedicularis hemsleyana **Prain**, Hooker's Icon. Pl. 23: t. 2210. 1892.

生活型： 多年生草本，高约 45 cm，无毛，干时不变黑色。

根： 根茎极短或稍伸长，上生侧根，侧根有时稍作纺锤形膨大而肉质，根茎上生有卵形的膜质鳞片。

茎： 茎直立或多少弯曲上升。

叶： 叶少；基出者早枯；茎生者有长柄；叶片上面无毛，下面有糠秕状物，羽状深裂至全裂，边缘有粗重锯齿。

花： 花序总状，稀疏。花有短梗。萼膜质，狭钟形，前方不裂；齿 5，后方 1 齿较小，锥形而全缘，其余 4 齿较大，几相等，倒披针形。花冠紫红色；管伸直，5~6 mm，上方渐扩大；盔略向后仰，顶端几以直角转折向前方，其下缘有耳状凸起，其前部则伸长为喙，端全缘；下唇裂片无缘毛，中裂很大而向前凸出，基部两侧不叠置于侧裂之下；雄蕊花丝前方 1 对近端处被有粗毛。

花果期： 花期 7~8 月。

生境： 生于海拔 2,900~4,000 m 的灌丛林下处。

分布： 中国特有种。产四川西部。

Habit: Herbs perennial, ca. 45 cm tall, glabrous.

Root: Rootstock short; lateral roots conical, fleshy.

Stem: Stems erect or ± ascending.

Leaf: Leaves few; basal leaves withering early. Stem leaves alternate; leaf blade ovate-oblong, abaxially scurfy, adaxially glabrous, pinnatipartite to pinnatisect; segments oblong, margin double dentate.

Flower: Inflorescences racemose, lax. Calyx narrowly

campanulat, membranous, slightly cleft anteriorly; lobes 5, unequal. Corolla purplish red; tube erect, 5-6 mm, ca. 2× as long as calyx tube, expanded apically; galea bent at a right angle apically, with auriculate protuberance on each side of margin; beak straight or sometimes decurved; lower lip ca. not ciliate. 2 filaments pubescent, 2 glabrous.

Phenology: Fl. Jul-Aug.

Habitat: Under shrubs; 2,900-4,000 m.

Distribution: Endemic species in China. W Sichuan.

167. 小萼马先蒿 xiǎo è mǎ xiān hāo

***Pedicularis microcalyx* J. D. Hooker**, Fl. Brit. India. 4: 315. 1884.

生活型： 多年生草本，低矮或略升高，10~40 cm。

根： 根茎短或略伸长，根颈被有卵形的膜质鳞片数枚；根丛生，纺锤形而肉质。

茎： 茎无毛或有成行之毛 2 条，简单或自基部分枝，细而弯曲，仅生少数之叶。

叶： 叶有长柄，基出者少数而早枯，柄较长，茎生者柄较短；叶片上面无毛，下面有糠秕状物，羽状深裂。

花： 花序总状。花有长梗。萼钟形，前方开裂至中部；齿 5，后方 1 齿宽披针形全缘，其余者披针形钝头，端有锯齿。花紫红色，管长于萼约 2 倍；下唇缘有毛，侧裂圆形，大于圆形的中裂 2 倍；盔直立部分以直角向前转折，前方突然狭缩为长喙，喙稍向下，端分裂为 2 小裂片；雄蕊花丝 2 对均无毛。

果实： 蒴果披针形，端锐尖。

花果期： 花期 6~8 月；果期 8 月。

生境： 生于海拔 3,700~4,500 m 的草地。

分布： 我国产西藏南部。国外分布于不丹，尼泊尔，印度锡金。

Habit: Herbs perennial, 10-40 cm tall.

Root: Rootstock short; roots fascicled, fleshy.

Stem: Stems slender and flexuous, glabrous or with 2 lines of hairs, branched basally or unbranched.

Leaf: Basal leaves few, withering early; petiole long. Stem leaves few, alternate; petiole short; leaf blade lanceolate, abaxially scurfy, adaxially glabrous, pinnatipartite and pinnatisect basally; segments oblong-lanceolate, pinnatifid and dentate.

Flower: Inflorescences racemose. Calyx campanulate, membranous, 1/3-1/2 cleft anteriorly; lobes 5, unequal. Corolla purplish red; tube 6-9 mm, ca. 2× as long as calyx; galea bent at a right angle apically, lacking auriculate protuberance at margin; beak bent slightly downward; lower lip ciliate. Filaments glabrous.

Fruit: Capsule lanceolate, more than 2× as long as calyx, apex acute.

Phenology: Fl. Jun-Aug; fr. Aug.

Habitat: Alpine meadows; 3,700-4,500 m.

Distribution: S Xizang. Also distributed in Bhutan, Nepal, and India (Sikkim).

168. 潘氏马先蒿 pān shì mǎ xiān hāo

***Pedicularis pantlingii* Prain**, J. Asiat. Soc. Bengal, Pt. 2, Nat. Hist. 58(2): 273. 1889.

生活型：多年生直立草本，相当高升，干时绿色，草质，上部多少有毛。

根：根茎短而木质化，有节；根颈常发多茎，生有成丛的须状侧根。

茎：茎高达 30~60 cm，上部密被柔毛，基部有时干后无毛，有浅沟纹，不分枝或有时上部分枝，枝纤细而有毛。

叶：叶互生，具长柄，有毛；叶片卵形或三角状卵形，有时圆形，上面绿色，疏生柔毛，中肋沟中较密，下面黄绿色，有明显的网脉及白色糠秕状物，多时叶背变为白色，端锐头至圆头。

花：花序顶生总状；花疏生，下部者远距，上部者稍密，具梗在果中伸长。萼钟形，前方几不裂，被有黄色柔毛；齿 5，后方 1 齿较小，三角形全缘，其余 4 齿卵形，有缺刻状锯齿。花冠淡紫色或粉红色；管近端处略扩大，脉纹显著向右扭旋，与萼等长或略长；盔的直立部分短于管，喙伸直而微向下弓曲，先端 2 裂，裂片斜形，自身亦凹头；下唇缘有毛，侧裂卵形，较圆形的中裂大 3 倍；雄蕊花丝着生于管的中部以下，前面 1 对被有疏长毛。

果实：蒴果三角状披针形，棕褐色而有光泽，有明显的细脉纹，端作鸟喙状，有偏向下方的小凸尖。

花果期：花期 7~8 月；果期 8~9 月。

生境：生于海拔 3,500~4,200 m 的潮湿处与溪流旁岩石上腐殖土中。

分布：我国产西藏南部、东南部，云南西北部。国外分布于不丹，印度大吉岭、锡金，缅甸和尼泊尔。

Habit: Herbs perennial, to 30-60 cm tall.

Root: Rootstock short, woody; roots fascicled.

Stem: Stems often several, densely pubescent apically, branched apically or unbranched; branches slender, pubescent.

Leaf: Leaves alternate; petiole pubescent; leaf blade ovate or triangular-ovate, sometimes orbicular, abaxially white scurfy, adaxially sparsely pubescent, pinnatifid to pinnatipartite; segments ovate to triangular-ovate, dentate.

Flower: Inflorescences racemose, interrupted basally; bracts leaflike. Pedicel elongating in fruit. Calyx campanulate, slightly cleft anteriorly, yellow pubescent; lobes 5, unequal or ± equal in size, large. Corolla pale purple or pink; tube ca. 8 mm, ca. as long as or longer than calyx, slightly expanded apically; galea bent at a right angle apically; lower lip ciliate or glabrous, middle lobe rounded or triangular. 2 filaments sparsely pubescent, 2 glabrous.

Fruit: Capsule triangular-lanceolate.

Phenology: Fl. Jul-Aug; fr. Aug-Sep.

Habitat: Wet boggy places, wet banks in dense mixed forests, alpine meadows; 3,500-4,200 m.

Distribution: S and SE Xizang, NW Yunnan. Also distributed in Bhutan, India (Darjeeling, Sikkim) , Myanmar, and Nepal.

169. 大理马先蒿 dà lǐ mǎ xiān hāo

Pedicularis taliensis **Bonati**, Notes Roy. Bot. Gard. Edinburgh. 5: 87. 1911.

生活型：多年生草本。

根：主根粗壮，有细侧根。

茎：茎软弱，直立或基部略倾卧而后上升，单一或自基部发出数条，有棱角，无毛或沿沟棱有成行的毛。

叶：基生叶早落，茎生叶互生，无毛，有柄；叶片卵状长圆形，羽状全裂；裂片无小柄，彼此疏距，线状长圆形，羽状浅裂，小裂片钝圆，有反卷而具胼胝的锯齿。

花：花单生叶腋，疏散，有短直的花梗。萼小，钟形，管部膜质，外面有长柔毛，主脉高凸而无网脉，前方不裂；端斜截，具 5~7 齿，三角形全缘而极小，几乎不显。花冠淡玫瑰色；管与萼相等或较长，直立，上部扩大；盔背有细毛，几以直角向前作膝曲，前方较急地渐狭为多少向下弯曲的喙，端凹头；下唇与盔等长，有长缘毛，中裂较小，向前凸出，卵形而钝头，甚小于斜长圆形的侧裂，端略作兜状；雄蕊花丝 2 对均被疏毛。

果实：蒴果长于萼，三棱形，端斜截形。

花果期：花期 7~8 月；果期 8~9 月。

生境：生于海拔 2,700~3,400 m 的松林边缘草地中。

分布：中国特有种。产云南西部。

Habit: Herbs perennial, 15-20 cm tall.

Root: Main root stout.

Stem: Stems soft, erect or ascending, single to several, glabrous or with lines of hairs.

Leaf: Basal leaves withering early. Stem leaves alternate, glabrous; petiole 4-10 mm; leaf blade ovate-oblong, pinnatisect; segments widely spaced, linear-oblong, pinnatifid, dentate, teeth callose.

Flower: Flowers solitary in leaf axils, widely spaced. Pedicel erect. Calyx campanulate, villous, not reticulate, slightly cleft anteriorly; lobes 5-7, triangular, small, sometimes obscure, entire, or the posterior lobe 2- or 3-toothed. Corolla pale rose; tube erect, slightly longer than calyx, expanded apically; galea bent at a right angle apically, pubescent abaxially; beak ± bent downward; lower lip ca. as long as galea, long ciliate, middle lobe hoodlike apically. Filaments sparsely pubescent.

Fruit: Capsule prism-shaped, 2×-2.5× as long as calyx.

Phenology: Fl. Jul-Aug; fr. Aug-Sep.

Habitat: Alpine meadows, margins of *Pinus* forests; 2,700-3,400 m.

Distribution: Endemic species in China. W Yunnan.

170. 糠秕马先蒿 kāng bǐ mǎ xiān hāo

***Pedicularis furfuracea* Wallich ex Bentham**, Scroph. Ind. 53. 1835.

生活型： 多年生草本，低矮或多少升高，高 6~45 cm，干时不变黑。

根： 根茎极短或稍伸长而爬行；根颈有少数鳞片，鳞片披针形，膜质；根细须状丛生，具纺锤形膨大的块茎。

茎： 茎自基部分枝，枝长而疏，斜升，生有疏叶，被毛而具纵沟。

叶： 叶互生，具有细长的柄，柄有毛；叶片上面有疏毛或几无毛，有时被有白色糠秕状物，下面网较清晰，被疏毛，更有密生白色糠秕状物，羽状深裂，缘有不规则的锯齿。

花： 花序疏总状。花具短梗几无毛。萼斜卵状而狭，薄而膜质，前方深裂，密被白色柔毛，外面脉纹显明，齿 5，几全缘或有不明显的锯齿。花冠紫红色；管长约 6 mm，无毛，喉部扩大，脉纹显著扭转，使其冠上部多少及顾；盔前方渐狭为喙，端 2 裂，其裂片自身再作 2 浅裂；下唇长于盔，近圆形，中裂长圆形，顶端平钝，中央微凹，伸出于侧裂之前，两侧被压叠；雄蕊花丝前方 1 对疏被长毛，后方 1 对几无毛。

果实： 蒴果披针形，基部圆形，先端有由下基线凸出的小尖。

花果期： 花期 6~7 月；果期 7~8 月。

生境： 生于海拔 3,500~4,000 m 的潮湿处及溪流旁石上。

分布： 我国产西藏南部。国外分布于不丹，印度大吉岭和锡金，尼泊尔中部和东部。

Habit: Herbs perennial, 6-45 cm tall.

Root: Rootstock short, woody; roots fibrous, fascicled, conical.

Stem: Stems branched at base; branches widely spaced, ascending, long, pubescent.

Leaf: Leaves alternate, few; petiole slender, pubescent; leaf blade oblong-ovate to ovate, abaxially sparsely pubescent and densely white scurfy, adaxially sparsely pubescent or subglabrous, sometimes white scurfy, pinnatipartite; segments ovate to lanceolate, dentate.

Flower: Inflorescences laxly racemose. Pedicel subglabrous. Calyx oblique-ovate, membranous, 2/3 cleft anteriorly, densely white pubescent; lobes 5. Corolla purplish red; tube ca. 6 mm, glabrous, expanded apically; galea bent at a right angle apically; lower lip longer than galea, middle lobe oblong, apex emarginate. 2 filaments sparsely pubescent, 2 glabrous.

Fruit: Capsule lanceolate.

Phenology: Fl. Jun-Jul; fr. Jul-Aug.

Habitat: Damp stony ground, moist stream beds; 3,500-4,000 m.

Distribution: S Xizang. Also distributed in Bhutan, India (Darjeeling, Sikkim) , C and E Nepal.

171. 鹤首马先蒿 hè shǒu mǎ xiān hāo

Pedicularis gruina **Franchet ex Maximowicz**, Bull. Acad. Imp. Sci. Saint-Pétersbourg. 32: 536. 1888.

生活型： 多年生草本，高 15~40 cm，干后略变黑色，草质或在粗壮的植株中老时多少木质化。

根： 根茎细长，节上生有小丛须状根。

茎： 常多条从根茎上发出，有时单一，简单或更多分枝者，在下部分枝的植株中其侧茎常倾卧而后上升，下部节上生有细根，多少有毛。

叶： 叶互生，有短柄；叶片多少卵状长圆形，羽状深裂或几全裂，两面均有毛，背面略较密；裂片多少长圆形，有具刺尖的缺刻状重锯齿，齿更有胼胝。

花： 花生于茎枝上部叶腋中，仅近端处有时集成亚头状。萼膜质圆筒形至卵状圆筒形，密被锈色毛，并有网结，前方开裂 1/3~1/2；齿 5，后方 1 齿较小，其余者约相等。花冠红色至紫红色，管长 7~10 mm；盔前缘有 1 对三角形的齿，额部高凸，额下突然细缩成为一伸长而多少向下弓曲的喙，盔部全形极似鹤的头部，其背部多少被有短毛；下唇长于盔，中裂较小，倒卵形而端微凹，无缘毛；雄蕊花丝 2 对皆密被长柔毛，后方 1 对较疏。

果实： 蒴果卵圆形，端有偏指的小凸尖。

花果期： 花期 7~10 月；果期 9~10 月。

生境： 生于海拔 2,600~3,000 m 的高山草地中及沟边与杂木林下等处。

分布： 中国特有种。产云南西北部。

Habit: Herbs perennial, 15-40 cm tall, drying black, sparsely to densely pubescent.

Root: Rootstock slender; roots fascicled, conical.

Stem: Stems often several, usually many branched; branches erect or procumbent basally, sparsely pubescent.

Leaf: Leaves alternate; petiole short; leaf blade ± ovate-oblong, pubescent on both surfaces, pinnatipartite to pinnatifid; segments oblong, incised-double dentate, teeth callose.

Flower: Inflorescences short racemose or subcapitate to long racemose. Pedicel slender, pubescent. Calyx 1/3-1/2 cleft anteriorly; lobes 5, unequal, densely rust colored pubescent, serrate. Corolla red to purplish red; tube erect, 7-10 mm; galea bent at a right angle apically, shaped like ibis head, dentate or protuberant on each side of margin; beak filiform; lower lip longer than galea, middle lobe smaller than lateral lobes, apex emarginate. Filaments densely villous.

Fruit: Capsule ovoid, apex acute.

Phenology: Fl. Jul-Oct; fr. Sep-Oct.

Habitat: Alpine meadows, mixed forests, damp soil by gully margins, mountainsides; 2,600-3,000 m.

Distribution: Endemic species in China. NW Yunnan.

172. 吉隆马先蒿 jí lóng mǎ xiān hāo

***Pedicularis gyirongensis* H. P. Yang**, Bull. Bot. Res., Harbin. 2(4): 138. 1982.

生活型：多年生草本，高 20~30 cm，被白色长柔毛，干时变黑。

茎：茎直立，多分枝；分枝纤细，弯曲上升。

叶：叶片较少，倒卵状长圆形至椭圆状长圆形，肉质，叶两面密被长柔毛，基部楔形或圆形，边缘重锯齿，先端钝。

花：花序总状，花较多，在果期伸长。花萼圆筒状，膜质，具有长柔毛；裂片 5，不等长，具锯齿。花冠红色，花管直立，长超过花萼；盔直立部分以直角向前弯折，额部向前弯折成喙；喙较纤细，具缘毛；花丝 2 对，无毛。

果实：蒴果狭卵球形，端具有小凸尖。

花果期：花期 8~9 月；果期 8~9 月。

生境：生于海拔约 2,400 m 的混交林山坡上。

分布：我国产西藏南部。

Habit: Herbs perennial, 20-30 cm tall, white villous, drying black.

Stem: Stems erect, many branched; branches slender, ascending.

Leaf: Leaves few; leaf blade obovate-oblong to elliptic-oblong, fleshy, densely villous on both surfaces, base cuneate or rounded, margin double dentate, apex obtuse.

Flower: Inflorescences racemose, elongating in fruit, many flowered; bracts leaflike, longer than calyx. Pedicel barely slender. Calyx cylindric membranous, distinctly villous, 1/3 cleft anteriorly; lobes 5, unequal, serrate. Corolla red; tube erect, exceeding calyx; galea nearly bent at a right angle apically, front very elevated, densely pubescent; beak ca. 3 mm, slender; lower lip ciliate. Filaments glabrous.

Fruit: Capsule narrowly ovoid, short apiculate.

Phenology: Fl. Aug-Sep; fr. Aug-Sep.

Habitat: Mixed forests on hillsides; ca. 2,400 m.

Distribution: S Xizang.

173. 亨氏马先蒿 hēng shì mǎ xiān hāo

***Pedicularis henryi* Maximowicz**, Bull. Acad. Imp. Sci. Saint-Pétersbourg. 32: 560. 1888.

生活型：多年生草本，高 16~35 cm，干时略变黑色。

根：根成丛而生，其中有少数肉质膨大作纺锤形。

茎：茎多从基部发出 3~5 条，中空，基部常多少倾卧，下部为圆筒形，而上部略有棱角，常多分枝，密被锈褐色污毛，老时多少木质化。

叶：叶互生，柄纤细，在基部叶中者较长，被短柔毛；叶片纸质，两面均被短毛，羽状全裂，裂片缘有具白色胼胝的齿而常反卷。

花：长总状花序生于茎枝叶腋中。萼多少圆筒形，中间略膨大，前方深裂至一半或大半；齿 5，或有时退化为 3，有毛，齿常有胼胝。花冠浅紫红色；花管长 0.9~1.3 cm，略向右扭转；盔前端狭缩为指向前下方的短喙，喙端 2 浅裂；下唇前半部 3 裂，无缘毛，侧裂较大，斜椭圆形，中裂圆形；雄蕊花丝 2 对均密被长柔毛。

果实：蒴果斜披针状卵形，2 室很不等，多少向腹线弓曲，顶有小凸尖。

花果期：花期 5~9 月；果期 8~11 月。

生境：生于海拔 400~1,400 m 的空旷处、草丛及林边。

分布：我国产江苏，江西，浙江，湖北，湖南，云南，贵州西部，广西西北部和广东北部。国外分布于老挝和越南。

Habit: Herbs perennial, 16-35 cm tall, drying black.

Root: Roots fascicled, conical.

Stem: Stems ascending, often several, ± diffuse at base, leafy, densely rust colored pubescent.

Leaf: Leaf petiole slender, pubescent; leaf blade oblong-lanceolate to linear-oblong, papery, pubescent on both surfaces, 1-pinnatisect; segments oblong to ovate, dentate, teeth white and callose.

Flower: Inflorescences racemose, often interrupted basally. Calyx 1/2-2/3 cleft anteriorly; lobes (3 or) 5, unequal, pubescent, serrate. Corolla purplish red; tube straight, 0.9-1.3 cm; galea curved apically; beak apex shallowly 2-cleft; lower lip ca. as long as or slightly longer than galea, glabrous. Filaments densely villous.

Fruit: Capsule obliquely lanceolate-ovoid, short apiculate.

Phenology: Fl. May-Sep; fr. Aug-Nov.

Habitat: Open mountain slopes, meadows, open forests; 400-1,400 m.

Distribution: Jiangsu, Jiangxi, Zhejiang, Hubei, Hunan, Yunnan, W Guizhou, NW Guangxi, N Guangdong. Also distributed in Laos and Vietnam.

174. 拉氏马先蒿 lā shì mǎ xiān hāo

***Pedicularis labordei* Vaniot ex Bonati**, Bull. Acad. Int. Géogr. Bot. 13: 242. 1904.

生活型： 多年生草本。
根： 具有根茎，长 10 余 cm，生有须状侧根。
茎： 茎多数，常数条成丛，弯曲而多分枝，被毛。
叶： 叶互生或亚对生，长圆形，具密生白色长毛的叶柄；叶片羽状深裂，有时全裂，两面均被毛，上面毛较细而短，背面毛较长，常有白色肤屑状物或糠秕状物。
花： 花序亚头状，生于茎枝之端。萼前方开裂约至半长，脉上密生长柔毛；齿 5，后方 1 齿最小而线形，或 5 齿几相等，团扇形而有锯齿。花冠紫红色；花管长于萼管，无毛；盔额部高凸，额下突然细缩成指向前下方的喙；下唇广过于长，侧裂肾形，中裂宽卵形圆头，其基部两侧有 2 褶襞通至喉部；雄蕊花丝 2 对均有长毛。
果实： 蒴果狭卵形而斜，2 室不等，有向下的凸尖。
花果期： 花期 7~9 月；果期 8~10 月。
生境： 生于海拔 2,800~3,500 m 的高山草地上。
分布： 中国特有种。产四川西南部，云南东部、西北部，贵州西北部。

Habit: Herbs perennial.
Root: Rootstock long, with roots fibrous roots.
Stem: Stems procumbent to ascending, numerous, many branched, pubescent.
Leaf: Leaves alternate, sometimes opposite; petiole 5-10 mm, densely long white pubescent; leaf blade oblong, pubescent on both surfaces, pinnatipartite or sometimes 1-pinnatisect; segments ovate-lanceolate to triangular-ovate, pinnatifid or incised-double dentate.
Flower: Inflorescences subcapitate; bracts leaflike, shorter than flowers. Pedicel 5-6 mm, slender, long pubescent. Calyx, 1/2 cleft anteriorly, densely villous along veins; lobes 5, unequal to ± equal, flabellate, serrate. Corolla purple-red; tube slightly curved at middle, ca. 1.5 cm, expanded apically; galea nearly rectangularly bent apically, front elevated; lower lip sparsely ciliate. Filaments long pubescent.
Fruit: Capsule obliquely narrowly ovoid, slightly exceeding calyx, apiculate.
Phenology: Fl. Jul-Sep; fr. Aug-Oct.
Habitat: Alpine meadows; 2,800-3,500 m.
Distribution: Endemic species in China. SW Sichuan, E and NW Yunnan, NW Guizhou.

175. 瘠瘦马先蒿 jí shòu mǎ xiān hāo

***Pedicularis macilenta* Franchet ex Forbes & Hemsley**, J. Linn. Soc., Bot. 26: 212. 1890.

生活型： 一年生或二年生草本，高 20~30 cm，近无毛。

根： 主根细，有的略肉质增粗；须根数多，纤维状。

茎： 茎 6~12 条自根颈发出，常瘦弱而弯曲上升，上部多短分枝，中空，棱具毛线。

叶： 叶互生或假对生，较茂密，基生叶少而早落，茎生者具短柄；叶片厚膜质，生于中部者最大，两面均无毛，下面略被白色肤屑状物，羽状全裂；裂片每边较少，缘有锯齿。

花： 总状花序生于茎枝顶端，伸长，顶端花较密，下部花疏稀有间距；花具细短梗。萼膜质，狭卵圆形，无毛，前方开裂至 1/3 处。花冠白色而喙微红；管伸直，与萼近等长，外部疏被毛；盔端下缘常有 1 或 2 倒齿，有时缺少，前方再略向下转折，并多少突然地由鸡冠状凸起狭细成一圆柱形的喙，直指向前，端 2 浅裂；下唇与盔近等长，3 裂，有缘毛，中裂甚小于侧裂；雄蕊 2 对花丝均无毛。

果实： 蒴果卵形，自萼的裂口中斜伸而出，端具短突尖。

花果期： 花期 6~7 月；果期 7~9 月。

生境： 生于海拔约 2,900 m 的开放草坡。

分布： 中国特有种。产四川西南部，云南西北部。

Habit: Herbs annual or biennial, 20-30 cm tall, glabrescent, scarcely drying black.

Root: Root slender, fibrous roots numerous.

Stem: Stems 6-12, ascending, often short branched apically, with lines of hairs.

Leaf: Leaves mostly on stem, alternate or pseudo-opposite; petiole to 1 cm or distal ones; sessile, glabrescent; leaf blade ovate-elliptic to narrowly oblong, glabrous on both surfaces, abaxially sparsely whitish scurfy, pinnatisect; segments ovate to lanceolate-oblong, incised-pinnatifid or double dentate.

Flower: Inflorescences racemose. Calyx glabrous, 1/3 cleft anteriorly; lobes 3, unequal, posterior one acicular, lateral pair larger, toothed. Corolla white, with reddish beak; tube erect, ca. 2× as long as calyx; galea falcate, slightly crested, not twisted; beak straight, slightly 2-cleft at apex, not ciliate; lower lip nearly as long as galea. Filaments glabrous.

Fruit: Capsule obliquely oblong.

Phenology: Fl. Jun-Jul; fr. Jul-Sep.

Habitat: Grassy slopes; ca. 2,900 m.

Distribution: Endemic species in China. SW Sichuan, NW Yunnan.

176. 蒙氏马先蒿 méng shì mǎ xiān hāo

***Pedicularis monbeigiana* Bonati**, Bull. Soc. Bot. Geneve, Ser. 2. 5: 112. 1913.

生活型：多年生草本，干时多少变为黑色，高 50~70 cm 或更高，被毛。

根：主根粗壮，短缩，块状，亚肉质；侧根多数，线状，近肉质；须根少。

茎：茎单一，不分枝，圆筒形或具多条沟棱，粗壮，中空，基部稍木质化，上有多枚膜质鳞片，基部近于无毛。

叶：基生叶柄较长，扁平，膜质，沿中肋成宽翅，基部边缘被长纤毛或无毛；叶片厚膜质，上面沿脉被疏毛，下面仅脉上有极疏散生之毛，缘边羽状浅裂至深裂。

花：总状花序顶生，多花；花梗较长，纤细，密被短柔毛。萼圆筒形，疏被长卷毛，前方开裂达管的中部，萼齿 3，极小。花冠白色至紫红色；花管伸直，管长 1.2~1.4 cm；盔向左扭旋向前渐狭成一长喙，前端常扭旋而指向前下方，有一明显的鸡冠状凸起；下唇宽大，被长缘毛，中裂很大，多少倒卵形；雄蕊 2 对花丝均被毛。

果实：蒴果斜卵形，端有细突尖。

花果期：花期 6~8 月；果期 8~9 月。

生境：生于海拔 2,500~4,200 m 的高山草地中。

分布：中国特有种。产云南西北部。

Habit: Herbs perennial, 50-70 (-90) cm tall, erect, pubescent, drying black.

Root: Roots ± fleshy.

Stem: Stems single, unbranched.

Leaf: Basal leaf petiole long; leaf blade oblong-lanceolate to linear-lanceolate, sparsely pubescent along veins on both surfaces, pinnatifid to pinnatipartite; segments triangular-ovate to lanceolate, margin double dentate. Stem leaves 4-6, alternate, similar to basal leaves but smaller.

Flower: Inflorescences racemose, to 35 cm, many flowered. Pedicel elongating in fruit, slender, densely pubescent. Calyx sparsely long pubescent, 1/2 cleft anteriorly; lobes 3, unequal, ca. 1/4 as long as tube, posterior lobe small, entire, lateral lobes dentate, sparsely pubescent. Corolla white to purple-red; tube erect, 1.2-1.4 cm; galea ± bent at a right angle apically, clearly crested; beak pointing forward and bent downward near apex; lower lip long ciliate. Filaments pubescent.

Fruit: Capsule oblique-ovoid.

Phenology: Fl. Jun-Aug; fr. Aug-Sep.

Habitat: Alpine meadows; 2,500-4,200 m.

Distribution: Endemic species in China. NW Yunnan.

177. 歪盔马先蒿 wāi kuī mǎ xiān hāo

Pedicularis obliquigaleata **W. B. Yu & H. Wang**, Novon. 20: 4. 2010.

生活型：多年生草本，高 9~15 cm，干燥时略黑色。
根：直根纤细，长圆锥形，纺锤状肉质。
茎：茎丛生，大多数 5 到 9，不分枝和直立上升，密被灰色短柔毛。
叶：基生叶很少或早枯萎，具叶柄，狭翅，短柔毛；叶片正面具有短柔毛，背面糠秕状；裂片三角状卵形到长圆状卵形，边缘具齿，疏生长短柔毛。茎生叶通常假对生，顶部互生，但较小，具一短叶柄。
花：花序总状，离心，花互生和腋生。花梗被细短柔毛。萼筒前方裂至近 1/2 处，密被短柔毛，具 4 或 5 齿，叶状。花冠紫色或玫红色，喉部白色；花冠筒直立，长 4.9~7.1 mm；盔瓣歪斜，在顶端的直角向左弯曲；喙半圆形；下唇具缘毛，中间裂片明显较小，近截形；雄蕊花丝 2 对，具短柔毛。
果实：蒴果半浅球形，侧面短尖。
花果期：花期 6~8 月；果期 7~10 月。
生境：生于海拔 3,900~4,500 m 的高山草甸或冷杉林边缘。
分布：中国特有种。产云南西北部，四川西南部。

Habit: Perennial herb, 9-15 cm tall, drying slightly black.
Root: Taproots slender, long-conical, fusiform, ± fleshy.
Stem: Stems caespitose, mostly 5 to 9, unbranched and erect or ± ascending, densely gray pubescent.
Leaf: Basal leaves few or withering early; leaves with the petiole narrowly winged, pubescent; blades lanceolate oblong to ovate-oblong, abaxially and adaxially completely pubescent, abaxially ± furfuraceous, pinnatipartite; leaf segments triangular-ovate to oblong-ovate, margin dentate, sparsely long-pubescent. Cauline leaves often pseudo-opposite, alternate apically, similar to basal ones, but smaller with a shorter petiole.
Flower: Inflorescences racemose centrifugal; bracts leaflike; flowers alternate and axillary; basal pedicels long, finely pubescent. Calyx cleft nearly 1/2 anteriorly, densely pubescent; calyx lobes 2, leaflike, with 4 or 5 cleft divisions, incised-dentate. Corolla purple or

rose-red, white at throat; corolla tube erect, 4.9-7.1 mm; corolla galea bent obliquely to the left at a right angle apically (in front view) ; corolla beak semicircular; corolla lower lip ciliate, the middle lobe obviously smaller, subtruncate. Anther filaments 4, pubescent.

Fruit: Capsule semiglobose, laterally mucronate.

Phenology: Fl. Jun-Aug; Fr. Jul-Oct.

Habitat: Alpine meadows or along the edge of *Abies* forest from 3,900 to 4,500 m.

Distribution: Endemic species in China. NW Yunnan, SW Sichuan.

178. 尖果马先蒿 jiān guǒ mǎ xiān hāo

***Pedicularis oxycarpa* Franchet ex Maximowicz**, Bull. Acad. Imp. Sci. Saint-Pétersbourg. 32: 540. 1888.

生活型： 多年生草本，干时稍变黑色，直立，疏被短柔毛。

根： 根垂直向下，多中等粗细，或偶然粗壮，肉质，多不分枝或有时分枝，根颈生有成束纤维状须根，其他处须根较少。

茎： 茎单出，或多从根颈顶端发出 5~10 条，简单或下部有分枝，上部则不分枝，细瘦中空，基部稍木质化，具明显的棱角，沿棱被由疏毛组成的毛线，除枝上部外，其他处近无毛。

叶： 叶稠密，互生；基生者早落，茎生者下部者早枯或更多长存，叶柄在下叶中者长；叶片厚膜质，渐上迅速变小，上面疏被压平的毛或近无毛，下面无毛，常满布白色肤屑状物，羽状全裂，线状披针形，狭细；裂片边缘有羽状重锯齿，齿端多少具胼胝质反卷的短刺尖。

花： 总状花序生于茎枝顶端，伸长，疏稀，顶端较紧密；花梗纤细。萼膜质，长卵圆形，近无毛，前方深裂约至一半，主脉 5，无网纹；萼齿 3，相等，钻状全缘。花冠白色，有紫色的喙；花管伸直，或在顶端稍前俯，约为萼长的 2 倍，外疏被短毛；盔前方为渐细而作镰状弓曲的细长喙，有鸡冠状凸起；下唇大多以钝角开展，宽过于长，被长缘毛，中裂甚小于侧裂，稍凸出，近圆形，基部稍狭缩，不叠置于侧裂之下，侧裂大，半圆形；雄蕊 2 对花丝均被毛。

果实： 蒴果基部为宿萼所斜包，披针状长卵圆形，稍偏斜，端渐尖而略具小凸尖。

花果期： 花期 5~8 月；果期 8~10 月。

生境： 生于海拔 2,800~4,400 m 的高山草地。

分布： 中国特有种。产云南西北部，四川西南部。

Habit: Herbs perennial, 20-40 cm tall, erect, sparsely pubescent, drying black.

Root: Roots fleshy.

Stem: Stems 1 or 5-10, branched basally or unbranched, with lines of hairs.

Leaf: Leaves alternate. Basal leaves withering early, petiolate or distal ones ± sessile; petiole to 2 cm; leaf blade linear-oblong or lanceolate-oblong, abaxially glabrous and whitish scurfy, adaxially sparsely pubescent or glabrescent, pinnatisect; segments linear-lanceolate, pinnate-double dentate.

Flower: Inflorescences racemose, lax. Proximal pedicels slender. Calyx ca. 1/2 cleft anteriorly, glabrescent; lobes 3, equal, entire. Corolla white, with purplish beak; tube erect, ca. 2× as long as calyx, sparsely pubescent; galea bent at a right angle apically, distinctly crested, recurved; beak falcate, slender, clearly crested; lower lip long ciliate. Filaments pubescent.

Fruit: Capsule lanceolate-oblong.

Phenology: Fl. May-Aug; fr. Aug-Oct.

Habitat: Alpine meadows; 2,800-4,400 m.

Distribution: Endemic species in China. NW Yunnan, SW Sichuan.

179. 松林马先蒿 sōng lín mǎ xiān hāo

***Pedicularis pinetorum* Handel-Mazzetti**, Symb. Sin. 7: 861. 1936.

生活型：多年生草本，高 21~35 cm。

根：根成束，为细长的胡萝卜状。

茎：茎单一，基部常向下渐细，上面相当粗壮，被有白色长毛。

叶：等距而疏远的互生叶，下部叶有时略作莲座状；叶片椭圆形或长圆形，开裂至中肋一半，有具小刺尖的细波齿，两面均疏被长而有节之毛，上部渐变为 3 裂的苞片；裂片均为扇状而有波齿。

花：花至少沿茎的半长作下疏上密的总状花序；花梗短而细弱。萼钟形，裂片 5。花冠红色；花管细圆筒形，无毛；盔微作镰状弓曲，前端狭缩为稍弯翘的细喙，其尖有微缺，下唇无柄，宽约为长的 2 倍，无毛，裂片亚圆形而全缘，中裂甚小于侧裂；花丝上部有极稀之毛。

花果期：花期 8 月；果期 9~10 月。

生境：生于海拔 2,500~2,800 m 的松林中。

分布：中国特有种。产云南西北部。

Habit: Herbs perennial, 21-35 cm tall.

Root: Roots fascicled, conical.

Stem: Stems single, long white pubescent.

Leaf: Leaves alternate; forming a basal rosette; petiole to 1.3 cm, distal ones; sessile; leaf blade elliptic or oblong, sparsely long pubescent on both surfaces, pinnatifid; segments callus-serrate.

Flower: Inflorescences racemose, to 18 cm, interrupted basally; bracts leaflike, more than 1 cm apically. Pedicel barely 5 mm, slender. Calyx campanulate; lobes 5, unequal, serrate. Corolla red; tube ca. as long as calyx, glabrous; galea slightly falcate, glandular; beak bent upward, marginally 2-toothed; lower lip middle lobe rounded, apex not emarginate. Filaments sparsely pubescent apically.

Phenology: Fl. Aug; fr. Sep-Oct.

Habitat: *Pinus* forests; 2,500-2,800 m.

Distribution: Endemic species in China. NW Yunnan.

180. 鼻喙马先蒿 bí huì mǎ xiān hāo

Pedicularis proboscidea **Steven**, Mém. Soc. Imp. Naturalistes Moscou. 6: 33. 1823.

生活型： 多年生草本。

根： 根短而有细须根。

茎： 茎粗壮直立，除花序轴上有蛛丝状毛外均光泽。

叶： 叶基出者具长柄，柄短于叶片；叶片披针形，羽状全裂而轴有狭翅；裂片线状披针形，羽状深裂，小裂片偏三角形，有具细尖的齿，齿有胼胝。茎叶向上渐小而柄亦较短，上部者无柄。

花： 花序长而密。萼卵圆形，膜质，无毛，具 5 主脉和 5 较细的脉，前方深裂；上端具 5 三角状披针形而全缘的萼齿，有柔毛，仅为萼管的半长。花冠黄色，下部伸直，脉多少扭转，在喉部向前弓曲使花前俯；盔基部亦前俯，稍上即转折指向前方，多少作舟形，下缘有长须毛，前端渐细成一直而细的喙；下唇宽过于长，被长柔毛，裂片中间 1 枚近圆形，侧方者较大；雄蕊花丝 1 对全部有毛，1 对仅变宽的基部稍有毛。

果实： 蒴果斜卵形。

花果期： 花期 6~7 月；果期 7~8 月。

生境： 生于高山及亚高山草原中。

分布： 我国产新疆。国外分布于哈萨克斯坦，蒙古，俄罗斯西伯利亚西部。

Habit: Herbs perennial.

Root: Roots short, fibrous.

Stem: Stems erect, stout, 45-80 cm, glabrous except for arachnoid-lanate rachis and bracts of inflorescences.

Leaf: Basal leaves long petiolate, lanceolate, longer than petiole, pinnatisect; segments linear-lanceolate, pinnatipartite, serrulate.

Flower: Inflorescences to 20 cm, dense. Calyx ovate, deeply cleft anteriorly; lobes 5, triangular-lanceolate. Corolla yellow; galea margin long bearded; beak straight. 2 filaments glabrous, 2 pubescent.

Fruit: Capsule obliquely ovoid.

Phenology: Fl. Jun-Jul; fr. Jul-Aug.

Habitat: Alpine and subalpine meadows.

Distribution: Xinjiang. Also distributed in Kazakhstan, Mongolia, and Russia (W Siberia).

181. 施氏马先蒿 shī shì mǎ xiān hāo

***Pedicularis stadlmanniana* Bonati**, Notes Roy. Bot. Gard. Edinburgh. 5: 87. 1911.

生活型：草本，多茎而铺散。

根：根须状，被有带红色或白色的毛。

茎：茎直立，自基部分枝，与侧枝一样地叉分而蔓延。

叶：基出叶早枯，茎出者互生，有柄，有翅，缘密被带红色长毛；叶片卵形钝头，羽状开裂，裂片较少，有锐齿。

花：花腋生，有梗。萼钟形，前方开裂至中部而为佛焰苞状，被有白色长毛；齿 5，不等，有柄，端叶状，三角形锐头。花冠浅玫瑰色；花管长 7~8 mm，稍长于萼；盔与管等长，以直角转弯，背部圆而有毛，前方突然细缩成伸直或稍下曲的无毛而端 2 浅裂的喙，下缘无毛，喉部有附加的 1 齿；下唇较盔为长，边有缘毛，中裂较侧裂为狭短；雄蕊花丝均有长毛，前面 1 对较密。

花果期：花期 7 月；果期 8~9 月。

生境：生于海拔 2,400~3,100 m 的松林中隙地的草滩中。

分布：中国特有种。产云南中部和西北部。

Habit: Herbs low, 6-10 cm tall. Roots fibrous.

Root: Roots fibrous, with reddish or white hair.

Stem: Stems prostrate, several, branching basally.

Leaf: Leaves alternate; petiole densely reddish ciliate; leaf blade broadly ovate, pinnatifid; segments anterior linear, posterior triangular, apex obtuse, incised-dentate.

Flower: Flowers alternate. Pedicel erect. Calyx campanulate, 1/2 cleft anteriorly; tube membranous, white villous; lobes 5, unequal, leaflike. Corolla pale rose; tube 7-8 mm, slightly exceeding calyx; galea curved apically, pubescent abaxially, marginally 2-toothed; beak filiform; lower lip longer than galea, ciliate; middle lobe emarginate. Filaments pubescent, anterior pair more densely so.

Phenology: Fl. Jul; fr. Aug-Sep.

Habitat: Grassy openings in *Pinus* forests; 2,400-3,100 m.

Distribution: Endemic species in China. C and NW Yunnan.

182. 斯氏马先蒿 sī shì mǎ xiān hāo

***Pedicularis stewardii* H. L. Li**, Proc. Acad. Nat. Sci. Philadelphia. 101: 139. 1949.

生活型： 植株中大，干时变为黑色，上升，高约 30 cm 或更高。

茎： 茎单出，中空，基部稍木质化，略具棱角，无毛线，上部被短柔毛，其余近无毛，基部以上有多数分枝，细而柔，常平展，枝又具第二级分枝。

叶： 叶基出者早落，茎出者互生，具短柄，纤细，微被短柔毛；叶片膜质，上面疏被毛或无毛，下面无毛，网校明显，羽状全裂。

花： 总状花序生于枝或分枝的顶端；花梗短，纤细，微被短柔毛。萼卵圆形，膜质，边被纤毛，其余无毛，无网纹；萼齿 3，质地较厚，后方 1 齿较小，钻状，全缘。花冠小，玫瑰色；管伸直，长约为萼的 2 倍，外部微被短柔毛；盔的直立部分短，后部稍膨大，并不直立，其前端渐狭，成一较粗短的喙，喙常弯成半环形，其端因扭旋而反指上方；下唇被长缘毛，中裂较小；雄蕊 2 对花丝上部皆被毛。

果实： 蒴果长圆形，基部为宿萼所斜包。

花果期： 花期 7 月；果期 8~10 月。

生境： 生于海拔 2,200~2,900 m 的岩石缝中。

分布： 中国特有种。产贵州东北部。

Habit: Herbs, 30 (-50) cm tall.

Stem: Stems single, rigid, freely long branched apically, pubescent.

Leaf: Stem leaves alternate; petiole slender, sparsely pubescent; leaf blade ovate or ovate-oblong, abaxially glabrous, adaxially sparsely pubescent or glabrous, pinnatisect; segments linear-oblong or lanceolate, pinnatifid, dentate.

Flower: Inflorescences racemose, 6- or 7 (-10) -flowered. Pedicel slender. Calyx 1/2 cleft anteriorly; lobes 3, unequal, ca. 1/2 as long as tube, posterior lobe triangular, entire, lateral pair larger, palmately 3-lobed. Corolla rose; tube erect, ca. 2× as long as calyx; galea twisted; beak often semicircular; lower lip long ciliate. Filaments pubescent apically.

Fruit: Capsule oblong.

Phenology: Fl. Jul; fr. Aug-Oct.

Habitat: Exposed moss-covered rocky slopes; 2,200-2,900 m.

Distribution: Endemic species in China. NE Guizhou.

田琴/摄影

田琴/摄影

田琴/摄影

183. 纤裂马先蒿 xiān liè mǎ xiān hāo

***Pedicularis tenuisecta* Franchet ex Maximowicz**, Bull. Acad. Imp. Sci. Saint-Pétersbourg. 32: 558. 1888.

生活型：多年生草本，高 30~60 cm，直立，干时变黑。

根：侧根成丛，细长，有分枝，圆柱形而向端渐细。

茎：茎单一或 2~3 条自基部同发，中空而圆筒形，下部老时木质化，上部稍有棱角，有时极多分枝，密被短柔毛。

叶：叶互生，极端茂密，无柄，叶片两面均有短毛，为二回羽状开裂，第一回羽状全裂，轴有狭翅，第二回羽裂裂片深或达到中肋，常不对称，无胼胝。

花：花序总状生于茎枝之端。萼卵圆形，上方稍收缩，前方深裂，被短疏毛，主脉 5 明显，无网脉；齿 5，倒卵形而狭，有少数锯齿，无胼胝。花冠紫红色，管长为萼筒的 2 倍；盔上部作膝状弓曲，后转向下前方而为圆钝的粗短喙，截头；下唇比盔短，圆形，顶端 3 裂，侧裂较大，斜椭圆形，中裂广倒卵形，圆头；雄蕊花丝 2 对均长柔毛。

果实：蒴果斜披针状卵形，有时有小刺尖。种子两端尖，有细螺纹。

花果期：花期 8~9 月；果期 9~11 月。

生境：生于海拔 1,500~3,700 m 的草原与松柏林的林缘。

分布：我国产四川西南部，贵州西部，云南西北部。国外分布于老挝。

Habit: Herbs perennial, 30-60 cm tall, drying black.

Root: Lateral root fascicled, conical, slender.

Stem: Stems 1 to several, erect, rigid, leafy, sometimes many branched, densely pubescent.

Leaf: Leaves sessile, ovate-elliptic to lanceolate-oblong, pubescent on both surfaces, 1- or 2-pinnatisect; segments lanceolate-oblong to linear-lanceolate, pinnatipartite.

Flower: Inflorescences racemose, many flowered; bracts leaflike, longer than calyx, shorter than flowers. Calyx ovoid, deeply cleft anteriorly, sparsely pubescent; lobes 5, serrate. Corolla purple-red; tube slightly bent basally, ca. 2× as long as calyx tube, expanded apically; galea curved at middle, apex obtuse or truncate; beak obscure; lower lip shorter than galea. Filaments sparsely villous.

Fruit: Capsule obliquely lanceolate-ovoid.

Phenology: Fl. Aug-Sep; fr. Sep-Nov.

Habitat: Alpine meadows in coniferous forests; 1,500-3,700 m.

Distribution: SW Sichuan, W Guizhou, NW Yunnan. Also distributed in Laos.

184. 戛克氏马先蒿 jiá kè shì mǎ xiān hāo

***Pedicularis garckeana* Prain ex Maximowicz**, Bull. Acad. Imp. Sci. Saint-Pétersbourg. 32: 529. 1888.

生活型：多年生草本，低矮或略升高，6~16 cm，干时变黑。
根：根肉质，纺锤形。
茎：根茎短，茎细而直立，多叶。
叶：叶有柄，基部鞘状膨大；叶羽状浅裂，互相靠近，卵形，生有具尖之齿。
花：花序总状，花密生，开花次序显为离心；花有长梗。萼圆筒状钟形，有粗毛，前方开裂至 1/3；齿 5，椭圆形，具齿，后方 1 齿较其余者狭一半。花冠色多变，紫红、玫瑰色或浅粉色；管长 2.2~3 cm，外面有微毛，为萼长的 1.5 倍多；盔膨大，作拳卷，前方伸长为环状的细喙，端 2 裂；下唇 3 浅裂，侧裂卵形，为中裂宽 1.5 倍，后者长圆形，截头；花丝前方 1 对有密毛，后方 1 对毛较疏。
果实：蒴果斜长圆形，有短凸尖。
花果期：花期 7 月。
分布：我国产西藏南部。国外分布于印度锡金。

Habit: Herbs perennial, 6-16 cm tall, drying black.
Root: Roots fusiform, fleshy.
Stem: Stems erect, slender, leafy.
Leaf: Leaves alternate; petiole sheath-like, enlarged basally; leaf blade linear, pinnatifid; segments ovate, apiculate-dentate.
Flower: Inflorescences centrifugal, dense. Calyx cylindric-campanulate, hirsute; lobes 5, unequal, serrate. Corolla purple, red, rose, or pink; tube 2.2-3 cm, externally minutely pubescent; beak of galea coiled, slender; lower lip middle lobe oblong, smaller than lateral lobes, placed slightly apically. Filaments pubescent, anterior pair denser.
Fruit: Capsule obliquely oblong, ca. 1/2 as long as calyx.
Flowing: Fl. Jul.
Distribution: S Xizang. Also distributed in India (Sikkim).

185. 显著马先蒿 xiǎn zhù mǎ xiān hāo

***Pedicularis insignis* Bonati**, Notes Roy. Bot. Gard. Edinburgh. 13: 109. 1921.

生活型： 多年生草本，高可达 18 cm，干时变黑，全体密被灰白色短绒毛。

根： 根茎变粗，以鞭状细根茎连接于靠近地面处密生须根的根颈之上。

茎： 根茎粗壮，多少木质化，多有分枝，长可达 10 cm 以上。

叶： 叶片羽状浅裂至半裂，面密生短细毛；背面密生褐色毛，毛较长，沿脉排列整齐，横展；裂片多钝头，卵状三角形至三角形；常假对生。

花： 花序总状，花互生，但亦常形成假花轮；花梗细而直立，有密长毛。萼圆筒形，有密长毛，主脉 5；齿 5，后方 1 齿较小，披针形，其余 4 齿端很膨大，强烈反卷。花冠紫红色；管长约 1.4 cm，在近端处向前弓曲，使花前俯，外面有毛；盔与管端等粗，并就其弯曲之势继续弯弓，前方急速狭细，转向下方成为半环状拳卷的喙，盔具有鸡冠状凸起；下唇宽过于长很多，裂片圆形，中裂较小；雄蕊 2 对花丝皆有毛。

果实： 蒴果无毛，卵状圆形。

花果期： 花期 7~8 月；果期 8~9 月。

生境： 生于海拔 4,200~4,700 m 的高山草地中。

分布： 中国特有种。产西藏东南部，云南西北部。

Habit: Herbs perennial, to 18 cm tall, densely gray downy throughout, drying black.

Root: Rootstock stout; roots fascicled.

Stem: Stems 1 to several, cespitose, unbranched.

Leaf: Basal leaves forming a sparse rosette. Leaf blade lanceolate-oblong to linear-lanceolate or ovate-oblong, abaxially densely brown villous along veins, adaxially densely ciliolate, pinnatifid; segments ovate-triangular to triangular, crenate-dentate. Stem leaves few, usually pseudo-opposite, smaller than basal leaves.

Flower: Inflorescences racemose; proximal bracts leaflike, shorter than flowers. Pedicel erect, densely villous. Calyx cylindric cleft 1/2 anteriorly, densely villous; lobes 5, unequal. Corolla purple-red; tube slightly expanded and curved apically, ca. 1.4 cm, pubescent; galea prominently crested, marginally 1-toothed on each side; beak strongly curved; lower lip lobes rounded. Filaments pubescent.

Fruit: Capsule ovoid.

Phenology: Fl. Jul-Aug; fr. Aug-Sep.

Habitat: Alpine meadows; 4,200-4,700 m.

Distribution: Endemic species in China. SE Xizang, NW Yunnan.

186. 壮健马先蒿 zhuàng jiàn mǎ xiān hāo

***Pedicularis robusta* J. D. Hooker**, Fl. Brit. India. 4: 306. 1884.

生活型：多年生低矮草本，有密毛，干时变黑，高 2~6 cm。
根：根茎横行。
茎：茎短，弯曲上升。
叶：叶有柄；叶片狭长圆形，钝头，羽状开裂；裂片并生，卵形，钝头，缘有小波状齿。
花：花腋生，集成密花的总状花序，有花梗。萼圆筒状钟形，有毛，前方开裂至 1/3；齿 5，相等，长圆形，钝头，有锯齿。花管外面无毛，不超出萼；盔很膨大，前端转折伸长为短喙，指向下方，端 2 裂，裂片锐头；下唇裂片圆形，亚相等，中裂稍向前伸出；雄蕊着生于花管中部，花丝均有长毛。
果实：蒴果斜长圆形，有短刺尖。
花果期：花期 8~9 月；果期 8~9 月。
生境：生于海拔约 5,300 m 的岩壁上及高山草地中。
分布：我国产西藏南部、东南部。国外分布于印度锡金。

Habit: Herbs perennial, 2-6 cm tall, densely pubescent, drying black.
Root: Rootstock creeping.
Stem: Stems erect, densely glandular pubescent.
Leaf: leaf blade narrowly oblong, pinnatifid; segments ovate, crenate-dentate.
Flower: Inflorescences dense. Calyx pubescent; lobes 5, equal, oblong, serrate. Corolla tube not exceeding calyx; galea falcate; beak apex pointing downward, 2-cleft; lower lip lobes rounded, ± equal. Filaments long pubescent.
Fruit: Capsule obliquely oblong, short apiculate.
Phenology: Fl. Aug-Sep; fr. Aug-Sep.
Habitat: On rocks, alpine meadows; ca. 5,300 m.
Distribution: S and SE Xizang. Also distributed in India (Sikkim).

187. 康定马先蒿 kāng dìng mǎ xiān hāo

***Pedicularis kangtingensis* P. C. Tsoong**, Fl. Reipubl. Popularis Sin. 68: 398. 1963.

生活型： 多年生草本，干时不变黑色。

根： 根茎横行，根颈发出粗须状根多条，每根茎向上发出茎 1~3 条，依年龄而定多少。

茎： 茎直立，高 19~39 cm，稻草色而有紫黑色纵斑纹，至花序中变为紫黑色，下部无毛，上部有细毛。

叶： 叶下部者具长柄，上部者柄较短；叶片披针状长圆形，近基的半部羽状全裂，远基的一半常为羽状深裂；裂片自近基的一面向远基的一面愈变愈小，自身亦为羽状深裂或具缺刻状齿，小裂片或齿有锯齿，缘边常反卷而视如全缘，上面深绿而时有紫晕，下面绿色密生浅黄色细毛。

花： 花序总状，花疏松。萼草质而不很透明，与花冠同为紫红色，有明显网脉；齿三角形全缘，有绵缘毛。花管与萼等长或仅稍超出；下唇 3 裂，裂片钝圆，其中裂无明显的柄。

花果期： 花期 7~8 月；果期 9 月。

生境： 生于海拔约 3,600 m 的高山草地中。

分布： 中国特有种。产四川西部。

Habit: Herbs perennial, 19-39 cm tall.

Root: Rootstock creeping; root fibrous.

Stem: Stems single or sometimes several together, erect, straw colored, tinted with purple to dark purple, glabrous basally.

Leaf: Petiole to 8 cm basally; leaf blade lanceolate-oblong, abaxially densely pale-yellow pubescent, pinnatipartite to pinnatisect; segments pinnatipartite or incised-dentate.

Flower: Inflorescences racemose, lax; bracts becoming narrowly ovate upward, margin white villous. Calyx purple-red; lobes 5, triangular, ciliate, entire. Corolla purple-red; tube ca. 3 mm; galea strongly bent, apex with several dark purple spots; lobes of lower lip obtuse at apex.

Phenology: Fl. Jul-Aug; fr. Sep.

Habitat: Alpine meadows; ca. 3,600 m.

Distribution: Endemic species in China. W Sichuan.

188. 维氏马先蒿 wéi shì mǎ xiān hāo

***Pedicularis vialii* Franchet ex Forbes & Hemsley**, J. Linn. Soc., Bot. 26: 219. 1890.

生活型：多年生草本，高升达 80 cm，稍有毛或几光滑，干时多少变为黑色。

根：粗根成疏丛，不为肉质，分生许多须根，尤其在近地表处颇密。

茎：茎直立，近无毛。

叶：叶基出者在开花时不见，茎生者疏生而少，有长柄，细弱，生有疏长毛，上面有沟纹；叶片前部羽状深裂，而叶轴有翅，后部羽状全裂，裂片亦为披针状长圆形，本身亦为羽状深裂，小裂片两两相对，上面脉上有毛，背面有疏长毛。

花：花序总状。萼光滑，钟形，主脉清晰，齿 5，三角形全缘；喙长，喙极如上卷的象鼻；花冠下唇短且不开展而附伏于上唇，3 裂，侧裂基部外方有耳，为肾形；花丝无毛。

果实：果多少披针形，扁平，2 室不等，有下弯之端和刺尖。

花果期：花期 5~8 月；果期 7~9 月。

生境：生于海拔 2,700~4,300 m 的针叶林下或草坡中。

分布：我国产四川西部，西藏东南部，云南西北部。国外分布于缅甸北部。

Habit: Herbs perennial, drying black.

Root: Roots stout, fascicled.

Stem: Stems to 80 cm tall, ascending, subglabrous.

Leaf: Leaf petiole slender, pilose; leaf blade lanceolate-oblong, pilose, pinnatisect; segments lanceolate-oblong, dentate.

Flower: Inflorescences elongating in fruit, interrupted basally. Calyx glabrous; lobes 5, triangular, entire. Corolla whitish, with rose to purple galea; beak of galea slender, curved upward; lower lip not spreading. Filaments glabrous.

Fruit: Capsule lanceolate.

Phenology: Fl. May-Aug; fr. Jul-Sep.

Habitat: Grassy slopes, coniferous forests; 2,700-4,300 m.

Distribution: W Sichuan, SE Xizang, NW Yunnan. Also distributed in N Myanmar.

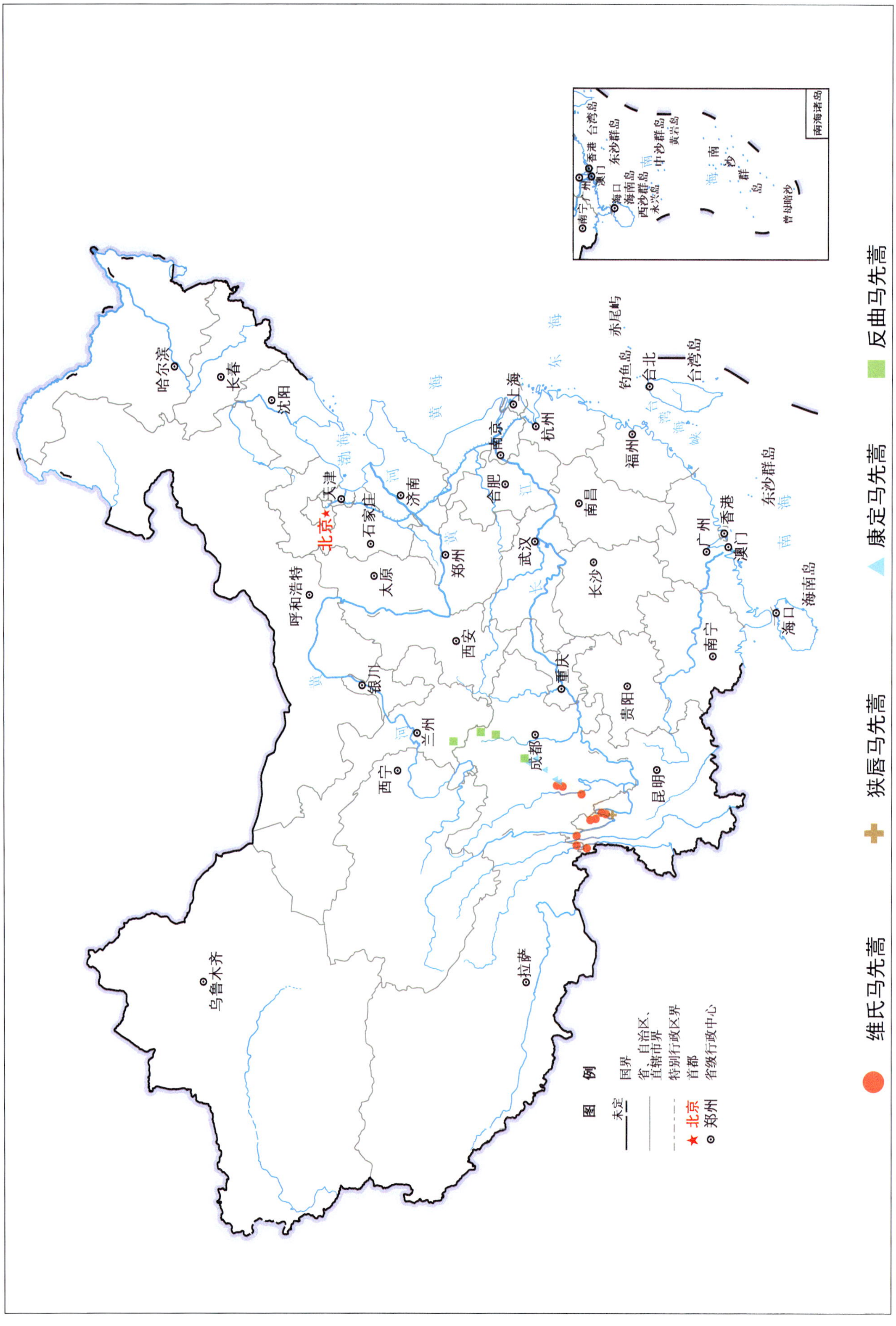

插图3 反曲马先蒿类物种地理分布图

189. 卓越马先蒿 zhuó yuè mǎ xiān hāo

***Pedicularis excelsa* J. D. Hooker**, Fl. Brit. India. 4: 311. 1884.

生活型： 多年生草本，干时稍变黑，高 0.9~1.6 m。

根： 根茎短而有节，木质化，生有成丛须状根。

茎： 茎圆柱形中空，有分枝，基部粗如食指，有条纹。

叶： 叶基生者与茎下部生者早枯，中上部者有长柄；叶片很大，卵形锐头，后半部羽状全裂，前半部深裂而轴的上半部有齿及翅；裂片大而疏距，卵状披针形，羽状深裂，小裂片长圆形。

花： 花序总状。萼前方深裂；具 5 齿，很小，钝三角形全缘。花冠管自萼管裂口斜伸向前，仅稍超过萼；盔向左扭折下缘有密须毛，前端渐细为扭旋指向上方的长喙，喙端 2 裂；下唇缘有毛，卵状长圆形，端作 3 裂，侧裂极小而圆形，中裂伸长，线形，开花时皱缩而不成形；花丝 2 对均无毛。

果实： 蒴果长于萼约 4 倍，卵状长圆形，端圆形，有斜网脉。

花果期： 花期 8 月；果期 8~9 月。

生境： 生于海拔 3,200~3,600 m 的杜鹃林、冷杉林等密林中浓荫处。

分布： 我国产西藏南部。国外分布于不丹，尼泊尔中部和印度锡金。

Habit: Herbs perennial, 0.9-1.6 m tall.

Root: Rootstock stout, woody, fascicled.

Stem: Stems hollow, striate.

Leaf: Leaves withering early basally; leaf blade ovate, 3-pinnatifid to pinnatisect; segments ovate-lanceolate, margin incised-dentate, apex acute.

Flower: Inflorescences 6-20 cm. Pedicel short. Calyx lobes 5, obtuse-triangular, margin entire. Corolla tube slightly exceeding calyx; beak of galea ca. 1 cm; lower lip ciliate. Filaments glabrous.

Fruit: Capsule ovoid-oblong, ca. 4× as long as calyx, apex obtuse.

Phenology: Fl. Aug; fr. Aug-Sep.

Habitat: Deep wet humus in shade of broad-leaved forests in lower temperate zone, swamps, dense *Rhododendron* and *Abies* forests; 3,200-3,600 m.

Distribution: S Xizang. Also distributed in Bhutan, C Nepal, and India (Sikkim).

190. 甲拉马先蒿 jiǎ lā mǎ xiān hāo

***Pedicularis kialensis* Franchet**, Bull. Soc. Bot. France. 47: 22. 1900.

生活型：多年生草本，高达 20 cm。

根：根细长，单条，略作纺锤形。

茎：茎单一或数条自基部发出，上部不分枝，有排列成行的毛。

叶：叶基出者较大，茎叶较小而狭，有长柄；叶披针形，羽状全裂；裂片羽状深裂，小裂片有不整齐的锐锯齿。

花：花序总状，轴上有毛，花多疏远；花有梗。萼管状而狭，前方深裂。花冠红色；管略长于萼，无毛；盔紫红色，前端渐狭为喙，向右扭折而指向下方，因而使长线形而卷曲的喙形成一个半环状而反指向上的喙，自身在开花后期亦扭旋，自基部至近端处被有浅褐色短须毛，先端略作 2 裂；下唇宽过于长，有缘毛，3 裂，中裂稍小于侧裂；雄蕊花丝后方 1 对被毛。

果实：蒴果三角状披针形，有短柄，2 室不等，先端具小凸尖，基部圆形。

花果期：花期 6~7 月；果期 9 月。

生境：生于海拔 3,000~4,900 m 的河边及林下。

分布：中国特有种。产四川南部。

Habit: Herbs perennial, to 20 cm tall.

Root: Root conical, slender.

Stem: Stems often many together, slightly pubescent.

Leaf: Leaves alternate; petiole long; leaf blade lanceolate, pinnatisect; segments ovate-lanceolate to lanceolate, incised-dentate.

Flower: Inflorescences interrupted, pubescent; bracts leaflike. Calyx cylindric, deeply cleft anteriorly, pubescent, 5-lobed. Corolla red; tube slightly longer than calyx, glabrous; galea purple, margin bearded; beak bent upward apically; lower lip ciliate. 2 filaments pubescent, 2 glabrous.

Fruit: Capsule triangular-lanceolate.

Phenology: Fl. Jun-Jul; fr. Sep.

Habitat: Banks, forests; 3,000-4,900 m.

Distribution: Endemic species in China. S Sichuan.

周立新/摄影

191. 宫布马先蒿 gōng bù mǎ xiān hāo

***Pedicularis kongboensis* P. C. Tsoong**, Acta Phytotax. Sin. 3: 304. 1955.

生活型： 高升，干时变黑，全面有毛。

根： 根茎粗壮而长，顶端连接于鞭状根茎，再上面则为具有丛生须状根的根颈。

茎： 茎单一，简单或分枝，粗壮，高 30~110 cm。

叶： 叶线形或线状披针形，羽状浅裂，裂片众多，三角状卵形至卵形，前缘有锐重锯齿，齿有胼胝，始有疏毛，瞬即无毛。

花： 花序穗状，连续或基部间断，有毛。萼有毛，不裂；齿 5，亚相等，三角形，锐尖头，与管同为膜质而有明显的网脉，缘有细齿或几全缘。花冠管长 1.1~1.5 cm，与萼略相等或稍长，无毛；盔甚狭，直立部分稍向前弯曲，前缘有相当密的长毛，端部伸出为上翘而端尖的喙，下唇明显短于盔，分成 3 个基部很狭细的亚相等的缘有疏长毛的裂片；雄蕊着生于管的中部以上，前面 1 对花丝有密毛。

花果期： 花期 7 月；果期 8 月。

生境： 生于海拔约 4,100 m 的高山高草坡中。

分布： 中国特有种。产西藏东南部。

Habit: Herbs perennial, pubescent.

Root: Rootstock stout, flagellate.

Stem: Stems 30-110 cm tall, branched or not.

Leaf: Leaves linear or linear-lanceolate; segments ovate, margin double dentate.

Flower: Inflorescences often interrupted basally, pubescent. Calyx pubescent; lobes 5, triangular, ± entire. Corolla tube 1.1-1.5 cm, glabrous; galea margin densely long pubescent; beak; lower lip shorter than galea, ciliate. 2 filaments pubescent, 2 glabrous.

Phenology: Fl. Jul; fr. Aug.

Habitat: Grasslands at hilltops, open very steep hillsides; ca. 4,100 m.

Distribution: Endemic species in China. SE Xizang.

192. 长喙马先蒿 cháng huì mǎ xiān hāo

***Pedicularis macrorhyncha* H. L. Li**, Proc. Acad. Nat. Sci. Philadelphia. 101: 108. 1949.

生活型：多年生草本，干时变黑，高 15~25 cm。

根：根茎多粗壮，肉质，常有分枝，分枝亦肉质而多少纺锤形。

茎：茎多单出，密生细短毛，上部无正常的叶，仅在花序下有少数退化的叶子或不孕之苞片，下部有少数叶子，基部常有若干宿存膜质而多少披针形的鳞片。

叶：叶基生者少数，常与下部茎叶合成疏丛，叶片面密被短细毛，羽状全裂。

花：花序穗状，长短相去很远，花开次序显为离心。萼管状，前方约开裂至 1/4，外面有毛，齿 5，后方 1 齿较小。花冠紫红色；管长约 1.8 cm，近端处约以直角向前弯曲；盔无直立部分，额部多少凸起，由额部再转向前下方而成为渐细而“S”形的长喙，端 2 浅裂，下唇极小，其中裂向下伸展，侧裂则贴于含有雄蕊部分的两侧，前者长过于宽，完全伸出于前方，侧裂较宽 1 倍；雄蕊花丝 2 对均有毛。

果实：蒴果处于花序中上部者常成熟最好，有伸直的小尖头。

花果期：花期 5~9 月；果期 9~10 月。

生境：生于海拔 3,500~3,800 m 的空旷山坡与高山草地中。

分布：中国特有种。产云南西北部。

Habit: Herbs perennial, 15-25 cm tall, drying black. Roots fleshy.

Root: Rootstock stout, fleshy, branched.

Stem: Stems usually single, puberulent.

Leaf: Basal leaves few; leaf blade lanceolate-linear to lanceolate-oblong, abaxially pubescent along veins, adaxially puberulent, pinnatisect; segments ovate-lanceolate to lanceolate, margin double dentate. Stem leaves few or absent, alternate or sometimes pseudo-opposite.

Flower: Inflorescences centrifugal. Calyx tubular, ca. 1/4 cleft anteriorly, pubescent; lobes 5, equal or slightly unequal, dentate. Corolla purplish red; tube erect basally; bent at a right angle apically, ca. 1.8 cm; galea erect; beak S-shaped; lower lip shorter than galea, glabrous. Filaments pubescent.

Fruit: Capsule narrowly triangular-ovoid.

Phenology: Fl. May-Sep; fr. Sep-Oct.

Habitat: Alpine meadows, open hillsides; 3,500-3,800 m.

Distribution: Endemic species in China. NW Yunnan.

193. 雷丁马先蒿 léi dīng mǎ xiān hāo

Pedicularis retingensis **P. C. Tsoong**, Acta Phytotax. Sin. 3: 305. 1955.

生活型：多年生草本，高升，干时变黑。

根：根茎甚粗，以较细的鞭状根茎连接于生有须状根的根颈基部。

茎：茎粗壮，无分枝，有粗毛，高 30~80 cm。

叶：叶两面几无毛，线形或线状披针形，基部截形或心形抱茎，端锐头或锐尖头，羽状浅裂，裂片三角状卵形至卵形，前缘有锐锯齿。

花：花序穗状，连续。萼无毛，或齿上有长疏毛，不裂，管有极疏之网脉或几无网脉；齿 5，多少不相等，三角形或三角状披针形，全缘。花冠管几不超出于萼，长约 9 mm，无毛；盔甚狭，基部向前弓曲，前缘有相当密的长毛，端渐细成稍上升而尖头的喙部，下唇明显短于盔，基部强渐狭为柄状，前面 2/3 裂为 3 枚亚相等的卵状披针形且缘有疏毛的裂片；雄蕊近管基着生，前面 1 对花丝多少有毛。

花果期：花期 7~8 月；果期 8~9 月。

生境：生于海拔约 4,100 m 的多石干旱山坡上与石滩中。

分布：中国特有种。产西藏中南部。

Habit: Herbs perennial.

Root: Rootstock stout, flagellate.

Stem: Stems 30-80 cm tall, unbranched, hirsute.

Leaf: Leaves clasping, linear or linear-lanceolate, base truncate or cordate, subglabrous; segments ca. 30 pairs, triangular-ovate to ovate, margin incised-dentate.

Flower: Inflorescences 10-30 cm. Calyx glabrous; lobes 5, triangular or triangular-lanceolate, entire. Corolla tube ca. 9 mm, glabrous; galea margin densely long pubescent; lower lip shorter than galea. 2 filaments pubescent, 2 glabrous.

Phenology: Fl. Jul-Aug; fr. Aug-Sep.

Habitat: Dry stony hillsides, amidst boulder screes; ca. 4,100 m.

Distribution: Endemic species in China. SC Xizang.

194. 扭喙马先蒿 niǔ huì mǎ xiān hāo

Pedicularis streptorhyncha **P. C. Tsoong**, Fl. Reipubl. Popularis Sin. 68: 397. 1963.

生活型：多年生草本，中下高低，高 15~30 cm，干时变黑。
根：根茎亚肉质，圆筒形，顶端常分为数枝，密被鳞片与老叶柄。
茎：茎丛生或单出，不分枝，有条纹，被疏毛。
叶：叶大部基生，有长柄，缘有毛；叶片长于叶柄，羽状浅裂，三角状卵形，自身有具凸尖的重锯齿，上面沿沟状下陷的中肋有短粗毛，背面中肋凸起。茎叶少数或无。
花：花序疏总状，花数较少。萼圆筒形，有疏毛或几无毛，前方开裂过于中部；具 3 齿，后方 1 齿大针形，全缘，侧齿 2 裂，裂片有柄，端有锯齿。花冠管长 1.3~1.5 cm，略有细毛或几光滑；盔直立部分在含有雄蕊的部分突然扭卷，然后渐细为伸长而作“S”形且多少卷旋的喙；下唇很大，裂片几相等，中裂倒卵形，端截头而微凹，侧裂稍较狭，缘有不规则的波齿；花丝在着生点有毛，前面 1 对近端处有密毛。
果实：蒴果自宿萼裂口中斜伸而出，三角状披针形，锐尖头，具小凸尖，基部圆形，多少侧扁，黑紫色有光泽。
花果期：花期 7~8 月；果期 8 月。
生境：生于海拔 3,900~4,000 m 的有苔藓的杜鹃灌丛林中，或高山栎的丛林中。
分布：中国特有种。产四川西北部。

Habit: Herbs perennial, 15-30 cm tall, drying black.
Root: Rootstock to 30 cm, ± fleshy.
Stem: Stems single to several and clustered, slightly pubescent.
Leaf: Basal leaf petiole to 5.5 cm; leaf blade linear-lanceolate, pinnatilobate; segments triangular-ovate, glabrous except adaxially hispidulous along midvein, margin double dentate. Stem leaves few or absent.
Flower: Inflorescences to 20 cm. Calyx cylindric, sparsely pubescent or subglabrous, deeply cleft anteriorly, 3-lobed; posterior lobe smaller, subulate, entire, others larger and serrate. Corolla tube 1.3-1.5 cm, subglabrous; galea margin glabrous. 2 filaments pubescent, 2 glabrous.
Fruit: Capsule triangular-lanceolate.
Phenology: Fl. Jul-Aug; fr. Aug.
Habitat: Alpine *Quercus* scrubs, mossy *Rhododendron* scrubs; 3,900-4,000 m.
Distribution: Endemic species in China. NW Sichuan.

195. 大卫氏马先蒿 dà wèi shì mǎ xiān hāo

***Pedicularis davidii* Franchet**, Nouv. Arch. Mus. Hist. Nat., Sér. 2. 10: 67. 1888.

生活型：多年生草本，干后稍变黑色，直立，密被短毛。

根：根粗大，有侧根，肉质，须根多，束生于根颈的四周，其他处很少。

茎：茎单出或自根颈上端发出多条，或在基部有少数分枝，中空，基部稍木质化，具明显的棱角，密被锈色短毛，但无毛线。

叶：叶茂密，基生者常早脱落，下部的多假对生，上部的互生，基生者及茎下部的具长柄；叶片膜质，下部的较大，向上迅速变小，上面无毛或沿主脉及侧脉有短毛，下面被白色肤屑状物，羽状全裂。

花：总状花序顶生，伸长，疏稀。萼膜质，卵状圆筒形而偏斜，前方开裂至管的中部，近无毛，主脉 5，明显；萼齿 3 或 5。花冠全部为紫色或红色；花管伸直，长约为萼的 2 倍，管外疏被短毛；盔的直立部分在自身的轴上扭旋，喙常卷成半环形，或近端处略作“S”形，顶端 2 浅裂；下唇大，常与管轴成直角开展，有缘毛，中裂较小，大部向前凸出，宽倒卵形，基部有短柄，侧裂为横置的宽肾形，宽过于长；雄蕊 2 对花丝均被毛。

果实：蒴果狭卵形至卵状披针形，2 室不等，表面有细网纹，端有突尖。

花果期：花期 7~8 月；果期 8~9 月。

生境：生于海拔 1,400~4,400 m 的沟边、路旁及草坡上。

分布：中国特有种。产甘肃西南部，陕西西南部，四川。

Habit: Herbs perennial, 15-30 (-50) cm tall, densely pubescent, drying slightly black.

Root: Roots fleshy.

Stem: Stems single or usually 3 or 4, erect, few branched basally, densely rust colored pubescent.

Leaf: Basal leaves usually withering early. Proximal stem leaves pseudo-opposite, distal ones alternate; leaf blade ovate-oblong to lanceolate-oblong, abaxially whitish scurfy, adaxially glabrous or pubescent along veins, pinnatisect; linear-oblong or ovate-oblong, pinnatifid, margin double dentate.

Flower: Inflorescences racemose, lax. Pedicel slender, densely pubescent. Calyx glabrescent, 1/2 cleft anteriorly; lobes 3 or 5, unequal, entire or dentate. Corolla purple or red; tube erect, ca. 2× as long as calyx, sparsely pubescent externally; galea twisted; beak semicircular or slightly S-shaped apically, slender; lower lip ciliate. Filaments pubescent.

Fruit: Capsule ovoid-lanceolate, short apiculate.

Phenology: Fl. Jul-Aug; fr. Aug-Sep.

Habitat: Grassy slopes and flats, thickets, woods, along streams, alpine meadows, roadsides; 1,400-4,400 m.

Distribution: Endemic species in China. SW Gansu, SW Shaanxi, Sichuan.

196. 伯氏马先蒿 bó shì mǎ xiān hāo

***Pedicularis petitmenginii* Bonati**, Bull. Herb. Boissier, Sér. 2. 7: 542. 1907.

生活型：多年生草本，干时变为黑色，被短毛或近无毛。

根：根垂直向下，圆锥形，侧根线状。

茎：茎少单出，基部与上部均有分枝，中空，基部不木质化，稍具棱角，被短毛或近无毛，无毛线。

叶：叶基出者早落，茎生者下部的假对生，上部的互生，具长柄，扁平，沿中肋具狭翅，被短毛，边缘疏被毛；叶片膜质，上面疏被短毛或近无毛，下面沿脉被长毛，并杂有白色肤屑状物，缘羽状全裂，基部下延沿中肋构成狭翅，边缘有羽状浅裂；裂片有锯齿，齿端急尖，上有胼胝质小刺尖。

花：总状花序顶生；花梗甚长，纤细，密被短毛。萼管卵形而斜，外被白色长柔毛，前方开裂至管的中部，3主脉；萼齿3，绿色而质较厚，约与管等长或稍短，齿不等，后方1齿仅侧齿的半长，侧齿较大。花冠管及下唇为淡黄色，盔部色较深，紫色或紫红色；花管长6~7 mm，伸直，比萼管长，外微被短毛；盔直立部分短，上端强烈向右扭折，使其顶朝下，前方渐细成一线形的喙，作“S”形向上弯曲，盔额有狭鸡冠状凸起一条，喙端微凹；下唇宽大，多以直角开展，有缘毛，中裂甚小于侧裂，大部向前凸出，上部约为横的椭圆形，基部楔形渐狭为明显的柄，侧裂椭圆形，基部耳形；雄蕊2对花丝全被长柔毛。

果实：蒴果斜圆卵形，基部约一半为膨大的宿萼所包，端有钩状小凸尖。

花果期：花期5~8月；果期7~9月。

生境：生于海拔3,100~3,900 m的林下、林缘及草地上。

分布：中国特有种。产四川西部及西北部。

Habit: Herbs perennial, pubescent or glabrescent, drying black.

Root: Roots conical, lateral root linear.

Stem: Stems usually 4-6, branching basally or above.

Leaf: Basal leaves withering early. Proximal stem leaves pseudo-opposite, distal ones alternate; petiole; leaf blade ovate-oblong to linear-oblong, abaxially villous along veins, adaxially sparsely pubescent or glabrescent, pinnatisect; segments linear-lanceolate to narrowly-oblong, pinnatifid, serrate.

Flower: Inflorescences racemose; bracts leaflike. Pedicel slender, densely pubescent. Calyx white villous externally, 1/2 cleft anteriorly; lobes 3, unequal, posterior lobe subentire, narrow, lateral pair larger, palmatilobate. Corolla yellowish with purple or purple-red galea; tube erect, 6-7 mm; galea bent at a right angle apically, twisted; beak linear, S-shaped pointing upward; lower lip ciliate, middle lobe prominently projecting, narrowed to a stipitate base. Filaments villous.

Fruit: Capsule ovoid-lanceolate, short apiculate.

Phenology: Fl. May-Aug; fr. Jul-Sep.

Habitat: Forest understories, forest margins, meadows; 3,100-3,900 m.

Distribution: Endemic species in China. NW and W Sichuan.

197. 针齿马先蒿 zhēn chǐ mǎ xiān hāo

***Pedicularis subulatidens* P. C. Tsoong**, Acta Phytotax. Sin. 3: 296. 1955.

生活型：多年生草本，低矮，高不达 7 cm。

根：根多数，线状者和纺锤状者混生，长达 6 cm。

茎：茎单出，密生腺毛，无叶或仅 1 叶，基部有少数披针形的鳞片。

叶：叶基出者有长柄，有疏毛；叶片羽状全裂；裂片卵状长圆形至卵形，有缺刻状锯齿，上面无毛，下面有白色污屑状物。

花：花序亚头状，花 5~8 密生，下面者有梗。萼前面开裂至一半，端具 3 齿，后面 1 齿针形；花冠管长 1.1~1.4 cm，外面有毛；盔在含有雄蕊部分的基部作强烈的卷旋；下唇心形，中裂几乎比侧裂小一半；雄蕊着生在管的上部，花丝全部无毛。

花果期：花期 7 月；果期 8 月。

生境：生于海拔 4,300~4,700 m 的高山草甸。

分布：我国产西藏东南部。

Habit: Herbs perennial, low, less than 7 cm tall.

Root: Roots many, to 6 cm. Stems single, densely glandular pubescent.

Stem: Stems pubescent or glabrescent.

Leaf: Basal leaf petiole to 2 cm, sparsely pubescent; leaf blade oblong-lanceolate, abaxially whitish scurfy, adaxially glabrous, pinnatisect; segments ovate-oblong to ovate, incised-dentate. Stem leaves 1 or absent.

Flower: Inflorescences subcapitate, 5-8-flowered, pedicellate or distal flowers sessile. Calyx 1/2 cleft anteriorly; lobes 3, unequal, posterior one entire and acuminate, lateral pair dentate. Corolla tube 1.1-1.4 cm, pubescent externally; galea twisted; beak semicircular or S-shaped. Filaments glabrous.

Phenology: Fl. Jul; fr. Aug.

Habitat: Alpine meadows; 4,300-4,700 m.

Distribution: SE Xizang.

198. 西藏马先蒿 xī zàng mǎ xiān hāo

***Pedicularis tibetica* Franchet**, Bull. Soc. Bot. France. 47: 24. 1900.

生活型： 多年生草本，干时稍变为黑色，高达 25 cm。

根： 主根垂直向下，圆锥状而细长，略肉质，支根少数；须根纤维状而多，散生。

茎： 茎少单出，不甚细瘦，但草质柔弱，中心的直立；外围的多倾斜状上升，圆柱形，有明显的纵沟纹，密被灰白色短绒毛，无明显的毛线，中空。

叶： 叶不茂密，基生叶少或早落，具长柄，边缘被长纤毛；叶片边缘被短纤毛，上面疏生压平的长毛，下面沿脉被或疏或密的长毛，并间有肤屑状物，缘前半部羽状深裂，后半部羽状全裂。

花： 总状花序顶生，花疏稀，上部的较紧密，下部的短于花梗；花梗纤细，密被短毛。萼膜质，长卵圆形，密被短毛，前方开裂至管的中部，3 主脉，具网脉；萼齿 3，多少草质，不等，后方 1 齿小，钻状全缘与侧齿几等长。花冠浅红色，下唇或具白色斑纹；花管伸直，约与萼等长，管外微被毛；盔直立部分甚短，前方多少突然狭缩为一半环状卷曲的长喙，顶端 2 浅裂，下唇宽大，无缘毛，中裂甚小于侧裂；雄蕊花丝 2 对均有毛。

果实： 蒴果为稍偏斜的阔卵圆形，扁平，2 室极不等，外面有清晰的网纹。

花果期： 花期 6~7 月；果期 8 月。

生境： 生于海拔约 4,600 m 的高山草地上。

分布： 中国特有种。产四川西部，西藏东部。

Habit: Herbs perennial, to 25 cm tall, drying slightly black.

Root: Roots ca. 6 cm, ± fleshy.

Stem: Central stem erect, outer ones often procumbent to ascending, densely gray pubescent.

Leaf: Basal leaves few or withering early; leaf blade oblong-oblanceolate to linear-oblong, abaxially long pubescent along veins, adaxially sparsely long pubescent, pinnatipartite to pinnatisect; segments ovate or long ovate, dentate. Stem leaves often pseudo-opposite, alternate apically, similar to basal leaves but smaller.

Flower: Inflorescences racemose. Pedicel slender, densely pubescent. Calyx densely pubescent, 1/2 cleft anteriorly; lobes 3, equal. Corolla reddish, with white spots on lower lip; tube erect, ca. as long as calyx; galea twisted; beak semicircular; lower lip not ciliate. Filaments pubescent.

Fruit: Capsule obliquely ovoid.

Phenology: Fl. Jun-Jul; fr. Aug.

Habitat: Alpine meadows; ca. 4,600 m.

Distribution: Endemic species in China. W Sichuan, E Xizang.

199. 扭旋马先蒿 niǔ xuán mǎ xiān hāo

Pedicularis torta **Maximowicz**, Bull. Acad. Imp. Sci. Saint-Pétersbourg. 32: 538. 1888.

生活型： 多年生草本，干后不变黑色，直立，高 20~40（~70）cm。

根： 根垂直向下，近肉质，无侧根，须根纤维状散生。

茎： 茎单出或自根颈发出多条侧枝，中空，稍具棱角，幼时疏被短柔毛，无毛线，老枝除上部外近于无毛。

叶： 叶互生或假对生，茎生叶下部者叶柄长，渐上渐短，基部及边缘疏被短纤毛，其余无毛；叶片渐上渐小，两面无毛，缘边几为羽状全裂；裂片疏稀，披针形至线状长圆形，边有锯齿，齿端具胼胝质刺尖。

花： 总状花序顶生。萼卵状圆筒形，管膜质，前方开裂至中部；萼齿 3，不等，后方 1 齿较小，线形，其余 2 齿宽卵形。花冠管及下唇黄色，盔与喙紫色；花管约与萼等长，外被短毛；盔向右扭旋，"S"形的长喙则扭转向上，有透明的狭鸡冠状凸起；下唇大，宽过于长，被长缘毛，中裂较小倒卵形具柄，侧裂肾形；雄蕊 2 对花丝均被毛。

果实： 蒴果卵形，扁平，2 室很不相等，顶端渐尖。

花果期： 花期 6~8 月；果期 8~9 月。

生境： 生于海拔 2,500~4,000 m 的草坡上。

分布： 中国特有种。产甘肃南部，湖北西部，陕西，四川北部及东部。

Habit: Herbs perennial, 20-40 (-70) cm tall, not drying black.

Root: Roots fleshy.

Stem: Stems unbranched apically, sparsely pubescent apically.

Leaf: Basal leaves numerous, often withering early. Stem leaves alternate or pseudo-opposite; proximal petioles to 5 cm, distal ones ca. 5 mm; leaf blade oblong-lanceolate to linear-oblong, glabrous on both surfaces, pinnatisect; segments lanceolate to linear-oblong, dentate.

Flower: Inflorescences racemose, many flowere. Pedicel slender, pubescent. Calyx 1/2 cleft anteriorly, pubescent; lobes 3, unequal, posterior one entire, lateral pair larger, flabellate, dentate. Corolla yellow, with purple or purple-red galea; tube erect, ca. as long as calyx, pubescent; galea twisted; beak S-shaped, slender; lower lip long ciliate. Filaments pubescent.

Fruit: Capsule ovoid.

Phenology: Fl. Jun-Aug; fr. Aug-Sep.

Habitat: Alpine meadows; 2,500-4,000 m.

Distribution: Endemic species in China. S Gansu, W Hubei, Shaanxi, E and N Sichuan.

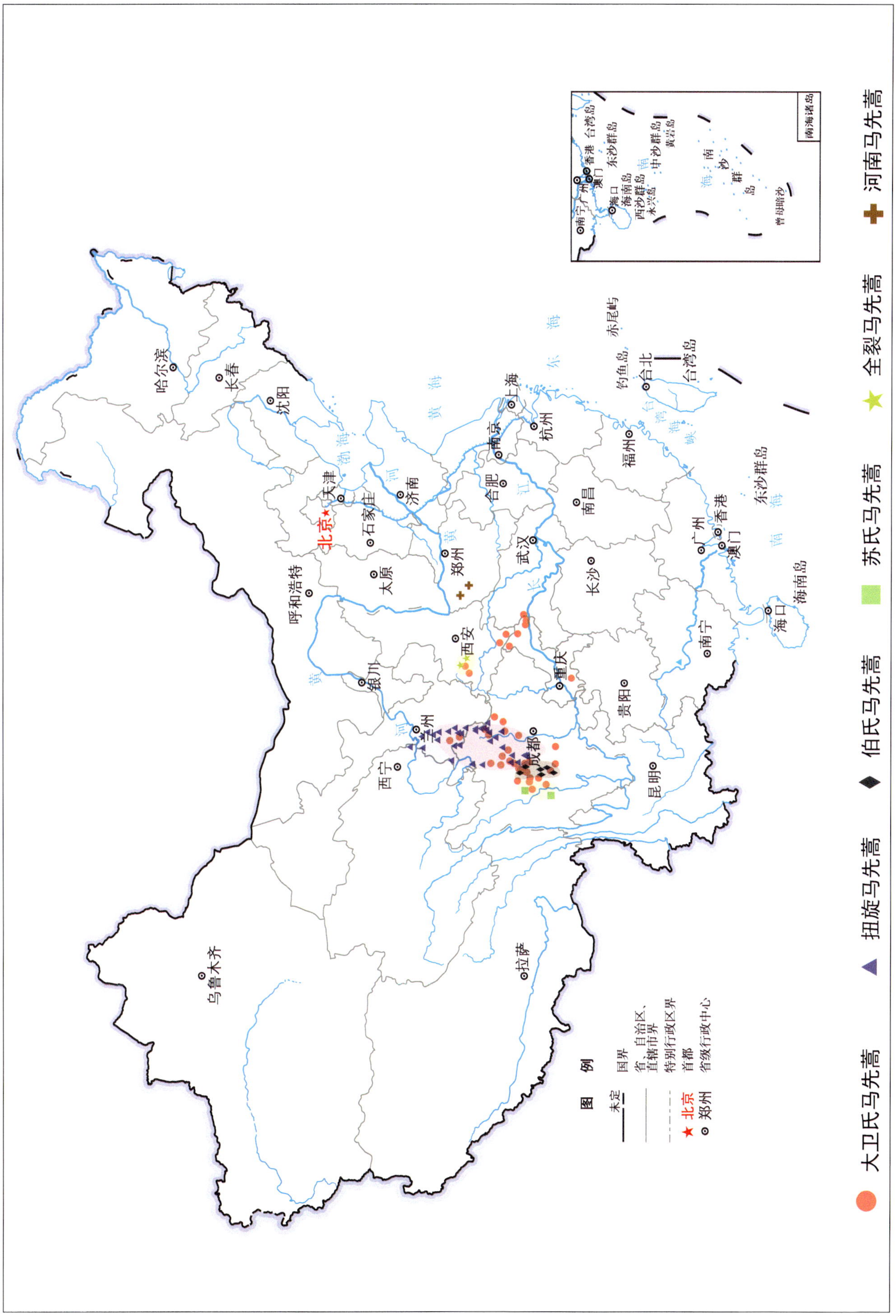

插图4　大卫氏马先蒿类物种地理分布图

200. 红毛马先蒿 hóng máo mǎ xiān hāo

Pedicularis rhodotricha **Maximowicz**, Bull. Acad. Imp. Sci. Saint-Pétersbourg. 32: 566. 1888.

生活型：多年生草本，干时变黑，高低极不相等。

根：鞭状根茎很长，顶端连接于生有须状丛根的根颈之上。

茎：茎基偶有鳞片状叶数枚，生有排列成条的毛。

叶：叶下部者有柄而较小，中部者最大，有短柄或多少抱茎；叶片线状披针形，偶为披针状长圆形，一般较狭，锐头，缘边羽状深裂至全裂；裂片长圆形至卵形，齿端偶有白色胼胝，两面几全光滑。

花：花序头状至总状，花多密生，偶亦稀疏。萼钟形，带紫红色；齿 5，三角状卵形，仅齿边有缘毛。花冠紫红色；管略与萼等长，无毛；盔直立部分很短，渐斜上作半月形弓曲而后渐狭为指向下前方的喙，除喙与直立部分前半外，均厚被长而淡红色的毛，喙端有凹缺；下唇极宽阔，两侧裂片略似折扇形，内侧有大耳，已互相接触，而重叠于圆卵形的中裂之上。

花果期：花期 6~8 月；果期 8~9 月。

生境：生于海拔 2,600~4,000 m 的高山草地上。

分布：中国特有种。产四川西部，云南西北部。

Habit: Herbs perennial, 8-35 cm tall.

Root: Rootstock stout, flagellate.

Stem: Stems with 2 lines of hairs.

Leaf: Leaves short petiolate or ± clasping; leaf blade linear-lanceolate, subglabrous, pinnatipartite to pinnatisect; segments oblong to ovate, margin double dentate.

Flower: Inflorescences capitate to racemose, usually dense. Calyx purplish red; lobes 5, triangular-ovate, ciliate. Corolla purple red; tube erect, slightly bent apically, ca. as long as calyx; galea 1/2 moon-shaped, densely long pubescent apically, with pale red hairs; beak bent downward only; lower lip ciliate.

Phenology: Fl. Jun-Aug; fr. Aug-Sep.

Habitat: Stony alpine meadows, screes; 2,600-4,000 m.

Distribution: Endemic species in China. W Sichuan, NW Yunnan.

201. 毛盔马先蒿 máo kuī mǎ xiān hāo

***Pedicularis trichoglossa* J. D. Hooker**, Fl. Brit. India. 4: 310. 1884.

生活型： 多年生草本，高 13~60 cm，干时变黑。

根： 根须状成丛，生于根颈的周围，后者下接鞭状根茎的顶部。

茎： 茎不分枝，有沟纹，沟中有成条的毛，上部尤密。

叶： 叶下部者最大，基部渐狭为柄，渐上渐小，无柄而抱茎，轮廓为长披针形至线状披针形，缘有羽状浅裂或深裂，端有重齿，上面中脉凹沟中生有褐色密短毛，面无毛至散生疏毛，背面脉上有疏毛。

花： 花序总状，始密后疏，轴有密毛；花梗有毛。萼斜钟形而浅，密生黑紫色长毛；齿 5，三角状卵形，缘有齿而常反卷，视如全缘。花冠黑紫色；管在近基处弓曲，使花全部作强烈的前俯，无毛；下唇很宽，广过于长，面向前下方，中裂圆形，侧裂多少肾形，与中裂两侧多少叠置；盔背部密被紫红色长毛，由斜上的直的部分转而向下，然后再狭而为细长无毛且转指后方的喙。

果实： 果广卵形而短，多少扁形，黑色无毛。

花果期： 花期 7~8 月；果期 8~9 月。

生境： 生于海拔 3,500~5,000 m 的高山草地与疏林中。

分布： 我国产青海，四川西部，云南西北部，西藏南部及东南部。国外分布于不丹，印度北部，缅甸北部和尼泊尔。

Habit: Herbaria Herbs perennial, 13-60 cm tall.

Root: Rootstock stout, flagellate.

Stem: Stems with 2 lines of hairs, striate.

Leaf: Leaves clasping, sessile, linear-lanceolate, pinnatifid to pinnatipartite; segments subglabrous except for pubescent midvein, margin double dentate.

Flower: Inflorescences racemose; axis densely pubescent. Pedicel, pubescent. Calyx, densely blackish purple villous, 5-lobed. Corolla blackish purple; tube bent basally; galea densely long pubescent apically, with purple-red hairs; beak slender, incurved, glabrous; lower lip glabrous; lobes broadly rounded.

Fruit: Capsule broadly ovoid, slightly exceeding calyx.

Phenology: Fl. Jul-Aug; fr. Aug-Sep.

Habitat: Open stony meadows in forests, amidst boulder screes; 3,500-5,000 m.

Distribution: Qinghai, W Sichuan, NW Yunnan, S and SE Xizang. Also distributed in Bhutan, N India, N Myanmar, and Nepal.

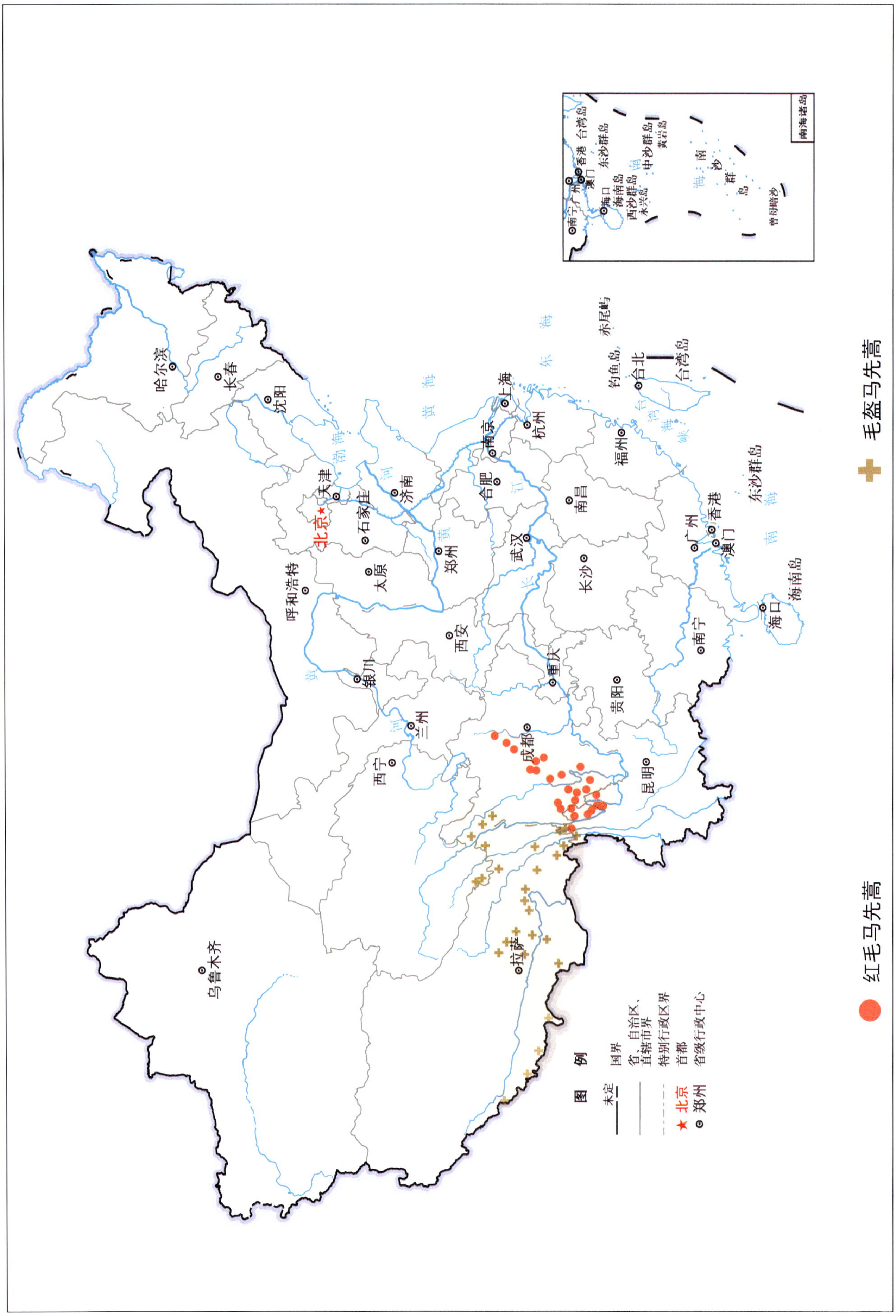

插图5 毛盔马先蒿类物种和地理分布图

202. 环喙马先蒿 huán huì mǎ xiān hāo

Pedicularis cyclorhyncha **H. L. Li**, Proc. Acad. Nat. Sci. Philadelphia. 101: 128. 1949.

生活型： 草本，干时变为黑色，除花序外几无毛。

茎： 茎直或略弯曲上升，基部细而中部最粗，单出，简单或自基部分枝，其余部分不分枝。

叶： 叶互生，下部者有长柄，细长，微有翅，上部者柄短或无；叶片锐头或钝头，羽状全裂，卵形锐头，向基渐小，自身亦有羽状浅裂和具有刺尖的细重齿，基部变宽多少延下为轴的狭翅。

花： 花序顶生，总状，上密下疏；花梗长，直立。萼卵圆状圆筒形，有疏毛，主脉多少粗凸，次脉不明显，前方几不开裂；齿 5，后方 1 齿较小。花冠红紫色；花管长约与萼相等，伸直，外面有疏毛，向端稍扩大而俯弯向前上方；盔前端渐细为一半环状卷曲的喙，使全盔卷成一不完整的环，喙端全缘；下唇宽甚过于长，基部深心形，缘微有毛，中裂很小，圆钝，侧裂圆卵形，端微有钝凸尖；雄蕊着生于管端，花丝前方 1 对端有毛。

花果期： 花期 6~7 月；果期 8 月。

生境： 生于潮湿草甸中。

分布： 中国特有种。产云南西北部。

Habit: Herbs to 40 cm tall, glabrescent except for inflorescences, drying black.

Stem: Stems single, erect or slightly flexuous, usually branched basally.

Leaf: Leaves alternate, mostly basal, short petiolate or sessile; proximal petioles slender; leaf blade linear-lanceolate, pinnatisect; segments ovate, pinnatifid and incised-double dentate.

Flower: Inflorescences racemose, lax basally. Pedicel erect. Calyx sparsely pubescent, shallowly cleft anteriorly; lobes 5, unequal, all serrate, lateral ones often deeply divided. Corolla crimson; tube erect, ca. as long as calyx, sparsely pubescent; galea curving from base ± in a circle; beak linear, curved, forming a complete circle with galea; lower lip slightly ciliate. 2 filaments pubescent apically, 2 glabrous throughout.

Phenology: Fl. Jun-Jul; fr. Aug.

Habitat: Moist meadows.

Distribution: Endemic species in China. NW Yunnan.

203. 拟鼻花马先蒿 nǐ bí huā mǎ xiān hāo

Pedicularis rhinanthoides **Schrenk ex Fischer & C. A. Meyer**, Enum. Pl. Nov. 1: 22. 1841.

生活型：多年生草本，高矮多变，干时略转黑色。

根：根茎很短，根成丛，多少纺锤形或胡萝卜状，肉质。

茎：茎直立，或更常弯曲上升，单出或自根颈发出多条，不分枝，几无毛而多少黑色有光泽。

叶：叶基生者常成密丛，有长柄；叶片羽状全裂，卵形；裂片有具胼胝质凸尖的齿。茎叶少数，柄较短。

花：花成顶生的亚头状总状花序或多少伸长，在后一种情况中下方之花远距而生于上叶的腋中；花有短梗，但有时可伸长，无毛。萼卵形而长，管前方开裂至一半，上半部有密网纹，无毛或有微毛，常有美丽的色斑；齿 5，后方 1 齿披针形全缘，较小。花冠玫红色至紫色；管长于萼约 1 倍，外面有毛，伸直，在近端处稍变粗而微向前弯；盔直立部分较管为粗，前方很快就狭细成为半环状卷曲的喙，端全缘而不裂；下唇基部宽心形，伸至管的后方，裂片圆形，侧裂大于中裂 1 倍，后者几不凸出，缘无毛；雄蕊花丝前方 1 对有毛。

果实：蒴果长为萼的 1.5 倍，披针状卵形，端多少斜截形，有小凸尖。

花果期：花期 5~7 月；果期 7~9 月。

生境：生于海拔 2,300~5,000 m 的多水或潮湿草甸中。

分布：我国产甘肃，河北，陕西，山西，青海，新疆，四川，云南和西藏。国外分布自俄罗斯至喜马拉雅西部。

Habit: Herbs perennial, drying slightly black.

Root: Roots ± fusiform, fascicled, fleshy.

Stem: Stems single to numerous, erect or flexuous, unbranched, glabrescent, shiny.

Leaf: Basal leaves usually densely fascicled; leaf blade linear-oblong, pinnatisect; segments ovate, glabrescent, dentate, teeth callose. Stem leaves few, shorter petiolate than basal leaves.

Flower: Inflorescences short racemose. Pedicel glabrous. Calyx long ovate, 1/2 cleft anteriorly, often with purplish dots; lobes 5, unequal, posterior one lanceolate and ± entire, lateral lobes ovate and serrate. Corolla rose to violet-purple; tube ca. 2× longer than calyx, pubescent; tube erect; galea erect basally, ± bent at a right angle apically; beak S-shaped to semicircular; lower lip wide, ciliate or not. 2 filaments pubescent, 2 glabrous.

Fruit: Capsule lanceolate-ovoid.

Phenology: Fl. May-Jul; fr. Jul-Sep.

Habitat: Moist alpine meadows, boggy places along streams, among small *Rhododendron* and other shrubs in moist locations on open hillsides; 2,300-5,000 m.

Distribution: Gansu, Hebei, Shaanxi, Shanxi, Qinghai, Xinjiang, Sichuan, Yunnan, Xizang. Also distributed from Russia to W Himalaya.

204. 伞房马先蒿 sǎn fáng mǎ xiān hāo

***Pedicularis corymbifera* H. P. Yang**, Acta Phytotax. Sin. 18: 244. 1980.

生活型：多年生草本，高 10~20 cm，干燥时黑色。

根：根圆锥形，肉质，可达 12 cm。

茎：茎通常多数，平卧或上升。

叶：基生叶松弛丛生；叶柄长，宽翅，密被短柔毛；叶片羽状裂到羽状裂；裂片卵形到圆形，具齿。茎叶很少。

花：花序伞形。花萼长圆形，具柔毛，前面半裂；具 3 齿，不等长。花冠黄色具红色喙；筒部直立，稍长于花萼；盔瓣稍镰形，扭曲，喙向下弯曲，2 裂；下唇通常包围盔瓣，具缘毛，中间裂片微缺；前花丝密被短柔毛。

花果期：花期 7 月；果期 8 月。

生境：生于海拔约 3,400 m 的开阔的岩石斜坡、森林。

分布：我国特有种。产西藏东部。

Habit: Herbs perennial, 10-20 cm tall, drying black.

Root: Roots conical, fleshy, to 12 cm.

Stem: Stems usually numerous, procumbent or ascending.

Leaf: Basal leaves laxly cespitose; petiole long, broadly winged, densely pubescent; leaf blade ovate to ovate-oblong, pinnatipartite to pinnatisect; segments ovate to rounded, dentate. Stem leaves few.

Flower: Inflorescences corymbiform, 5-8-flowered. Calyx oblong, pilose, 1/2 cleft anteriorly; lobes 3, unequal. Corolla yellow with red beak; tube erect, slightly longer than calyx; galea slightly falcate, ± twisted; beak bent downward, 2-cleft; lower lip usually enveloping galea, ciliate, middle lobe emarginate. Anterior filaments densely pubescent.

Phenology: Fl. Jul; fr. Aug.

Habitat: Open rocky slopes, open forests; ca. 3,400 m.

Distribution: Endemic species in China. E Xizang.

205. 哀氏马先蒿 āi shì mǎ xiān hāo

***Pedicularis elwesii* J. D. Hooker**, Fl. Brit. India. 4: 312. 1884.

生活型：多年生草本，干时近乎黑色，密被短毛。

根：根茎粗短，垂直向下，下部发出侧枝或不分枝，多少纺锤形，肉质，须根很少。

茎：茎单条或 2~4，不分枝，草质，圆柱形，密被短毛，中空。

叶：叶基出者成疏丛，沿中肋具狭翅，密被短绒毛；叶片上面沿中肋沟中有细绒毛，其余无毛，背面密被短绒毛，边缘羽状深裂。茎出叶少数，有时亚对生，较小而柄亦较短。

花：花作短而头状的总状花序，常成密球。萼管长圆状钟形，被短毛或近于无毛，前方深裂至 1/2，裂口向前膨鼓；齿 3 或 5，绿色肥厚，后方 1 齿很小，三角形全缘。花冠紫色到浅紫红色；花管伸直，长 8~10 mm，不超出萼外；盔常全部向右偏扭，其直立部分常多少后仰，额高凸，喙自额部几以直角转折而指向前下方，然后再度向下钩曲，多少圆锥形；下唇宽大，常不平展，包裹盔部，缘有长毛，中裂约与侧裂等宽而较短，为横置的肾形，稍向前凸出；雄蕊 2 对花丝均被长毛，前密后疏。

果实：蒴果长圆状披针形，约半长有余为宿萼所斜包。

花果期：花期 6~8 月；果期 8~9 月。

生境：生于海拔 3,200~4,600 m 的高山草地中。

分布：我国产云南西北部，西藏东部、南部及东南部。国外分布于不丹，缅甸北部，尼泊尔及印度锡金。

Habit: Herbs perennial, densely pubescent, drying nearly black.

Root: Roots 2 or 3; fusiform, fleshy.

Stem: Stems 1-4, erect or slightly spreading at base, unbranched, densely pubescent.

Leaf: Basal leaves sparsely cespitose; petiole densely tomentose; leaf blade ovate-oblong to lanceolate-oblong, abaxially glabrous except for finely tomentose midvein, abaxially densely tomentose, pinnatipartite; segments ovate to ovate-oblong, pinnatifid, margin double dentate. Stem leaves few, alternate or

sometimes opposite, smaller than basal leaves, shorter petiolate.

Flower: Racemes. Calyx 1/2 cleft anteriorly; lobes 3 or 5, unequal, posterior lobe smallest, all dentate. Corolla purple to purplish red; tube erect, 8-10 mm; galea strongly curved; beak uncinate, 2-cleft or entire; lower lip completely enveloping galea, long ciliate, middle lobe reniform and cordate basally. Filaments long pubescent.

Fruit: Capsule oblong-lanceolate.

Phenology: Fl. Jun-Aug; fr. Aug-Sep.

Habitat: Alpine meadows; 3,200-4,600 m.

Distribution: NW Yunnan, E, S, and SE Xizang. Also distributed in Bhutan, N Myanmar, Nepal, and India (Sikkim).

206. 阜莱氏马先蒿 fù lái shì mǎ xiān hāo

***Pedicularis fletcheri* P. C. Tsoong**, Acta Phytotax. Sin. 3: 294. 1955.

生活型： 一年生草本，干时不变黑色。

根： 根茎粗短，直立，向下发出圆锥形主根，亚肉质而老时多少木质化，有细支根。

茎： 茎单条或丛生，直立，侧出者常倾卧上升，多少草质，略有条纹而无毛。

叶： 叶均有柄，基出者少数，常早枯，茎叶最下部者亦常早枯，互生或有时假对生，仅少数，1~2 枚，基部多少变宽而鞘状，缘有长腺毛；叶片羽状全裂，齿微有胼胝，具刺尖。

花： 花序总状。萼圆筒形，外面有长毛，前方开裂至 1/4，厚膜质不甚透明；齿 2 或 4，常结合，叶状而大，尤以后侧方者为大，宽几相等，卵状三角形。花冠白色，下唇中央有红晕；管长约 2.2 cm，无毛；盔略作镰状弓曲，稍偏扭向右，额圆形，突然折向前下方成为短喙，圆锥形，完全 2 裂至额部，裂片三角状披针形；下唇大，稍长于盔而将其包裹，不舒展，侧裂椭圆形，约大于中裂 1 倍；雄蕊花丝前方 1 对花丝有微毛。

果实： 蒴果很大，斜指前上方，端有指向前方的小凸尖。

花果期： 花期 7 月。

生境： 生于海拔 3,500~4,200 m 的高山草地中。

分布： 我国产西藏东南部。国外分布于不丹。

Habit: Herbs annual, to 40 cm tall, not drying black.

Root: Rootstock stout, erect; root conical, fleshy.

Stem: Stems single or to 10, erect, outer stems usually ascending, glabrous.

Leaf: Basal leaves few, usually withering early. Stem leaves only 1 or 2, alternate or sometimes pseudo-opposite; petiole to 2.5 cm, long glandular ciliate; leaf blade oblong-lanceolate, glabrous on both surfaces, pinnatisect; segments ovate-oblong, incised-dentate.

Flower: Inflorescences racemose. Calyx 1/4 cleft anteriorly, long pubescent; lobes 2 or 4, unequal, leaflike. Corolla white, with red-tinged center to lower lip; tube ca. 2.2 cm, glabrous; galea slightly falcate; beak bent downward, 2-cleft; lower lip completely enveloping galea finely ciliate or glabrous, middle lobe emarginate. 2 filaments pubescent, 2 glabrous.

Fruit: Capsule obliquely ovoid.

Phenology: Fl. Jul.

Habitat: Alpine meadows; 3,500-4,200 m.

Distribution: SE Xizang. Also distributed in Bhutan.

207. 大唇马先蒿 dà chún mǎ xiān hāo

***Pedicularis megalochila* H. L. Li**, Taiwania. 1: 91. 1948.

生活型：多年生草本，干时不变黑色。

根：根成丛，多至 6~7 条，细长，但中部多少纺锤形变粗，近端处渐细，有时有分枝，根颈部有须状支根。

茎：茎单条或成丛，草质，有贴伏的长白毛，不分枝。

叶：叶多基生，茎生者多有花腋生而变为苞片，柄膜质而宽，基部鞘状膨大，缘有狭翅；叶片羽状浅裂或有时深裂；裂片三角状卵形至卵状长圆形，缘有重圆齿，近基数对较小很多。茎叶较小。

花：花序显著离心，常占茎长的大部；花梗发达，上部与萼的下半部均有密长毛。萼常有深紫色斑点，膜质，前方深裂至 2/3，缺口沿边有长白毛，主脉 5，宽阔，脉中另有 1 细而清晰之脉，次脉多数，有疏网结；齿 5，后方 1 齿很小，中间狭细，端亦作宽卵形膨大而有齿。花冠黄色，仅喙部红色；管长 1.5~3.8 cm，几伸直，外面有毛；盔直立部分显著仰向后方，端多少急细为半环状卷曲的长喙；下唇极大，背面有密细毛，基部深心形，缘有毛，中裂倒心形，明显凹头，基部楔形如柄，完全不向前凸出，侧裂多少肾形；雄蕊花丝 2 对均被毛，前方 1 对毛极密，后方 1 对较疏。

花果期：花期 7~8 月；果期 8~9 月。

生境：生于海拔 3,800~4,600 m 的草坡及矮杜鹃丛林中。

分布：我国产西藏西南部及东南部。国外分布于不丹和缅甸。

Habit: Herbs perennial, less than 15 cm tall, not drying black.

Root: Roots fascicled, ± fusiform.

Stem: Stems single or cespitose, white strigose.

Leaf: Leaves mostly basal; leaf blade oblong-lanceolate, abaxially glabrescent, adaxially pubescent along midvein, pinnatifid to pinnatipartite; segments triangular-ovate to ovate-oblong, margin double dentate. Stem leaves few, smaller than basal leaves.

Flower: Inflorescences centrifugal, usually more than 1/2 as long as stems. Pedicel densely long pubescent apically. Calyx usually with purplish dots, 2/3 cleft anteriorly; lobes 5, unequal, long white ciliate. Corolla yellow, with brown-red or purple beak or corolla red throughout; tube ± erect, 1.5-3.8 cm, pubescent; galea falcate apically; beak semicircular; middle lobe obcordate, emarginate or ligulate, not placed apically. Filaments pubescent or anterior pair densely villous and posterior pair glabrous.

Phenology: Fl. Jul-Aug; fr. Aug-Sep.

Habitat: Grassy slopes, among *Rhododendron*, alpine meadows, thickets; 3,800-4,600 m.

Distribution: SE and SW Xizang. Also distributed in Bhutan, and Myanmar.

208. 谬氏马先蒿 miù shì mǎ xiān hāo

***Pedicularis mussotii* Franchet**, Bull. Soc. Bot. France. 47: 24. 1900.

生活型：多年生草本，干时不很变黑，低矮。
根：根茎短，节上发出支根多条，细长，圆柱形而略作纺锤形，多少肉质。
茎：茎成丛，由根颈顶端发出，草质柔软，常倾卧或弯曲上升，常因多数基叶与长花梗交错而成极密的大丛，有沟纹密生细短毛。
叶：叶基生者多数，大小极多变化，扁平，两侧有狭翅，生有疏毛；叶片多变，缘羽状深裂或几全裂；裂片三角状卵形至卵形，偶有披针形，最后 1 对极小，三角形，向前渐大，缘有重锐锯齿或具齿的小裂片，齿有刺尖，常为骈胝质。茎生叶几常为对生，仅在茎端花序中显出互生现象，亦有长柄，叶片较小。
花：花全部腋生，有长梗，常柔软弯曲，被有短韧毛。萼有细毛，前方深裂至 1/2 以上，裂口向前圆鼓，主脉 3，相当清晰但不高凸；齿 2~5，后方 1 齿不存在或以小刺尖的形式存在，侧方 2 齿有短柄，上方膨大，宽三角形。花冠红色；管长 7~10 mm，外面有毛；盔下缘有耳状凸起 1 对，前方渐细为卷成半环状的长喙；下唇宽甚过于长，基部深心形，有长缘毛，中裂小，仅及侧裂的半大；花丝 2 对均有毛，前方者较密。
果实：蒴果半圆形，前背缝线仅略弓曲，几伸直，有 1/2 为宿萼所斜包，端有指向前上方的小刺尖。
花果期：花期 7~8 月；果期 8 月。
生境：生于海拔 3,600~4,900 m 的高山草地中。
分布：中国特有种。产云南西北部，四川西部、西南部。

Habit: Herbs perennial, to 15 cm tall, drying slightly black.
Root: Roots slender, several, fusiform, ± fleshy.
Stem: Stems usually 4 or 5, often procumbent or ascending, unbranched, densely fine pubescent and striate.
Leaf: Leaves mostly basal; petiole narrowly winged, sparsely pubescent; leaf blade abaxially sparsely pubescent along veins, adaxially glabrous or sparsely pubescent and finely pubescent along midvein, pinnatipartite to nearly pinnatisect; segments triangular-ovate to ovate, margin double dentate or pinnatifid. Stem leaves usually nearly opposite, distal ones alternate, similar to basal leaves but smaller, shorter petiolate.
Flower: Flowers axillary. Pedicel usually curved, finely pubescent. Calyx 2- or 3 (-5) -lobed; posterior one smallest, entire or dentate, sometimes absent, lateral lobes incised-dentate. Corolla red; tube 7-10 mm, pubescent externally; galea ± bent at a right angle, with or without auriculate protrusion; beak semicircular; lower lip long ciliate, middle lobe emarginate. Filaments pubescent.
Fruit: Capsule semi-globose.
Phenology: Fl. Jul-Aug; fr. Aug.
Habitat: Alpine meadows; 3,600-4,900 m.
Distribution: Endemic species in China. NW Yunnan, SW and W Sichuan .

209. 熊猫马先蒿 xióng māo mǎ xiān hāo

***Pedicularis pandania* W. B. Yu, H. Q. Lin & Yue H. Cheng**, Guihaia. 41(12): 1951 (2021).

生活型：多年生草本，高 10~40 cm，干时变黑。

根：根稍木质化，圆形，粗壮，偶有须根。

茎：茎直立，不分枝，圆柱形，被绒毛，基部有宿存枯叶或木质化鳞片状叶柄。

叶：叶几乎全部基生，茎中下部偶有 1~3 叶互生，叶背面密被柔毛，正面疏被柔毛，羽状深裂至全裂，小裂片对生或近对生，规则浅裂或疏生齿。

花：花序总状。花萼钟形，被细毛，前方稍开裂至管 1/4 处；萼齿 5，不等大，侧后方 1 对大且叶状齿，前侧方 1 对小且具叶状齿，后面 1 齿小呈线形。花冠紫红色；花冠管与花萼近等长，近萼处扭旋使得花冠翻转；喙细长，末端稍作扭旋，具鸡冠状凸起，下唇包裹住喙，中裂较小；花丝 2 对均被细毛。

果实：蒴果扁平，基部大上面小。

花果期：花期 6~8 月；果期 7~9 月。

生境：生于海拔 3,900~4,100 m 的高山杜鹃灌丛或高山草甸中。

分布：中国特有种。产四川东北部。

Habit: Herbs perennial, 10-40 cm tall, drying black.

Root: Roots woody, conical.

Stem: Stem erect, 1 to several, unbranched, cylindrical pubescent, woodly marcescent leaves and petioles of preceding years and lanceolate scales persistent at base.

Leaf: almost all basal, sometimes 1 to 3 alternative cauline leaves; leaf blade lanceolate-oblong, abaxially persistent and furfuraceous, adaxially glabrescent or sparsely pubescent, pinnatipartite to pinnatisect; segments opposite or subopposite, regular pinnatifid or dentate.

Flower: Inflorescences racemose, 8-20-flowered Calyx campanulate, sparsely pubescent, ± 1/4 cleft anteriorly; lobes 5, unequal, abaxially lateral pair larger, leaf-like and toothed, adaxially lateral pair small and toothed, and posterior one acicular. Corolla rose; tube ca. 12 mm long, equal to calyx, twisted near the calyx making the corolla upside down; beaked slender, slightly twisted, galea crested; corolla lower-lip enclosed the beak, middle lobe rounded, smaller than lateral lobes; four filaments pubescent.

Fruit: Capsule ovoid-lanceolate to long ovoid.

Phenology: Fl. Jun-Aug; fr. Jul-Sep.

Habitat: Alpine meadows or shrubs; 3,900-4,100 m.

Distribution: Endemic species in China. NE Sichuan.

210. 硕花马先蒿 shuò huā mǎ xiān hāo

***Pedicularis megalantha* D. Don**, Prodr. Fl. Nepal. 94. 1825.

生活型： 一年生草本，干时不变黑，直立，多中等高低，高可达 45 cm。

根： 主根不分枝或分枝，根颈有须状根。

茎： 茎常成丛或单条，几无毛。

叶： 叶基出者常早枯，茎叶少数，上方者多变为苞片，无毛或背面脉上有毛；叶片羽状深裂，裂片正面疏布细毛，背面有细网脉，并疏生白色肤屑状物。

花： 花序显著离心，常占株高的大部分。萼长圆形，有毛，前方开裂不到 1/3；齿 5，后方 1 齿较小或缺失，其余 4 齿有时互相结合。花冠为玫瑰红色，管长 3~6 cm，长于萼 2~4 倍；盔直立部分很短，前端渐细为起始向前，后来渐卷曲成环状的长喙，端 2 裂；下唇很大，常向后反卷而使背面向上，并包裹盔部，其宽甚过于长，缘有毛，中裂几完全向前凸出，甚小于侧裂；雄蕊花丝前方 1 对有毛。

果实： 蒴果几长于宿萼 1 倍，卵状披针形，基部圆形，端锐头。

花果期： 花期 6~8 月；果期 7~9 月。

生境： 生于海拔 2,300~4,200 m 的溪流旁湿润处与林中。

分布： 我国产西藏南部、东南部。国外分布于不丹，印度北部，尼泊尔和巴基斯坦。

Habit: Herbs annual, (6-) 45 cm tall, not drying black.

Root: Roots unbranched.

Stem: Stems cespitose or single, glabrescent.

Leaf: Basal leaves usually withering early. Stem leaves few; leaf blade linear-oblong, abaxially sparsely white scurfy, adaxially sparsely puberulent, pinnatipartite; segments oblong-ovate to triangular-lanceolate, sinuate-dentate.

Flower: Inflorescences centrifugal, to more than 30 cm; bracts leaflike. Calyx oblong, pubescent, less than 1/3 cleft anteriorly; lobes 5, unequal. Corolla usually red-rose; tube 3-6 cm, 2×-4× as long as calyx; galea bent at a right angle apically; beak circular; lower lip completely enveloping galea, ciliate. Anterior filament pair pubescent.

Fruit: Capsule ovoid-lanceolate.

Phenology: Fl. Jun-Aug; fr. Jul-Sep.

Habitat: Swampy places at forest margins, damp grassy slopes; 2,300-4,200 m.

Distribution: S and SE Xizang. Also distributed in Bhutan, N India, Nepal, and Pakistan.

IV

匍匐茎，对生叶 / 部分假对生

211. 巴塘马先蒿 bā táng mǎ xiān hāo

Pedicularis batangensis **Bureau & Franchet**, J. Bot. (Morot). 5: 106. 1891.

生活型： 多年生草本，高 10~20 cm，干时略变黑色。

根： 根多而成丛，或有时少数，分枝而多少变粗。

茎： 茎丛生，有时极多而密，纤细但多少木质化，多对生的分枝，生有 2 条成行的毛。

叶： 叶对生，稀亚对生，近于革质；叶片两面均被短柔毛，羽状全裂；裂片线形至线状披针形，常为互生而不相对，缘有粗齿。

花： 花全部腋生；花梗约与萼等长，被短毛。萼近于革质，管倒圆锥形，前方浅裂，主脉 5，明显，其间密布网脉；齿 5，后方 1 齿较短小，披针形，近于全缘，其他 4 齿基部三角形全缘，上部为卵形，羽状深裂。花冠浅红至玫瑰色；花管细直，长 1.7~3.0 cm，外面被密毛；盔在转角处内缘常有指向前方的小齿 1 对，额部有鸡冠状凸起，前端突然细缩成伸直而尖端微翘起的短喙；下唇约与盔等长，阔大，3 浅裂，中裂较小，边有缘毛；雄蕊花丝 2 对均无毛。

果实： 蒴果卵圆形，稍偏斜，有凸尖。

花果期： 花期 6~8 月；果期 8~9 月。

生境： 生于海拔 2,500~3,100 m 的干石山坡上。

分布： 中国特有种。产四川西北部及西部。

Habit: Herbs perennial, 10-20 cm tall, drying black.

Root: Roots fascicled.

Stem: Stems many, clustered, sometimes repent, only ascending apically; branches opposite, to 30 cm, with 2 lines of hairs.

Leaf: Leaves opposite, leathery; petiole pubescent; leaf blade oblong to ovate-oblong, pubescent; segments linear to linear-lanceolate, dentate or lobed.

Flower: Flowers scattered. Pedicel pubescent. Calyx tube obconical; lobes 5, lanceolate, posterior one ± entire, lateral lobes larger, leaflike. Corolla pink to rose; tube erect, 1.7-3 cm, densely pubescent; galea bent at a right angle, abruptly constricted into a beak apically; beak, slender, straight; lower lip ciliate. Filaments glabrous.

Fruit: Capsule ovoid, slightly compressed, apiculate.

Phenology: Fl. Jun-Aug; fr. Aug-Sep.

Habitat: Open rocky slopes; 2,500-3,100 m.

Distribution: Endemic species in China. NW and W Sichuan.

212. 爱氏马先蒿 ài shì mǎ xiān hāo

***Pedicularis elliotii* P. C. Tsoong**, Acta Phytotax. Sin. 3: 287. 1955.

生活型：多年生草本，干时变黑。

根：根丛生，少数，圆筒状纺锤形，多少肉质。

茎：茎自短根颈发出多条，多分枝，匍匐上升，铺散成密丛。

叶：叶基出者早败，叶柄线形亚透明。茎生者成对，下部者有长柄；叶片近基的半部二回羽状全裂；裂片有小柄，自身亦为羽状全裂，有齿；近端的半部简单而不规则羽状全裂；茎叶上部者较小，柄稍短于叶片，叶片椭圆状长圆形，羽状全裂。

花：花全部腋生，有明显的梗，略有长毛。萼前方不裂，脉 10，明显，无网脉；齿 5，后方 1 齿较小很多，线形全缘。花冠亮紫色而管淡紫色；管长达 2.5 cm，细而无毛，盔顶端相当突然地向前伸出为直喙，喙端截形；雄蕊着生于管口稍下处，前面 1 对花丝稍有毛，后方 1 对无毛。

花果期：花期 6 月。

生境：生于海拔约 4,000 m 的溪流旁潮湿处。

分布：中国特有种。产西藏东部。

Habit: Herbs perennial, less than 15 cm tall, drying black.

Root: Roots few, fascicled, ± fleshy.

Stem: Stems many branched; branches diffuse basally.

Leaf: Leaves opposite; leaf blade linear-oblong to elliptic-oblong pinnatisect; segments pinnatisect, dentate.

Flower: Flowers axillary. Pedicel sparsely long pubescent. Calyx slightly cleft anteriorly; lobes 5, unequal, posterior tooth one linear and entire, lateral lobes larger, ovate, serrate. Corolla light purple with whitish purple tube; tube to 2.5 cm, slender, glabrous; galea bent at a right angle apically; beak straight; lower lip not ciliate, middle lobe rounded, not hoodlike. 2 filaments pubescent, 2 glabrous.

Phenology: Fl. Jun.

Habitat: Riversides, damp places; ca. 4,000 m.

Distribution: Endemic species in China. E Xizang.

213. 坛萼马先蒿 tán è mǎ xiān hāo

***Pedicularis urceolata* P. C. Tsoong**, Fl. Reipubl. Popularis Sin. 68: 414. 1963.

生活型： 一年生草本，多少低矮，草质，下部老时多少木质化，干时不变黑。

茎： 茎多自根茎发出多条，丛生，中央者较粗壮，直立，外围者斜升或弯曲而后上升，不分枝，有毛线 2 条。

叶： 叶基出者少数，早枯，有长柄。茎生者仅 1 对或无，叶柄长或短，基部常膜质膨大，略有疏毛或几光滑；叶片羽状深裂；裂片卵形，有缺刻状齿，缘常反卷，正面深绿，几光滑或在中肋沟中下半部有细毛，背面无毛。

花： 花序多少伸长，常多花，在侧茎上者有时仅有花 1~2 对；花梗长。萼膜质，为坛状卵圆形，口部缩小，脉 10，脉上有疏白毛；萼齿 5，约等于管部的半长，后方 1 齿针形，较大，其余 4 齿有细长的柄。花冠玫瑰红色，管端、盔直立部分的下部与喉部显作黄色；管长 2.7~3 cm，外方有毛线；盔端以直角转折向前成为膨大的含有雄蕊部分，前方很快就细缩成一镰状弓曲而端指向下方的喙，端全缘；下唇宽大，有缘毛，中裂甚小于侧裂；雄蕊着生于花管顶部，花丝均无毛。

果实： 蒴果包于宿萼之内，后者很膨大，未成熟的蒴果仅微伸出，2 室不等，多少向前弓曲，端有刺尖。

花果期： 花期 7 月；果期 7~8 月。

生境： 生于海拔约 3,800 m 的高山草地中。

分布： 中国特有种。产四川西部。

Habit: Herbs annual, 10-20 cm tall, ± woody at base when old, not drying black.

Stem: Stems numerous, fascicled, central stem erect, outer ones ascending, unbranched, with 2 lines of hairs.

Leaf: Basal leaves few, withering early. Stem leaves often only 1 pair or absent; leaf blade elliptic-oblong to lanceolate-oblong, glabrescent on both surfaces, pinnatipartite, segments ovate, incised-dentate.

Flower: Inflorescences with 1-6 flower pairs. Pedicel elongated in fruit, glabrescent. Calyx urceolate-ovate, sparsely whitish pubescent along veins; lobes 5, unequal. Corolla rose-red, with yellow at tube apex and galea base; tube 2.7-3 cm, pubescent; galea falcate apically, shorter than tube; beak slightly recurved, slender; lower lip ciliate, middle lobe smaller than lateral pair, hoodlike. Filaments glabrous.

Fruit: Capsule slightly exceeding calyx, apex acuminate.

Phenology: Fl. Jul; fr. Jul-Aug.

Habitat: Alpine meadows; ca. 3,800 m.

Distribution: Endemic species in China. W Sichuan.

V

匍匐茎 / 无茎，互生叶 / 基生叶

214. 埃氏马先蒿 āi shì mǎ xiān hāo

***Pedicularis artselaeri* Maximowicz**, Bull. Acad. Imp. Sci. Saint-Pétersbourg. 24: 84. 1877.

生活型：多年生草本，草质，干时略变黑色。

根：根多数，有时有分枝，多少纺锤形，肉质，自短而弯曲的根茎上发出，根茎上方在强大的植株中分枝，发出茎 2~4 条。

茎：在新生的植株中茎单一，基部被有披针形至卵形的黄褐色膜质鳞片及枯叶柄，不发达，细弱而短，有毛。

叶：叶有长柄，软弱而铺散地面，叶柄下半部扁平而薄，在中肋两侧有膜质的翅，中部以上渐厚为绿色草质，密被短柔毛；叶片上面有疏长的毛，下面沿脉有锈色短毛，羽状全裂；裂片卵形，羽状深裂，或有缺刻状重锯齿，齿端有尖刺状胼胝。

花：花腋生，具有长梗，细柔弯曲，被长柔毛。萼圆筒形，前方不裂，被长柔毛，主脉 5，不显著，网脉则很显著；齿 5，中部狭细，基部三角状卵形而连于管，上部作卵状披针形的膨大而有细锐的锯齿。花大，浅紫色；花冠管伸直，下部圆筒状，近端处稍扩大，略长于萼或为其 1.5 倍，无毛；盔作镰形弓曲，盔端尖而顶端微钝，指向前上方；下唇很大，稍长于盔，以锐角伸展，裂片圆形，几相等，中裂两侧略叠置于侧裂之下；花丝 2 对均被长毛。

果实：蒴果卵圆形，稍扁平，顶端有偏指下方的凸尖，全部为膨大的宿萼所包裹。

花果期：花期 5 月；果期 7~8 月。

生境：生于海拔 1,000~2,800 m 的石坡草丛中和林下较干处。

分布：中国特有种。产河北，山西，陕西，湖北与四川东北部。

Habit: Herbs perennial, 3-6 cm tall, drying slightly black.

Root: Roots fleshy.

Stem: Stems 1 to several together, delicate, enveloped in lanceolate to ovate, membranous scales and marcescent petioles, pubescent.

Leaf: Petiole delicate, diffuse, densely tomentose; leaf blade oblong-lanceolate, abaxially rust colored hispidulous along veins, adaxially sparsely long pubescent; segments ovate, pinnatipartite, incised-dentate.

Flower: Pedicel slender, curved, villous. Calyx lobes 5, ± equal, leaflike. Corolla purple; tube erect, slightly longer than to 1.5× as long as calyx; galea apex acute or obtuse; lower lip slightly longer than galea, lobes rounded, ± equal. Filaments pubescent.

Fruit: Capsule completely enclosed by calyx, ovoid.

Phenology: Fl. May; fr. Jul-Aug.

Habitat: Moist places, rocky slopes, forests; 1,000-2,800 m.

Distribution: Endemic species in China. Hebei, Shanxi, Shaanxi, Hubei, NE Sichuan.

易思荣/摄影

易思荣/摄影

易思荣/摄影

215. 拟紫堇马先蒿 nǐ zǐ jǐn mǎ xiān hāo

Pedicularis corydaloides **Handel-Mazzetti**, Symb. Sin. 7: 851. 1936.

生活型：多年生草本，细弱，常强烈铺散地面。

根：根茎细长，有明显之节，节上生有微小的卵状膜质鳞片。

茎：茎短缩，发出长枝多条，常丛密，有毛，直立，基部生花，侧枝伸展，匍匐或上升，有时再分枝，枝及小枝端生总状花序。

叶：叶基出多数，互生，有长柄，有细毛；叶片羽状全裂，裂片正面光滑，背有白色肤屑状物。茎枝上叶常假对生，柄较短，叶片亦较小，裂片较少。

花：花在基叶腋中单生而聚集茎基，亦在茎枝之端成短总状花序，花序常偏向一侧，开花次序显然离心。萼齿 5，后方 1 齿极短，后侧方 2 齿最大。花冠浅硫黄色；花管稍超过于萼至几长 1 倍；盔伸直，基部稍膨大上部线形，顶圆形，前额有时有极小的凸尖；下唇伸张，约与盔等长，有细缘毛，裂片 3，几相等；雄蕊花丝有毛。

果实：蒴果扁平，极偏斜，前背缝线仅稍圆弓，后背缝线则圆拱至半环以上，端有小凸尖。

花果期：花期 7~8 月；果期 8~9 月。

生境：生于海拔 3,200~3,800 m 的森林、灌木丛、高山草甸。

分布：中国特有种。产云南西北部与西藏东南部。

Habit: Herbs perennial, slender.

Root: Rootstock slender.

Stem: Stems erect, short, slender, sparsely long branched apically, with remote scales basally, outer stems usually procumbent to ascending, sometimes branched, pubescent.

Leaf: Basal leaves numerous, petiole slender, puberulent; leaf blade ovate-elliptic to ovate-oblong, abaxially white scurfy, adaxially glabrous; segments usually ovate to oblong, pinnatifid or incised-dentate. Stem and leaves usually pseudo-opposite, smaller than basal leaves.

Flower: Flowers axillary, usually racemose apically, centrifugal. Calyx pubescent; lobes 5, unequal, posterior one usually lanceolate and entire, lateral lobes larger, serrate. Corolla yellow; tube cylindric, longer than calyx; galea straight, sparsely glandular pilose apically, rounded in front, minutely apiculate at apex; lower lip ca. as long as galea, ciliate, lobes ± equal, rounded. Filaments pubescent.

Fruit: Capsule ovoid-lanceolate.

Phenology: Fl. Jul-Aug; fr. Aug-Sep.

Habitat: Forests, shrubby grass of hillsides, alpine meadows; 3,200-3,800 m.

Distribution: Endemic species in China. NW Yunnan, SE Xizang.

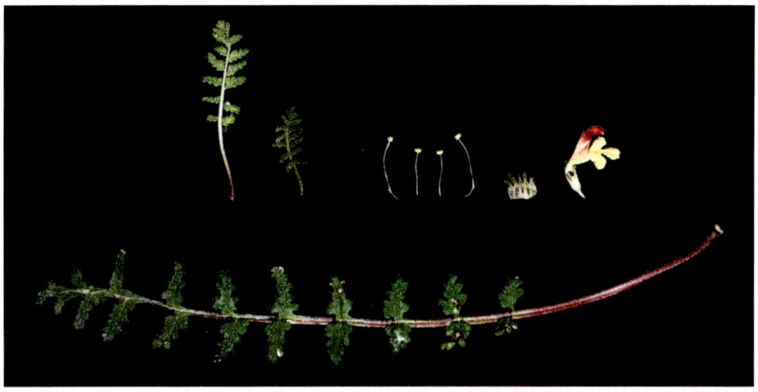

216. 隐花马先蒿 yǐn huā mǎ xiān hāo

***Pedicularis cryptantha* Marquand & Shaw**, J. Linn. Soc., Bot. 48: 211. 1929.

生活型： 多年生草本，低矮草本，干时多少变黑。

根： 根茎短或伸长，节上有明显的卵状膜质鳞片，下端连接于多少肉质而纺锤形膨大的根。

茎： 茎短缩，分枝复杂成密丛，多弯曲上升，近基处有长毛。

叶： 叶下部者有长柄，有疏毛，上面沟中有密短毛；叶片近基处羽状全裂，近端处羽状浅裂，或几全部全裂；裂片羽状浅裂至半裂，有重锯齿，齿有刺尖，上面无毛或有极疏的毛，下面网脉清楚，网眼中叶面凸起。

花： 花腋生于基部，有时在枝端亦有总状花序，其开花次序显然离心。萼管圆筒形，有疏毛或毛很密，主脉 5；齿 5，后方 1 齿稍较小，全缘，其他 4 齿披针形，端略膨大，有不明显的齿。花冠硫黄色，无斑点；管下部直立，端强烈扩大并向前膝曲；盔与管的上段同一指向，而朝向前上方，约与管等长，全部多少镰状弓曲，基部 1/3 向前膨鼓，上部 2/3 向后方凹弓，额稍圆凸，转向下前方与向前凸出的前缘顶端组成一三角形的凸尖；下唇中裂圆形，基部有柄，侧裂为纵置的肾形。

花果期： 花期 5~8 月；果期 9~10 月。

生境： 生于海拔 2,700~4,700 m 的河岸湿处及松林下。

分布： 我国产西藏东南部。国外分布于不丹。

Habit: Herbs perennial, to 12 (-14) cm tall, drying ± black.

Root: Roots ± fusiform, fleshy.

Stem: Stems usually procumbent to ascending, short, pubescent; branches densely clustered.

Leaf: Basal leaves numerous; petiole sparsely pubescent; leaf blade ovate-oblong to ovate, adaxially sparsely pubescent to glabrous; segments linear-lanceolate, margin double dentate.

Flower: Flowers axillary, 10-20-flowered, sometimes racemose apically, centrifugal; bracts leaflike, lanceolate. Pedicel slender. Calyx tube cylindric, sparsely to densely pubescent; lobes 5, unequal. Corolla yellow, tube expanded, curved apically; galea ± falcate, front rounded, apex slightly acute; lower lip with middle lobe rounded, smaller than lateral lobes, entire, slightly projecting. Filaments glabrous.

Phenology: Fl. May-Aug; fr. Sep-Oct.

Habitat: Grassy stream banks, woods and *Pinus* forests; 2,700-4,700 m.

Distribution: SE Xizang. Also distributed in Bhutan.

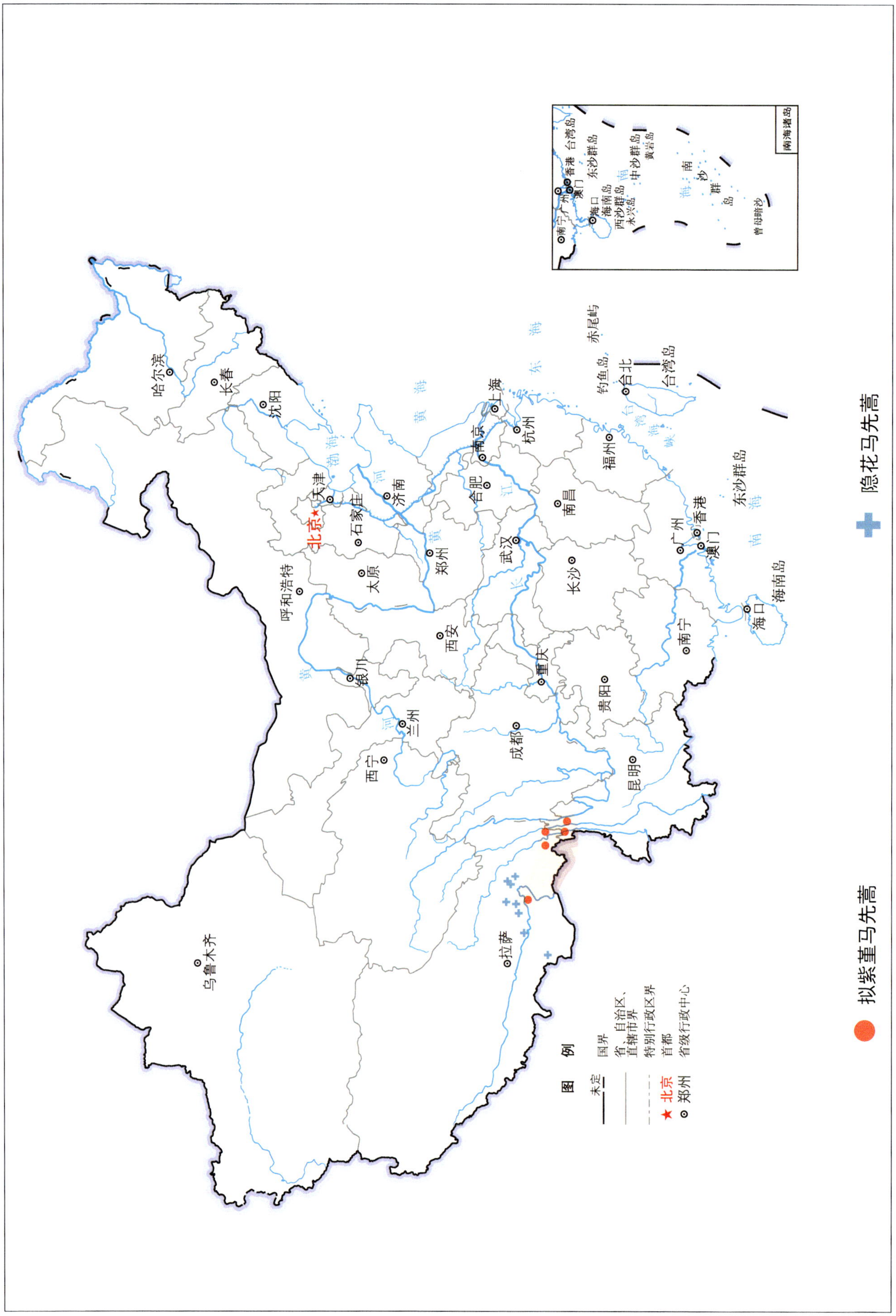

插图6 拟紫堇马先蒿类物种地理分布图

217. 腋花马先蒿 yè huā mǎ xiān hāo

***Pedicularis axillaris* Franchet ex Maximowicz**, Bull. Acad. Imp. Sci. Saint-Pétersbourg. 32: 555. 1888.

生活型： 多年生草本，植株软弱草质，常倾卧，干时变为黑色。

根： 根茎细长如鞭，有节及分枝；节上留有 1 至数对卵形而有尾状尖头的鳞片，在大的植株中节上发出多少纺锤形的肉质根。

茎： 常 2~4 条自根茎顶端发出，对生，各条又在基部分枝，枝亦修长偃卧，故粗看茎数愈多，茎枝有疏细毛，在分枝处有较密的褐色长毛。

叶： 叶有柄，多对生，柄长；叶片羽状全裂；裂片尖长圆形，羽状深裂至浅裂，小裂片披针形至三角状卵形，有锐锯齿。

花： 花均腋生，有梗，梗开花时直立，花后伸长而弯曲。萼圆筒形；齿 5，齿自狭而全缘的基部上升，变为宽椭圆形而有缺刻状锯齿。花冠紫红色或者白绿色；管长为萼的 2 倍，伸直且无毛；盔以直角转折向前，至额部很快即狭细而成为伸直并稍指向前下方的喙；下唇裂片亚相等，中裂多少向前凸出，均有缘毛；花丝无毛。

果实： 蒴果偏圆形，扁平，半为宿萼的萼管所包裹，2 室不等，有完全偏处于基线而指向下方的尖喙。

花果期： 花期 6~8 月；果期 7~9 月。

生境： 生于海拔 3,000~4,000 m 的河岸与林下阴湿处，有时亦见于草坡中。

分布： 中国特有种。产云南西北部，西藏东南部。

Habit: Herbs perennial, weak, often procumbent, drying black.

Root: Rootstock slender.

Stem: Stems 2 or more together, usually branched basally; branches very slender, repent or ascending, sparsely pubescent.

Leaf: Leaves mostly opposite; leaf blade elliptic-lanceolate, pinnatisect; segments pinnatipartite to pinnatifid, incised-dentate.

Flower: Pedicel erect at anthesis, later elongating to 2.5 cm, becoming curved. Calyx turbinate-cylindric, slightly cleft anteriorly; lobes 5, incised-dentate. Corolla purple or greenish white; tube erect, ca. 2× as long as calyx, glabrous; galea bent at a right angle; beak bent slightly downward, slender; lower lip ca. 8 mm, ciliate. Filaments glabrous.

Fruit: Capsule compressed, ovoid, apex acuminate.

Phenology: Fl. Jun-Aug; fr. Jul-Sep.

Habitat: Moist and open pastures, shaded damp places in forests and thickets, open rock crevices; 3,000-4,000 m.

Distribution: Endemic species in China. NW Yunnan, SE Xizang.

218. 长梗马先蒿 cháng gěng mǎ xiān hāo

Pedicularis longipes **Maximowicz**, Bull. Acad. Imp. Sci. Saint-Pétersbourg. 32: 554. 1888.

生活型： 多年生草本，植株很细弱而小，不超过 10 cm，干时不变黑而常为鲜明的绿色。

根： 根茎细而鞭状，光滑黑色。

茎： 茎极不发达，生有多数的叶子。

叶： 叶均有长柄，扁平而有条纹，有疏毛或几光滑；叶片羽状全裂，仅近端处为羽状深裂，裂片叶状而有短柄，自身亦为羽状深裂，有锐锯齿。

花： 花腋生而少，有长梗，梗细弱而弯曲，有微毛。萼陀螺状钟形，缘有密毛，有 5 细主脉，其间尚有 5 次脉；齿 5，披针状线形，草质绿色，锐尖头，近端处有 1~2 小齿。花冠玫瑰色，管长超过萼 2 倍；下唇很大，有缘毛，圆形，前端 3 浅裂，侧裂略作倒心形，中裂圆形，较小很多，盔以直角转折，前方渐细为指向前方的直喙；花丝无毛。

花果期： 花期 7~8 月；果期 9 月。

生境： 生于海拔 3,400~4,100 m 的苔藓型冷杉林中。

分布： 中国特有种。产四川西部、西北部。

Habit: Herbs perennial, low, barely 10 cm tall, ± stemless, delicate, not drying black.

Root: Rootstock slender.

Stem: Stems 3-4 cm, leafy, occasionally few branched.

Leaf: Leaves alternate; petiole long; leaf blade oblong to oblong-lanceolate, pinnatisect; segments oblong-lanceolate, pinnatisect, incised-dentate.

Flower: Flowers few. Pedicel curved, slender. Calyx turbinate-campanulate, slightly cleft anteriorly; lobes 5, lanceolate-linear, ± entire to obscurely dentate. Corolla rose; tube more than 2× as long as calyx; galea bent at a right angle; beak straight, slender; middle lobe rounded, smaller than lateral lobes, ciliate. Filaments glabrous.

Phenology: Fl. Jul-Aug fr. Sep.

Habitat: Moist *Abies* forests; 3,400-4,100 m.

Distribution: Endemic species in China. NW and W Sichuan.

219. 蔊菜叶马先蒿 hàn cài yè mǎ xiān hāo

Pedicularis nasturtiifolia **Franchet**, Bull. Soc. Bot. France. 47: 28. 1900.

生活型： 多年生草本，干时不变黑色。

茎： 茎常单条，分枝或简单，无毛或微有成行的毛，软弱。

叶： 叶基出者未见。茎叶疏生直达顶端，对生或亚对生，质薄；叶柄生有疏长毛；叶片上面有疏粗毛，中肋沟中较密，下面近无毛，为羽状全裂，缘有重锯齿，偶有缺刻状开裂，向叶基一方的基部常下延成翅，向叶端的一方则为亚心形。

花： 花均腋生，梗纤细，几无毛。萼圆筒状倒圆锥形，基部钝，具 5 显著主脉，基部沿中脉有白色疏长毛，前方不开裂；萼齿 5，稍不相等，下部略有柄，上部膨大叶状，卵形锐头而有 3~5 锯齿。花冠玫瑰色；管略短于萼；下唇很大，圆形，微有缘毛，侧裂较大，半圆形，中裂几不向前凸出，狭卵形而尖；雄蕊花丝前方 1 对被毛。

花果期： 花期 6~7 月；果期 7~8 月。

生境： 生于海拔约 2,000 m 的林下及其他潮湿处。

分布： 中国特有种。产四川东部，陕西和湖北西部。

Habit: Herbs perennial, not drying black.

Stem: Stems usually single, dichotomously branched or unbranched, weak, repent, subglabrous.

Leaf: Leaves opposite; petiole slightly long pubescent; leaf blade ovate to oblong membranous, abaxially subglabrous, adaxially slightly hirtellous, pinnatisect; segments broadly ovate, pinnatifid, margin double dentate.

Flower: Pedicel slender, subglabrous. Calyx cylindric-obconical, slightly cleft anteriorly; lobes 5, slightly unequal, leaflike, glabrous apically, sparsely white villous along midvein at base. Corolla rose; tube less than 2× as long as calyx; lower lip large, slightly ciliate, middle lobe narrowly ovate, apex acute. 2 filaments pubescent, 2 glabrous.

Phenology: Fl. Jun-Jul; fr. Jul-Aug.

Habitat: Moist places, forests; ca. 2,000 m.

Distribution: Endemic species in China. E Sichuan, Shaanxi, W Hubei.

220. 蔓生马先蒿 màn shēng mǎ xiān hāo

***Pedicularis vagans* Hemsley**, J. Linn. Soc., Bot. 26: 218. 1890.

生活型： 多年生草本，干时变为黑色。

根： 根茎粗短，发出成丛侧根，侧根极长。

茎： 茎多数，自根颈顶端发出，细长蔓延，基部常有宿存的老叶柄，无毛。

叶： 叶基生者极大，很像蕨类的叶子，有长柄；叶片羽状全裂至深裂；裂片线状披针形至长圆形，自身亦为羽状半裂至深裂，有锯齿，齿具刺尖，有胼胝，正面有细污毛，背面几光滑而网脉明显。茎生叶较小很多，常为对生，顶部者多互生，多少卵形或为圆形。

花： 花少有单生叶腋，一般多生于特殊的小短枝上而密聚成束。萼管状，无毛，前方开裂，具 10 脉；齿 5，稍不等。花冠粉红色；管伸直，有自下唇基部下延的毛线 2 条，花长几为萼的 2 倍；盔颇狭，自基部即作半月形的镰状弓曲，前方狭缩成喙；下唇很大，裂片几相等，中裂卵形，略小于圆钝而斜的侧裂；花丝 2 对均无毛，或有 1 对略有极疏的毛。

花果期： 花期 7~8 月；果期 9~10 月。

生境： 生于海拔 900~2,200 m 的林荫下及路旁阴湿处。

分布： 中国特有种。产四川中部。

Habit: Herbs perennial, drying black.

Root: Rootstock stout, lateral root slender.

Stem: Stems numerous, more than 40 cm, prostrate, repent to climbing, glabrous.

Leaf: Basal leaves fernlike; petiole long; leaf blade oblong-lanceolate pinnatisect to pinnatipartite; segments linear-lanceolate to oblong, incised-dentate. Stem leaves alternate to opposite, ovate or orbicular, abaxially subglabrous, adaxially sparsely bristly.

Flower: Flowers often in dense clusters, axillary; bracts leaflike. Pedicel short. Calyx tubular, glabrous, cleft more deeply anteriorly; lobes 5, unequal, serrate. Corolla pink; tube erect, longer than calyx; galea falcate; beak conical; lower lip spreading. Filaments subglabrous.

Phenology: Fl. Jul-Aug; fr. Sep-Oct.

Habitat: Forest understories, shaded wet paths, thickets; 900-2,200 m.

Distribution: Endemic species in China. C Sichuan.

221. 峨嵋马先蒿 é méi mǎ xiān hāo

***Pedicularis omiiana* Bonati**, Bull. Soc. Bot. France. 54: 184, 375. 1907.

生活型：多年生草本，干时略变黑色，草质。
根：根茎多少木质化，平展，侧根长，中间多少变粗而两端尖细，有分枝，自根颈上发出。
茎：茎常数条并出，柔弱，斜升或倾卧而后上升，被有相当密的卷曲毛。
叶：叶基出者多数，膜质，有长柄，与叶轴均被疏长毛；叶片羽状全裂，裂片卵形至卵状长圆形，边有重锐锯齿，基部下延，两侧不等。茎生叶较小，互生或常亚对生，卵形，柄较短，羽状深裂，基部亚心形，裂片较少。
花：花腋生，有短梗，有细疏毛。萼为狭钟形，前方不裂，有 10 显著脉纹，无网脉，几光滑或被有疏长毛；齿 5。花冠紫色；管很长，3~4.5 cm，纤细而直，外面有疏细毛；盔直立部分略宽于管而与其在同一直线上，先端渐细为上翘的喙；下唇大，与盔含有雄蕊部的分取同一方向开展，裂片圆形，无缘毛，侧裂斜椭圆形，中裂多少倒卵形，向前凸出；花丝 2 对均无毛。
果实：蒴果多少扁平，斜长卵圆形，具细尖。
花果期：花期 6~7 月；果期 7~9 月。
生境：生于海拔 2,300~3,200 m 的林阴湿处。
分布：中国特有种。产四川西部和中西部。

Habit: Herbs perennial, drying black.
Root: Rootstock woody; lateral root slender.
Stem: Stems usually several together, erect, ascending to decumbent or procumbent, densely pubescent.
Leaf: Basal leaves numerous; petiole long, slightly puberulent to villous; leaf blade ovate-oblong to oblong-lanceolat, pinnatisect; segments ovate to ovate-oblong, margin double dentate. Stem leaves alternate or often ± opposite, similar to basal leaves but smaller.
Flower: Pedicel pubescent. Calyx narrowly campanulate, subglabrous or slightly villous; lobes 5, ± equal, entire to serrate. Corolla purple; tube erect, slender, to 3-4.5 cm, slightly pubescent; galea erect, obtusely curved; beak cylindric; lower lip deeply lobed, lobes rounded, margin glabrous. Filaments glabrous.
Fruit: Capsule obliquely long ovoid apiculate.
Phenology: Fl. Jun-Jul; fr. Jul-Sep.
Habitat: Damp places in forests, thickets; 2,300-3,200 m.
Distribution: Endemic species in China. W and WC Sichuan.

222. 地管马先蒿 dì guǎn mǎ xiān hāo

Pedicularis geosiphon **H. Smith & P. C. Tsoong**, Fl. Reipubl. Popularis Sin. 68: 400. 1963.

生活型：多年生草本，干时不变黑色，少毛。

根：根茎鞭状而极长，纤细如线。

茎：茎常 2~4，常因根茎的蔓延而疏距，极短，黑色无毛，生叶和花。

叶：叶有长柄，一般较短，扁平有条纹，几无毛；叶片羽状全裂，裂片斜卵形，有明显的小柄，在较大的植株中者很疏远，在稍小的植株中距离较近，常显作互生，缘有锐重齿，上面疏布短毛，下面光滑而网脉明显，略有白色肤屑状物。

花：花单生叶腋，有花梗，黑色而光滑。萼圆筒形，有疏长毛，前方开裂至中部，主脉明显；齿 5，略等长，后方 1 齿线形，端几不膨大，其余者端膨大而有少数锯齿。花冠管长 4.5~6.5 cm，外面有毛；盔近顶处两边各有 1 小齿，前端渐细为伸直而指向前方的喙，喙端 2 裂；下唇很大，约等宽，中裂椭圆状长圆形，向前凸出，侧裂斜卵形；雄蕊着生管端，花丝 2 对均无毛。

花果期：花期 7 月；果期 8 月。

生境：生于海拔 3,500~3,900 m 的原生针叶林中苔藓层上。

分布：中国特有种。产甘肃南部，四川北部。

Habit: Herbs perennial, sparsely pubescent, not drying black.

Root: Rootstock filiform.

Stem: Stems often 2-4, widely spaced, black, glabrous.

Leaf: Leaves alternate; petiole to 3 cm, subglabrous; leaf blade linear-oblong, abaxially glabrous, adaxially sparsely pubescent, pinnatisect; segments oblique ovate, incised-dentate.

Flower: Inflorescences 1-3-flowered. Pedicel glabrous. Calyx cylindric, cleft anteriorly to middle of tube, sparsely villous; lobes 5, unequal. Corolla tube 4.5-6.5 cm, pubescent; galea ± bent at a right angle apically, with 1 marginal tooth on each side near apex; beak straight; lower lip longer than galea. Filaments glabrous.

Phenology: Fl. Jul; fr. Aug.

Habitat: Mossy places in old growth coniferous forests; 3,500-3,900 m.

Distribution: Endemic species in China. S Gansu, N Sichuan.

223. 细管马先蒿 xì guǎn mǎ xiān hāo

***Pedicularis gracilituba* H. L. Li**, Proc. Acad. Nat. Sci. Philadelphia. 101: 173. 1949.

生活型：多年生草本，高 4~6 cm，极少达 15 cm，干时变为黑色，无毛或有短柔毛。

根：根茎密生卵形尖头的鳞片，下方多少变粗而为肉质，有分枝。

茎：茎多数成密丛，细而柔弱。

叶：叶密而多，基出者与茎生者相似，互生，有长柄，柄常长于叶片，纤细，几无毛；叶片膜质，无毛或上面略有短硬毛，披针状长圆形，羽状全裂；裂片卵形至卵状长圆形，锐头，基部两侧不等而连着于叶轴，有深锐锯齿。

花：花腋生，疏稀；花梗细柔。萼长圆筒状，前方不裂，被短柔毛，除较宽而不很高凸的 5 主脉外，尚有 5~7 次脉；齿 5，近于相等，基部三角形，连于萼管，向上渐强，至中部以上处膨大为卵形，有锯齿或近于全缘。花冠紫色；管长而细，长达 6.5 cm，外面有短柔毛；盔自直立部分以过于直角的角度转折向前而略向下，前方渐细为喙，略作镰状弓曲；下唇边缘无毛，基部心形，其侧片的基部已超过盔的背缝线而向后凸出，中裂不很向前伸出，为圆卵形而微锐；雄蕊着生于管的顶端，花丝 2 对均无毛。

花果期：花期 6~7 月；果期 8 月。

生境：生于海拔 3,300~4,000 m 的高山草地和林下。

分布：中国特有种。产四川西南部，云南西北部。

Habit: Herbs perennial, 4-6 cm, rarely to 15 cm tall, glabrous or pubescent, drying black.

Root: Rootstock shout, branched.

Stem: Stems densely clustered or few, slender, soft, leafy.

Leaf: Leaves alternate, basal and stem ones similar; petiole often longer than leaf blade, slender, subglabrous to conspicuously pubescent; leaf blade lanceolate-oblong, membranous, glabrous or adaxially sparsely hispidulous, pinnatisect; segments ovate to ovate-oblong, deeply incised-dentate.

Flower: Flowers widely spaced. Pedicel slender. Calyx slightly cleft anteriorly, pubescent; lobes 5, ± equal. Corolla purple; tube to 6.5 cm, slender, pubescent; galea bent at a right angle apically; beak falcate, inconspicuous; lower lip not ciliate. Filaments glabrous.

Phenology: Fl. Jun-Jul; fr. Aug.

Habitat: Alpine meadows, forests; 3,300-4,000 m.

Distribution: Endemic species in China. SW Sichuan, NW Yunnan.

224. 大管马先蒿 dà guǎn mǎ xiān hāo

Pedicularis macrosiphon **Franchet**, Nouv. Arch. Mus. Hist. Nat., Sér. 2. 10: 66. 1888.

生活型： 多年生草本，常成密丛，干时略变黑色，草质。

根： 根茎短，常有宿存鳞片，向上分枝而发茎多条。

茎： 茎细弱，弯曲而上升或长而蔓。

叶： 叶下部者常对生或亚对生，上部者互生，膜质或纸质而略厚；柄下部者纤细，渐上渐短，被毛；叶片大小、形状极多变异，羽状全裂；裂片互生至亚对生，锐头，基部斜，一边楔形，一边常略作耳形而较宽，下延，连于中轴而成狭翅，缘有重锯齿，齿有刺尖，上面有疏毛，下面有白色肤屑状物，沿主肋有长柔毛。

花： 花腋生，疏稀，有梗。萼圆筒形，前方不开裂，膜质，脉 5 主 5 次，均清晰，沿脉有长柔毛；齿 5，后方 1 齿较小，其他 4 齿略相等。花冠淡紫色至玫红色；管长 4~5 cm，伸直，无毛；盔顶近端处有时有小耳状凸起，先以镰状弓曲转向前上方而后再转向前下方，喙端 2 裂；下唇长于盔，以锐角开展，侧裂较大而椭圆形，中裂凸出为狭卵形而钝头，长过于宽；雄蕊着生于管喉，2 对花丝均无毛。

果实： 蒴果长圆形至倒卵形，端有凸尖，偏斜，全部包于宿萼内。

花果期： 花期 5~8 月；果期 7~9 月。

生境： 生于海拔 1,200~3,500 m 的山沟阴湿处、沟边及林下。

分布： 中国特有种。产四川西北部，云南西北部。

Habit: Herbs perennial, usually densely tufted, drying black.

Root: Rootstock short, branched.

Stem: Stems slender, flexuous, ascending or repent, to 40 cm.

Leaf: Proximal leaves usually ± opposite, distal ones alternate; petiole pubescent; leaf blade ovate-lanceolate to linear-oblong, abaxially villous along midvein, adaxially sparsely pubescent, pinnatisect; segments ovate to oblong, spinescent double dentate.

Flower: Flowers widely spaced. Calyx slightly cleft anteriorly, villous along veins; lobes 5, unequal. Corolla pale purple to rose; tube erect, 4-5 cm, glabrous; galea bent at a right angle apically; beak straight, short; lower lip longer than galea. Filaments glabrous.

Fruit: Capsule completely enclosed by calyx, oblong to obovoid, compressed apex acute.

Phenology: Fl. May-Aug; fr. Jul-Sep.

Habitat: Moist shaded forests, ravines; 1,200-3,500 m.

Distribution: Endemic species in China. NW Sichuan, NW Yunnan.

225. 藓生马先蒿 xiǎn shēng mǎ xiān hāo

***Pedicularis muscicola* Maximowicz**, Bull. Acad. Imp. Sci. Saint-Pétersbourg. 24: 54. 1877.

生活型：多年生草本，干时多少变黑，多毛，高约 25 cm。

根：根茎粗，有分枝，端有宿存鳞片。

茎：茎丛生，在中间者直立，在外围者多弯曲上升或倾卧。

叶：叶有柄，柄有疏长毛；叶片羽状全裂；裂片常互生，有小柄，卵形至披针形，有重锯齿，面有疏短毛，沿中肋有密细毛，背面几光滑。

花：花皆腋生，花梗密被白长毛至几乎光滑。萼圆筒形，前方不裂，主脉 5，上有长毛；齿 5，略相等。花冠玫瑰色；管长 4~7.5 cm，外有毛；盔几在基部即向左方扭折使其顶部向下，前方渐细为卷曲或“S”形的长喙，喙向上方卷曲；下唇极大，侧裂极大，中裂较狭，为长圆形，钝头；花丝 2 对均无毛。

果实：蒴果稍扁平，偏卵形，为宿萼所包。

花果期：花期 5~7 月；果期 8 月。

生境：生于海拔 1,700~2,700 m 的杂林、冷杉林的苔藓层中，也见于其他阴湿处。

分布：中国特有种。产山西，陕西，甘肃，河北，湖北西部，内蒙古和青海。

Habit: Herbs perennial, pubescent, drying black.

Root: Rootstock short, branched.

Stem: Stems cespitose, usually densely tufted, central stems erect, outer stems usually flexuous, ascending, or procumbent, to 25 cm.

Leaf: Leaves alternate; petiole sparsely villous; leaf blade elliptic to lanceolate, abaxially subglabrous, adaxially sparsely pubescent, densely ciliolate along midvein, pinnatisect; segments ovate to lanceolate, spinescent-double dentate.

Flower: Pedicel densely white villous to subglabrous. Calyx cylindric, slightly cleft anteriorly, villous along veins; lobes 5, ± equal. Corolla rose; tube 4-7.5 cm, pubescent; galea twisted; beak S-shaped, ca. 1 cm, slender. Filaments glabrous.

Fruit: Capsule enclosed by calyx, compressed, ovoid.

Phenology: Fl. May-Jul; fr. Aug.

Habitat: Shaded damp places in *Picea* forests, under shrubs, near water in valleys; 1,700-2,700 m.

Distribution: Endemic species in China. Shanxi, Shaanxi, Gansu, Hebei, W Hubei, Nei Mongol, Qinghai.

226. 假藓生马先蒿 jiǎ xiǎn shēng mǎ xiān hāo

Pedicularis pseudomuscicola **Bonati**, Bull. Soc. Bot. France. 54: 371. 1907.

生活型： 多年生草本，铺散。

根： 根多数，多少变粗。

茎： 茎多数，丛生而柔弱，伸展或匍匐，无毛，稍带黑色，有光泽。

叶： 叶基出者具长柄；叶片羽状全裂；裂片下部者较疏，有小柄，上部者几挤合，基部扩大，卵状长圆形，有浅裂，小裂片有具刺尖的锯齿。茎生叶较小，形与基出叶同。

花： 花全部腋生，花梗纤细，弯曲。萼圆筒形，长约等于花梗，膜质，前方开裂。花冠紫色；管纤细，长 3.5~4.5 cm，上部有白色柔毛，下部无毛；盔在含有雄蕊部分之下突然向左扭折使其顶向下，其前部渐细为卷成半环的长喙；下唇无缘毛，几乎平展，其 3 裂片几相等；雄蕊 2 对均无毛。

花果期： 花期 8~9 月；果期 9~10 月

生境： 生于海拔 2,800~3,700 m 的林下。

分布： 中国特有种。产四川西部。

Habit: Herbs perennial, diffuse.

Root: Root numerous, ± stout.

Stem: Stems cespitose, spreading or procumbent; black, glabrous, shiny.

Leaf: Leaves alternate; petiole of basal leaves long; leaf blade linear-oblong, glabrous, adaxially shiny, pinnatisect; segments ovate-oblong, margin lobed, spinescent dentate. Stem leaves similar to basal ones but smaller.

Flower: Pedicel slender, curved. Calyx cylindric; tube ca. as long as pedicel, shallowly cleft anteriorly; lobes 5, ± equal. Corolla purple; tube slender, 3.5-4.5 cm, white pubescent apically, glabrous basally; galea twisted basally; beak semicircular, slender; lower lip glabrous. Filaments glabrous.

Phenology: Fl. Aug-Sep; fr. Sep-Oct.

Habitat: Moist shaded forests, ravines; 2,800-3,700 m.

Distribution: Endemic species in China. W Sichuan.

227. 花楸叶马先蒿 huā qiū yè mǎ xiān hāo

***Pedicularis sorbifolia* P. C. Tsoong**, Fl. Reipubl. Popularis Sin. 68: 400. 1963.

生活型：多年生草本，有疏毛。

茎：茎细而弯曲，长达 20 cm。

叶：叶基出者大，叶柄长；叶片为披针状倒卵形，羽状全裂，裂片卵形至长圆形，基部连着于叶轴，端锐头，缘有锐重锯齿。茎叶与基出叶相似而较小。

花：花腋生，有短梗；萼前方开裂至中部；齿 2~4，有柄，端卵形而有少数锯齿；花冠管极长，达 9.5 cm，外面有毛；盔与下唇如大管马先蒿；花丝无毛。

花果期：花期 8 月；果期 9 月。

生境：生于海拔约 3,300 m 的原始冷杉林下苔藓中。

分布：中国特有种。产四川西部。

Habit: Herbs perennial, slightly pubescent.

Stem: Stems curved, to 20 cm, slender.

Leaf: Basal leaves large, alternate or opposite; petiole long; leaf blade lanceolate-obovate, pinnatisect; segments ovate to oblong, incised-double dentate, apex acute. Stem leaves similar to basal ones but smaller.

Flower: Calyx scarcely 1 cm, cleft anteriorly to middle of tube, 2-4-lobed. Corolla tube to 9.5 cm, pubescent; galea ± bent at a right angle apically; beak straight, short, inconspicuous; lower lip longer than galea, middle lobe smaller than lateral lobes, narrowly ovate, projecting. Filaments glabrous.

Phenology: Fl. Aug; fr. Sep.

Habitat: Mossy places in old growth *Abies* forests; ca. 3,300 m.

Distribution: Endemic species in China. W Sichuan.

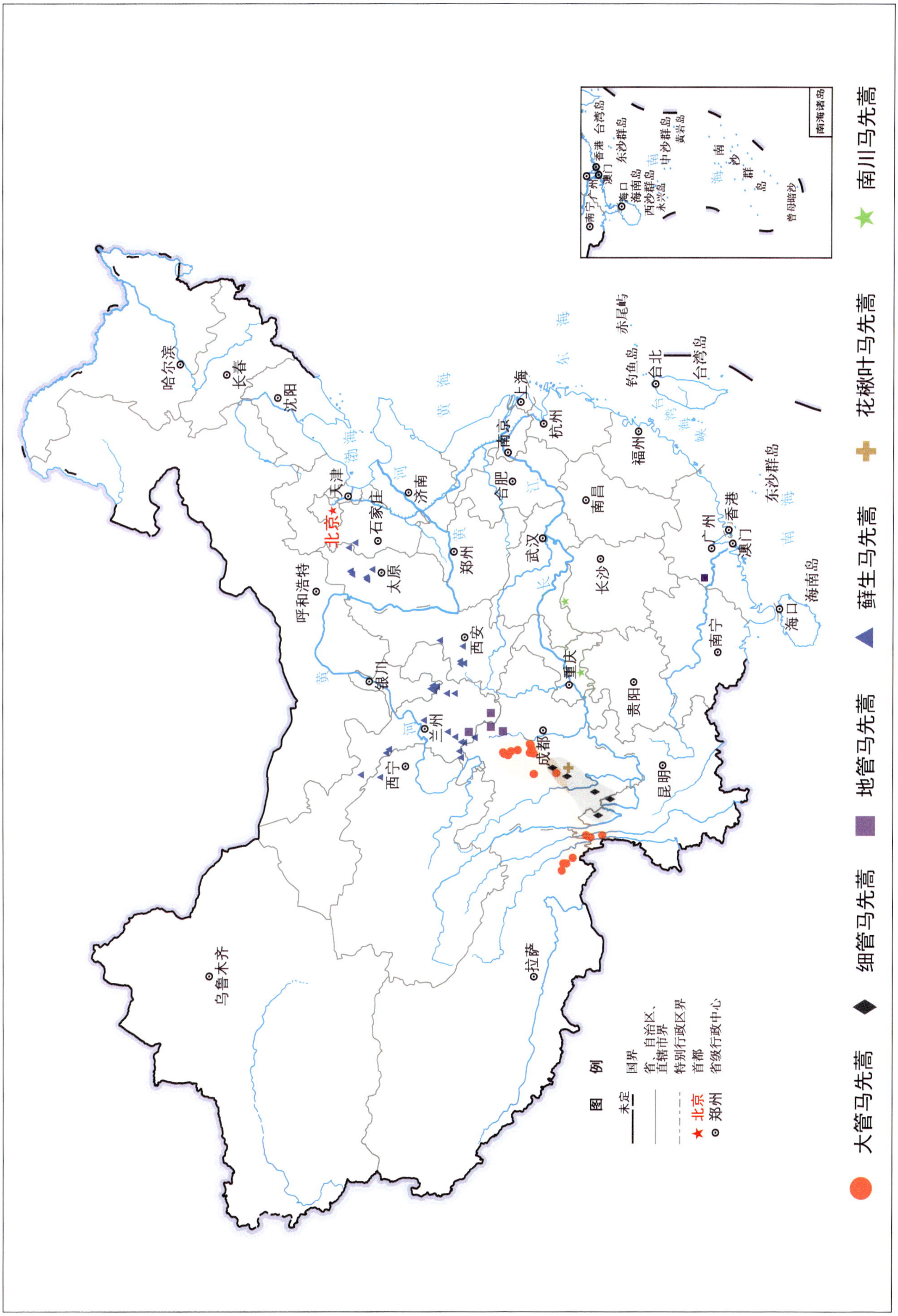

插图7　鲜生马先蒿类物种地理分布图

228. 丰管马先蒿 fēng guǎn mǎ xiān hāo

***Pedicularis amplituba* H. L. Li**, Proc. Acad. Nat. Sci. Philadelphia. 101: 129. 1949.

生活型：多年生草本，高达 20 cm。

根：根多，丝状而长。

茎：茎单条，简单，生有少数叶，有长毛，坚挺，弯曲上升。

叶：叶基生与茎生，基生者多数，有长柄，细而有毛；叶片上面至后无毛，背面主肋上有长毛，边缘羽状全裂；茎生叶常 2 或 4，亚对生或互生，与基生者相似，但较小而柄亦较短。

花：花序顶生，短总状；花梗直立，多长毛。萼圆筒形，外面有细毛，前方开裂；齿 5，不等，后方 1 齿较小，卵形锐尖头。花冠紫玫瑰色；管长而直立，约 2.8 cm，超过萼的 2 倍有半，外面有疏细毛；盔下缘有极明显反向的齿，前方伸出为喙，喙亚丝状，伸直，端略作 2 裂；下唇稍长于盔，缘有毛，3 裂，裂片圆形，亚相等，中裂稍伸出；雄蕊 2 对花丝上部均有毛，前密后疏。

花果期：花期 7 月；果期 8 月。

生境：生于海拔约 3,500 m 的多岩山坡上。

分布：中国特有种。产云南西北部。

Habit: Herbs perennial, to 20 cm tall.

Root: Roots fascicled, filiform.

Stem: Stems unbranched.

Leaf: Basal leaves numerous; petiole long; leaf blade linear-oblong, abaxially villous along midvein, adaxially glabrous, pinnatisect; segments oblong, crenately pinnatifid, denticulate. Stem leaves usually 2 or 4, similar to basal leaves but smaller and shorter petiolate.

Flower: Inflorescences lax basally. Pedicel villous. Calyx slightly pubescent; lobes 5, unequal, posterior smallest, posterior-lateral pair largest, palmately incised-dentate. Corolla purple; tube erect, ca. 2.8 cm, slightly pubescent; galea with 1 distinct reflexed marginal tooth on one side; beak ± filiform, straight; lower lip ciliate. Filaments pubescent apically.

Phenology: Fl. Jul; fr. Aug.

Habitat: Rocky slopes; ca. 3,500 m.

Distribution: Endemic species in China. NW Yunnan.

229. 粗管马先蒿 cū guǎn mǎ xiān hāo

***Pedicularis latituba* Bonati**, Bull. Soc. Bot. France. 55: 243. 1908.

生活型： 多年生低矮草本，干时不变黑或略变黑褐色，高连花仅 10 cm。

根： 根茎有少数节，节上有宿存的鳞片；根锥形，不分枝，生有少数须根。

茎： 茎很短，单条或多条，有棱沟，沿沟有由伸张之毛排成的毛线。

叶： 叶基生与茎生，常成密丛，有柄，上面沟中有密细毛；叶片几无毛，羽状深裂至几乎全裂，裂片；茎叶互生，有时在侧茎者假对生，亦有长柄。

花： 花腋生，在主茎上者互生而密集，在侧茎上者仅生顶端而有时假对生；梗长，有 2 行密毛。萼管状，前方开裂 1/3~1/2，裂口多少膨鼓；齿 3 或偶 2，后方 1 齿不存在，或更多存在而全缘或亦有 2 对裂片，侧齿较大 1 倍，羽状开裂。花冠紫红色，有紫色的毛；管长 3~4.5 cm；盔直立部分后仰，额部多少有鸡冠状凸起而高凸，前端突然细缩并转向前下方成为多少半环状的喙，端 2 浅裂；下唇宽甚过于长，有短缘毛，开裂至 1/2，裂片不等，中间者约等侧裂的 2/3；雄蕊花丝 2 对均有毛。

花果期： 花期 7~8 月。

生境： 生于海拔 4,000 m 以上的草地。

分布： 中国特有种。产四川西部和西藏东南部。

Habit: Herbs perennial, barely 10 cm tall, drying black or not.

Root: Rootstock articulated; roots unbranched.

Stem: Stems 1 to several, with lines of hairs.

Leaf: Basal leaves usually in a rosette; petiole winged, pubescent; leaf blade lanceolate-oblong, glabrescent on both surfaces, pinnatipartite to pinnatisect; segments triangular-ovate to ovate. Stem leaves alternate, sometimes pseudo-opposite on lateral branches.

Flower: Flowers few, axillary, dense. Pedicel with 2 lines of dense hairs. Calyx ± tubular, 1/3-1/2 cleft anteriorly; lobes (2 or) 3, deeply pinnatipartite. Corolla purple-red; tube 3-4.5 cm, purple pubescent; galea twisted falcate, ± crested in front; beak ± semicircular; lower lip short ciliate, lobes emarginate. Filaments pubescent.

Phenology: Fl. Jul-Aug.

Habitat: Born in grass above 4,000 m.

Distribution: Endemic species in China. W Sichuan, SE Xizang.

230. 普氏马先蒿 pǔ shì mǎ xiān hāo

***Pedicularis przewalskii* Maximowicz**, Bull. Acad. Imp. Sci. Saint-Pétersbourg. 24: 55. 1877.

生活型： 多年生低矮草本，连花仅高 6~12 cm，干时不变黑或仅稍变黑。

根： 根多数，成束，多少纺锤形而细长，有须状细根发出；根茎粗短，稍有鳞片残余。

茎： 茎多单条，有时极粗壮，有时几不见，但在高大的植株中则仅近基处无花，其余全部成为花序，生叶极密。

叶： 叶基出与茎出，下部者有长柄，上部者柄较短；叶片羽状浅裂。

花： 花序在小植株中仅 3~4 花，在大植株中可达 20 以上，开花次序显系离心。萼瓶状卵圆形，管口缩小，前方开裂至 2/5，裂口向前膨鼓；齿 5，3 小 2 大。花冠全部紫红色或者喉部黄色至奶白色，又或者下唇黄色至奶白色，喙紫红色，花冠外面有长毛，管长 3~3.5 cm；盔强壮，上部几以直角转折成为膨大的含有雄蕊部分，额高凸，前方急细为指向前下方的细喙，喙端 2 深裂，下唇 3 深裂，裂片几相等；雄蕊花丝 2 对均有毛。

果实： 蒴果斜长圆形，有短尖头，约长于萼 1 倍。

花果期： 花期 6~7 月；果期 7~9 月。

生境： 生于海拔 4,000~5,300 m 的高山湿草地中。

分布： 产甘肃南部，青海东部，四川西部，西藏南部、东南部和云南西北部。

Habit: Herbs perennial, 6-12 cm tall, slightly drying black or not. Roots numerous, fascicled, ± fusiform.

Root: Root numerous, fascicled, slender.

Stem: Stems 1-3, 1-2 cm tall or absent.

Leaf: Leaves mostly basal; petiole glabrous; leaf blade lanceolate-linear, adaxially glabrous to densely pubescent, sometimes glandular pubescent, pinnatifid; segments crenate-dentate.

Flower: Inflorescences centrifugal, 3- to more than 20-flowered. Calyx, 2/5 cleft anteriorly; lobes 2, 3, or 5, unequal, grouped posteriorly, serrate apically, long ciliate. Corolla purple-red throughout or with yellowish

white throat or white to cream with purple beak; tube 3-3.5 cm, long pubescent; galea bent at a right angle apically, stout, crested or not in front; beak straight, slender, deeply 2-cleft with linear lobes; lower lip deeply lobed, lobes, ± equal, middle lobe rounded to emarginate. Filaments pubescent.

Fruit: Capsule obliquely oblong, ca. as long as calyx, apiculate.

Phenology: Fl. Jun-Jul; fr. Jul-Sep.

Habitat: Alpine meadows; 4,000-5,300 m.

Distribution: S Gansu, E Qinghai, W Sichuan, S and SE Xizang, NW Yunnan.

231. 泰氏马先蒿 tài shì mǎ xiān hāo

***Pedicularis tayloriana* P. C. Tsoong**, Acta Phytotax. Sin. 3: 283. 1955.

生活型：多年生草本，干时变为深黑色而有光泽，几全体无毛，高连花合计不及 7 cm。

根：根茎短缩，生有成丛须根。

茎：茎基有少数宿存叶柄，不成大丛，常 2~4。

叶：叶几均为基生，有柄，叶片羽状深裂至全裂，卵形，有少数具刺尖的锐齿，因齿的反卷而视为钝圆。

花：花少数，每茎 1~4 花；苞片单生或两两成假对生，叶状而较小；花梗较长，有毛线 2 条。萼圆筒形，开裂至中部以下；齿多变化，3 齿或不完全 5 齿，后方 1 齿线形，较小很多。花冠酒红色，喉部有白斑，管长约 2.2 cm，被毛；盔约以直角转折向前成为含有雄蕊部分，额不很高凸，与喙的上半部均有腺点状短毛，向前渐细为稍向下弓曲的喙，喙端显作 2 裂；下唇有缘毛，中裂稍小于侧裂；雄蕊花丝有毛，前密后少。

花果期：花期 6 月。

生境：生于空旷的湿草坡中。

分布：中国特有种。产西藏东南部。

Habit: Herbs perennial, less than 7 cm tall, shiny, barely glabrous throughout, drying dark black.

Root: Rootstock short; roots fascicled.

Stem: Stems usually 2-4.

Leaf: Leaves almost all basal; petiole membranously winged; leaf blade, pinnatipartite to pinnatisect; segments ovate, incised-dentate.

Flower: Flowers 1-4, single or pseudo-opposite. Pedicel with 2 lines of hairs. Calyx usually glandular pubescent basally, more than 1/2 cleft anteriorly; lobes 3-5, unequal, posterior one small, linear and entire, sometimes absent, lateral lobes distinctly serrate apically. Corolla red, with white dots on throat; tube ca. 2.2 cm, pubescent; galea bent at a right angle; lower lip ciliate. Filaments pubescent.

Phenology: Fl. Jun.

Habitat: Open grassy hillsides.

Distribution: Endemic species in China. SE Xizang.

232. 药山马先蒿 yào shān mǎ xiān hāo

***Pedicularis yaoshanensis* H. Wang**, Novon. 16: 286. 2006.

生活型： 多年生矮小簇生草本，含花高 6 cm。

根： 根多少木质化，长圆锥形有分枝。

茎： 茎极短，高仅 5~10 mm。

叶： 叶互生，簇生；叶柄干时变黄，两侧具膜状翅，除中段外无毛；叶片倒卵形，先端钝，无毛，羽状深裂，锯齿状，端部有短尖头，具糠秕状物，底下叶脉明显。

花： 花 1~4 腋生，花梗短，密被长毛。花萼钟状，外面密被长毛，前端裂至 1/3，膜质，3 主脉；3 齿，齿叶状，具糠秕状物，后面 1 齿小于两侧齿。花冠深红色，喉部白色，管长 3~4 cm，外密被柔毛；盔在花药处 90° 弯折，具腺点，喙镰状弯曲，长约 1 cm，前端 2 裂；下唇 3 裂，缘有短毛，中裂片长圆倒卵形，自中部开始扩大，前端微凹，侧裂片长肾形；花丝着生于花管上部，前面 1 对稀疏被毛。

花果期： 花期 8 月。

生境： 生于海拔 3,600~3,700 m 的湿岩壁。

分布： 中国特有种。产云南东北部。

Habit: Perennial dwarf clustered herb, to 6 cm tall including the flowers.

Root: Root ± lignified, long-conical, branched.

Stem: Stems much reduced and almost absent, only 5-10 mm tall.

Leaf: Leaves alternate, clustered; petioles drying yellow, widely membranous winged, pilose only in the middle; blades obovate-elliptic, obtuse at apex, glabrous, pinnatipartite; segment serrate, shortly cuspidate at apex, furfuraceous, with veins and veinlets prominent beneath.

Flower: Flowers 1-4, axillary, pedicels densely long-pilose. Calyx campanulate, membranous, densely long-pilose outside, 1/3 cleft anteriorly, with 3 prominent veins; lobes 3, leaf-like, furfuraceous, posterior lobe smaller than the lateral lobes. Corolla crimson, throat white; tube 3-4 cm, densely pilose; galea bent 90° at anther-bearing portion; anther-bearing portion glandular; beak falcate, 2-partite at apex; lower lip shortly ciliate, the middle lobe oblong-obovate, abruptly slightly expanded distally at the middle, apex retuse; lateral lobes reniform; 2 filaments sparsely pilose, 2 glabrous.

Phenology: Fl. Aug.

Habitat: Wet cliffs; 3,600-3,700 m.

Distribution: Endemic species in China. NE Yunnan.

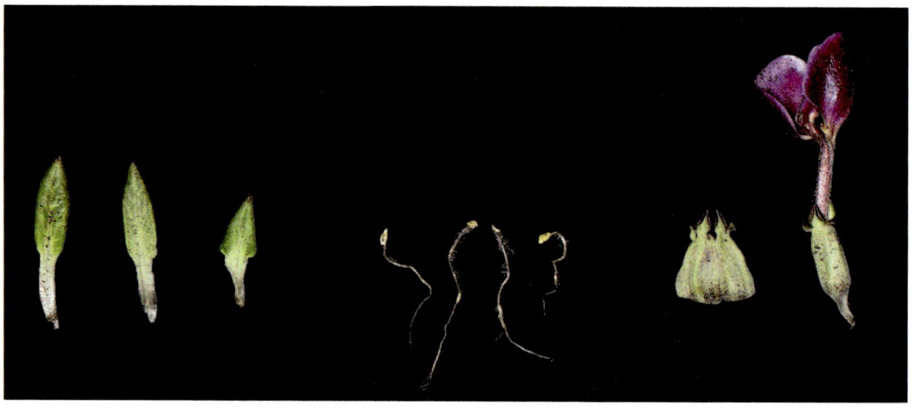

233. 美丽马先蒿 měi lì mǎ xiān hāo

***Pedicularis bella* J. D. Hooker**, Fl. Brit. India. 4: 313. 1884.

生活型：一年生低矮草本，丛生，干时不变黑。

根：根多少木质化，长圆锥形，有分枝，干时褐棕色。

茎：茎低矮，被有白毛。

叶：叶因茎短而似全部集生基部，有膜质的薄柄，基部鞘状膨大，干时黄色，有疏毛；叶片羽状浅裂；裂片相并，圆形钝头，有浅圆齿，正面密生短毛，背面毛较长而色较白，并有白色肤屑状物，上部之叶基部宽而长楔形，多少菱状卵形。

花：花均腋生，有梗，密生长白毛。萼圆筒状钟形，密生短白毛，前方开裂，主脉 5，宽而不高凸，较细；齿 5，后方 1 齿较小一半，披针形，其余 4 齿基部狭细成短而宽的柄，上方膨大宽卵形或圆形，微有波齿。花冠为美丽的深玫瑰紫色，或者淡红色；管长 2.8~3.4 cm，外面有毛；盔直立部分自管端仰向后方，然后几以直角作膝状弯曲而转向前上方，多少镰状弓曲，前方又向前下方渐细成一多少卷曲的长喙，端凹头；下唇很大，两侧多少卷包盔部，中裂长圆形至长卵形，侧裂斜椭圆形；雄蕊花丝 2 对均有毛。

果实：蒴果斜长圆形，有短凸尖，伸出于萼 1 倍。

花果期：花期 6~7 月；果期 7~9 月。

生境：生于海拔 3,600~4,900 m 的潮湿草地中。

分布：我国产西藏南部、东南部。国外分布于不丹和印度锡金。

Habit: Herbs annual, barely 8 cm tall, not drying black.

Root: Roots long conical, ± woody.

Stem: Stems 0.1-3 cm tall, numerous, cespitose, white pubescent.

Leaf: Leaves mostly basal; petiole sheathlike dilated base, slightly pubescent; leaf blade ovate-lanceolate, pinnatifid or entire; segments crenate-dentate, abaxially whitish pubescent, adaxially densely pubescent.

Flower: Flowers axillary, 1-14-flowered. Pedicel densely long whitish pubescent. Calyx densely white pubescent, 1/3 cleft anteriorly; lobes 5, unequal. Corolla dark purple throughout or some with pale yellow tube, purple galea, and white lower lip; tube 2.8-3.4 cm, pubescent; galea falcate; beak ± S-shaped, not 2-cleft at apex; middle lobe oblong-ovate, much smaller than lateral pair. Filaments pubescent.

Fruit: Capsule obliquely oblong, ca. 2× as long as calyx.

Phenology: Fl. Jun-Jul; fr. Jul-Sep.

Habitat: Meadows, steep rocky slopes among dwarf *Rhododendron*, cliff faces; 3,600-4,900 m.

Distribution: S and SE Xizang. Also distributed in Bhutan, and India (Sikkim).

234. 二齿马先蒿 èr chǐ mǎ xiān hāo

***Pedicularis bidentata* Maximowicz**, Bull. Acad. Imp. Sci. Saint-Pétersbourg. 32: 533. 1888.

生活型：草本，全体有短灰毛。
根：根细而纺锤形。
茎：茎几不存在，成丛。
叶：叶均基生，有相当长的柄；叶片线状长圆形，基部渐狭，缘有波状浅裂，裂片亚圆形，有浅波齿，齿有反卷之缘。
花：花腋生，每茎2~4花，有短梗。萼很大，圆筒形而粗，背有2主脉，在两萼齿间与两腹面均有4细脉；齿2，基部狭缩，其片椭圆形，钝头，有多数缺刻状齿。花冠黄色；管细而有毛，长约7.5 cm，超过于萼4倍；盔很低，如马蹄铁状弯弓，与渐细的粗喙约等长，为阔大之下唇所包裹，其侧裂很大，而盔约安置于侧裂基部的中心；花丝着生于管端，有红毛。
花果期：花期8月。
生境：生于海拔3,500~4,000 m的高山草地中。
分布：中国特有种。产四川北部。

Habit: Herbs 6-8 cm tall, gray pubescent throughout.
Root: Roots fusiform, slender.
Stem: Stems nearly absent, tufted.
Leaf: Leaves basal; petiolelong; leaf blade linear-oblong, base attenuate, undulate-lobed; segments subrounded, shallowly undulate-dentate.
Flower: Flowers axillary, 2-4-flowered. Pedicel short. Calyx cylindric, with reticulate veins; lobes 2, elliptic, incised-serrate. Corolla yellow; tube ca. 7.5 cm, more than 4× as long as calyx, pubescent; galea curving downward into a horseshoe-shape; beak nearly straight, as long as galea; middle lobe rounded, ca. 1/3 as large as lateral lobes. Filaments red pubescent.
Phenology: Fl. Aug.
Habitat: Alpine meadows; 3,500-4,000m.
Distribution: Endemic species in China. N Sichuan.

235. 中国马先蒿 zhōng guó mǎ xiān hāo

***Pedicularis chinensis* Maximowicz**, Bull. Acad. Imp. Sci. Saint-Pétersbourg. 24: 57. 1877.

生活型：一年生草本，低矮或多少升高，可达 30 cm，干时不变黑。

根：主根圆锥形，有少数支根。

茎：茎单出或多条，直立或外方者弯曲上升或甚至倾卧，有深沟纹，有成行的毛或几光滑，有时上部偶有分枝。

叶：叶基出与茎生，均有柄，近基的大半部有长毛，上部之柄较短；叶片羽状浅裂至半裂，两面无毛。

花：花序常占植株的大部分。萼管状，生有白色长毛，下部较密，或有时无长毛而仅被密短毛，亦有具紫斑者，前方约开裂至 2/5，仅 2 齿。花冠黄色；管长 4.5~5 cm，外面有毛；盔前端渐细为端指向喉部的半环状长喙；下唇宽过于长，有短而密的缘毛，侧裂强烈指向前外方，中裂宽过于长，完全不伸出于侧裂之前；雄蕊花丝 2 对均被密毛。

果实：蒴果上背缝线较急剧地弯向下方，在近端处成一斜截头，端更有指向前下方的小凸尖。

花果期：花期 7 月；果期 8 月。

生境：生于海拔 1,700~2,900 m 的高山草地中。

分布：中国特有种。产青海东北部，甘肃南部、中部，陕西，山西，河北和内蒙古。

Habit: Herbs annual, to 30 cm tall, not drying black.

Root: Root conical.

Stem: Stems 1 to several, erect or outer stems ascending to procumbent, sometimes branched apically, with lines of hairs or glabrescent.

Leaf: Leaves basal and on stem; petiole distal ones shorter, long pubescent; leaf blade lanceolate-oblong to linear-oblong, glabrous on both surfaces, pinnatifid; segments ovate, margin double dentate.

Flower: Inflorescences long racemose. Pedicel pubescent. Calyx tubular, densely pubescent, sometimes with purplish dots, 2/5 cleft anteriorly; lobes 2, leaflike, incised-double dentate. Corolla yellow; tube 4.5-5 cm, pubescent; galea slightly bent apically, forming nearly a circle, not crested; beak semicircular; lower lip wider than long, lobes rounded, densely ciliate. Filaments densely pubescent.

Fruit: Capsule oblong-lanceolate.

Phenology: Fl. Jul; fr. Aug.

Habitat: Alpine meadows; 1,700-2,900 m.

Distribution: Endemic species in China. NE Qinghai, C and S Gansu, Shaanxi, Shanxi, Hebei, Nei Mongol.

236. 凸额马先蒿 tū é mǎ xiān hāo

Pedicularis cranolopha **Maximowicz**, Bull. Acad. Imp. Sci. Saint-Pétersbourg. 24: 55. 1877.

生活型： 多年生草本，干时不变黑，低矮或稍升高，多少有毛。

根： 根常分枝，不很粗壮。

茎： 茎常丛生，一般很短，有时伸长，多铺散成丛，在大植株中弯曲上升，不分枝，有清晰的沟纹，沿沟有线状的毛。

叶： 叶基出与茎生，基出者有时早枯，有长柄，有明显之翅；叶片羽状深裂；裂片卵形至披针状长圆形，锐头，羽状浅裂至具重锯齿，疏远，其间距有时宽于裂片本身；茎生叶有时下部者假对生，上部者互生。

花： 花序总状顶生。萼膜质，很大，前方开裂至 2/5~1/2，外面光滑或有微毛，主脉 5，其中 2 脉较粗，次脉 5~6，纤细；齿 3，后方 1 齿多退化而很小，常全缘或略有锯齿，侧方 2 齿极大，基部有柄，上方卵状膨大，叶状而羽状全裂，有具刺尖的锯齿。花冠黄色；花管长于花萼 3 倍，外面有毛；盔直立部分略前俯，其前端急细为略作半环状弓曲而端指向喉部的喙，端 2 深裂，有相当高凸而常为三角形的鸡冠状凸起；下唇宽过于长，有密缘毛，侧裂多少折扇形，端圆而不凹，中裂亦宽过于长，多少肾形，前方有明显的凹头；花丝 2 对均有密毛。

花果期： 花期 6~7 月；果期 8 月。

生境： 生于海拔 2,600~4,200 m 的高山草原中。

分布： 中国特有种。产青海东北部，甘肃西南部，四川北部和云南西北部。

Habit: Herbs perennial, ± pubescent, not drying black.

Root: Root branched.

Stem: Stems usually cespitose, spreading, unbranched, with 1 or 2 lines of hairs.

Leaf: Basal leaves sometimes withering early; leaf blade oblong-lanceolate to lanceolate-linear, pinnatisect; segments ovate to lanceolate-oblong, pinnatifid to double dentate. Stem leaves alternate or sometimes proximal ones pseudo-opposite.

Flower: Inflorescences racemose, few-flowered. Calyx 2/5-1/2 cleft anteriorly, glabrous or slightly pubescent; lobes 3, subequal to unequal, posterior ones sometimes smallest, entire, lateral pair leaflike. Corolla yellow, pubescent; tube less than 3× as long as calyx; galea falcate apically; beak slightly semicircular; lower lip densely ciliate, middle lobe emarginate. Filaments densely pubescent.

Phenology: Fl. Jun-Jul; fr. Aug.

Habitat: Alpine meadows; 2,600-4,200 m.

Distribution: Endemic species in China. NE Qinghai, SW Gansu, N Sichuan, NW Yunnan.

237. 克洛氏马先蒿 kè luò shì mǎ xiān hāo

***Pedicularis croizatiana* H. L. Li**, Proc. Acad. Nat. Sci. Philadelphia. 101: 187. 1949.

生活型：多年生低矮草本，有时稍升高，5~21 cm，常成大丛，干时略变黑。

根：根单条，发出少数须状支根。

茎：茎常多数，不分枝，弯曲上升或更多强烈倾卧而后上升，有密毛。

叶：叶基生与茎生，相似，有叶柄，茎生者有时亚对生；叶片无毛，中脉沟中有短毛，羽状全裂。

花：花均腋生，花梗有长毛。萼圆筒形，有长毛；齿3，不等，后方1齿较小，有柄，上部膨大叶状。花冠黄色，管长2.5~3 cm，外面有疏毛；盔直立部分稍前俯，顶端即渐向前上方作镰状弓曲，前端转向前下方成为多少拳卷或前端又反指前方的长喙，在额部至喙的近基部沿缝线有一清晰的鸡冠状凸起；下唇大小相差很大，有缘毛，中裂仅略小于侧裂，宽大于长约1倍；雄蕊花丝上端均有密毛。

花果期：花期7~8月；果期8~9月。

生境：生于海拔3,700~4,200 m的松林和高山草地中。

分布：中国特有种。产四川西南部，西藏东南部。

Habit: Herbs perennial, 5-21 cm tall, drying slightly black.

Root: Root single.

Stem: Stems usually numerous, unbranched, ascending or procumbent, densely pubescent.

Leaf: Leaves alternate, sometimes ± opposite; petiole pubescent; leaf blade lanceolate-linear ± ovate-oblong, glabrous except for pubescent midvein, pinnatisect; segments ovate-triangular to oblong-lanceolate, margin double dentate.

Flower: Flowers axillary; bracts pubescent. Pedicel long pubescent. Calyx 1/3 cleft anteriorly, long pubescent; lobes (2 or) 3, unequal, posterior one smallest, lateral pair incised-double dentate. Corolla yellow; tube 2.5-3 cm, sparsely pubescent; galea falcate apically, conspicuously crested in front; beak ± coiled; lower lip ciliate, lobes ± equal, emarginate. Filaments densely pubescent apically.

Phenology: Fl. Jul-Aug; fr. Aug-Sep.

Habitat: *Pinus* forests, alpine meadows; 3,700-4,200 m.

Distribution: Endemic species in China. SW Sichuan, SE Xizang.

238. 独龙马先蒿 dú lóng mǎ xiān hāo

Pedicularis dulongensis **H. P. Yang**, Acta Phytotax. Sin. 28: 143. 1990.

生活型： 多年生草本，干时多少变黑。

茎： 茎矮或多少无。

叶： 基部和茎生叶浓密丛生；叶有柄，纤细，无毛；叶片背面具短柔毛，正面无毛，羽状全裂；裂片卵形，羽状半裂或有粗锯齿。

花： 花萼圆筒状至钟状，前方开裂至 2/3，浓密白色长柔毛具多细胞的毛；裂片 5，不等长，叶状，后面的一个比侧面的裂片小。花冠红色；管长 4~5 cm，筒部直立，具长柔毛具多细胞毛；盔瓣近镰刀形，喙弯曲；下唇中裂片小于侧裂；花丝具短柔毛。

果： 蒴果卵球形长圆形。

花果期： 花期 7 月；果期 7~8 月。

生境： 生于海拔 3,500~3,600 m 的山坡上的潮湿草甸。

分布： 中国特有种。产云南西北部。

Habit: Herbs perennial, to 10 cm tall, drying ± black.

Stem: Stems ca. 1 cm tall or ± absent.

Leaf: Basal and stem leaves densely clustered; petiole slender, glabrous; leaf blade elliptic-oblong to oblong, abaxially pubescent, adaxially glabrous, pinnatisect; segments ovate, pinnatifid or coarsely serrate.

Flower: Calyx cylindric-campanulate, 2/3 cleft anteriorly, densely white villous with multicellular hairs; lobes 5, unequal, leaflike, posterior one smaller than lateral lobes. Corolla red, obscure; tube erect, 4-5 cm, villous with multicellular hairs; galea nearly falcate, very enlarged; beak incurved; middle lobe smaller than lateral pair. Filaments pubescent.

Fruit: Capsule ovoid-oblong.

Phenology: Fl. Jul; fr. Jul-Aug.

Habitat: Moist meadows on mountain slopes; 3,500-3,600 m.

Distribution: Endemic species in China. NW Yunnan.

239. 长花马先蒿 cháng huā mǎ xiān hāo

Pedicularis longiflora **Rudolph**, Mém. Acad. Imp. Sci. St. Pétersbourg Hist. Acad. 4: 345. 1811.

生活型： 一年生低矮草本，仅偶然升高，全体少毛。

根： 根束生，几不增粗，下端渐细成须状。

茎： 茎多短，很少伸长。

叶： 叶基出与茎出，常成密丛，有长柄，柄在基叶中较长，在茎叶中较短，下半部常多少膜质膨大，时有疏长缘毛；叶片羽状浅裂至深裂，有时最下方的叶为全缘，两面无毛，背面常有疏散的白色肤屑状物，有重锯齿，齿常有胼胝而反卷。

花： 花均腋生，有短梗。萼管状，前方开裂至 2/5，裂口多少鼓胀，无毛，约 15 脉，其中仅 2 脉较粗；齿 2 或 3，有短柄，多少掌状开裂，裂片有少数之锯齿。花冠黄色或者喉部具有棕红色的斑点；管外面有毛；盔直立部分稍向后仰，前缘很快狭细为一半环状卷曲的细喙其端指向花喉；下唇有长缘毛，宽过于长，中裂较小，近于倒心形，约向前凸出一半；花丝 2 对均有密毛，着生于花管之端。

果实： 蒴果披针形，约自萼中伸出 3/5，基部有伸长的梗。

花果期： 花期 7~9 月；果期 8~10 月。

生境： 生于海拔 2,100~5,300 m 的高山湿草地中及溪流旁。

分布： 我国产云南西北部，四川西部，青海，甘肃，河北，内蒙古，西藏东南部。国外分布于蒙古，俄罗斯西伯利亚和喜马拉雅。

Habit: Herbs annual, short.

Root: Roots fascicled.

Stem: Stems usually short, glabrescent.

Leaf: Basal leaves in a rosette; petiole sparsely long ciliate; leaf blade lanceolate to narrowly oblong, glabrous on both surfaces, pinnatifid to pinnatipartite; segments margin double dentate. Stem leaves alternate or pseudo-opposite, with shorter petioles.

Flower: Flowers axillary. Pedicel short. Calyx tubular 2/5 cleft anteriorly, glabrous except for fine ciliate lobes; lobes 2 or 3, ± palmatipartite. Corolla yellow, some with a narrow maroon stripe on each antero-lateral ridge of palate; tube pubescent; galea gradually curving into beak; beak semicircular, 2-cleft at apex; lower lip long ciliate, all lobes emarginate. Filaments densely pubescent.

Fruit: Capsule lanceolate. Seeds narrowly ovoid.

Phenology: Fl. Jul-Sep; fr. Aug-Oct.

Habitat: Alpine meadows, along streams, springs, seeps; 2,100-5,300 m.

Distribution: NW Yunnan, W Sichuan, Qinghai, Gansu, Hebei, Nei Mongol, SE Xizang. Also distributed in Mongolia, Russia (Siberia) , and Himalaya.

240. 三色马先蒿 sān sè mǎ xiān hāo

Pedicularis tricolor **Handel-Mazzetti**, Kaiserl. Akad. Wiss. Wien, Math.-Naturwiss. Kl., Anz. 59: 250. 1922.

生活型： 一年生草本，高常不超过 5 cm。

根： 根小而垂直向下，不分枝，有少数细须根。

茎： 茎单出或多条，中央者短，自基部即生花，侧生者粗而弱，铺散为疏密不同的丛，仅上部 1/3 生花，无毛。

叶： 叶基生者多数，叶片无毛，背面散布白色肤屑状物，羽状深裂。

花： 花多达 15，下方者常疏距，上方者呈穗状。萼管卵形，几开裂至基部，有相当密的长白毛；齿 3，叶状。花冠黄色而盔红色；管长 3.5~5 cm，粗圆筒形，外面主要下方有柔毛；盔直立部分稍前俯，前方具有比其自身为长的喙，弯卷成环，喙端 2 深裂成为宽舌状但细而席卷的裂片；下唇无毛，黄色，近缘处带白色，分裂至 2/3 成为 3 裂，中裂稍狭于侧裂；雄蕊花丝 2 对均有毛，前方 1 对较密。

花果期： 花期 8~9 月；果期 9~10 月。

生境： 生于海拔 3,000~3,600 m 的高山草地。

分布： 中国特有种。产云南西北部。

Habit: Herbs annual, less than 5 cm tall.

Root: Roots unbranched.

Stem: Stems 1 to several, unbranched, central stem erect, outer stems procumbent, longer, glabrous.

Leaf: Basal leaves numerous; leaf blade lanceolate, glabrous, abaxially sparsely white scurfy, pinnatipartite; segments lanceolate, incised-dentate. Stem leaves usually 2, opposite.

Flower: Inflorescences racemose, to 15-flowered. Pedicel glabrous. Calyx tube ovate, to 4/5 cleft anteriorly, densely long white pubescent; lobes 3, equal, leaflike. Corolla yellow, with red galea, and white margin on lower lip; tube 3.5-5 cm, pubescent basally; galea and beak circular, ± crested; lower lip glabrous, middle lobe emarginate, lateral lobes rounded or emarginate. Filaments pubescent.

Phenology: Fl. Aug-Sep; fr. Sep-Oct.

Habitat: Alpine meadows; 3,000-3,600 m.

Distribution: Endemic species in China. NW Yunnan.

241. 魏氏马先蒿 wèi shì mǎ xiān hāo

***Pedicularis wilsonii* Bonati**, Bull. Soc. Bot. France. 54: 184, 376. 1907.

生活型： 多年生草本，干时多少变黑，高达 9 cm。

根： 根茎短，下方发出根数条，纺锤形多少肉质，或者成须状。

茎： 茎几不发达，自根颈发出 2~3 条。

叶： 叶基出者少数，与茎生者集成疏丛，有长柄；叶片有白色肤屑状物，深羽状开裂，茎叶较小，常假对生。

花： 花单生叶腋，有梗，几无毛。萼管钟形，有短细毛，前方深裂至 2/3，端具 3 齿。花冠红色而大；管纤细，长 3~4 cm，有纵条纹，在顶端约以 45° 向前膝曲；盔与管的上段同一指向，稍向右偏扭，直立部分斜指向上，端作镰状弓曲，端突然细缩并再度转折向下后方而成为圆锥状喙；下唇很大，基部浅心形，裂片 3 均为折扇状或银杏叶状，侧片约大于中裂 1 倍，缘均有疏毛；雄蕊花丝 2 对均有毛，前密后疏。

花果期： 花期 7~8 月。

生境： 生于海拔约 4,000 m 的高山草甸。

分布： 中国特有种。产四川西部。

Habit: Herbs perennial, to 9 cm tall, drying; black.

Root: Rootstock short; roots conical, fleshy.

Stem: Stems 2 or 3, 2-3 cm; absent, pubescent.

Leaf: Basal leaves few; leaf blade elliptic to oblong-ovate, glabrous on both surfaces, pinnatipartite; segments ovate-oblong. Stem leaves usually pseudo-opposite, smaller than basal leaves.

Flower: Flowers few. Pedicel glabrescent. Calyx 2/3 cleft anteriorly, pubescent; lobes 3, unequal, posterior one linear, entire, lateral lobes larger, leaflike. Corolla red throughout; tube 3-4 cm, slender; galea falcate apically; beak bent downward, straight or cylindric; middle lobe ca. 1/2 size of lateral lobes, sparsely ciliate. Filaments glabrous or pubescent.

Phenology: Fl. Jul-Aug.

Habitat: Alpine meadows; ca. 4,000 m.

Distribution: Endemic species in China. W Sichuan.

242. 刺齿马先蒿 cì chǐ mǎ xiān hāo

***Pedicularis armata* Maximowicz**, Bull. Acad. Imp. Sci. Saint-Pétersbourg. 24: 56. 1877.

生活型：多年生草本，低矮或稍升高，连花高 8~16 cm，干时不变黑。

根：主根细长，圆锥状圆筒形，有多节，节上有宿存的鳞片和断残叶柄。

茎：茎常成丛，中央者短而直立，外侧者常弯曲上升或更多强烈倾卧，有沟纹，密被短细毛。

叶：叶基出与茎生，均有长柄，茎叶柄较短，被短细毛，并有伸张的白色长缘毛；叶片羽状深裂仅中肋沟中有短密毛，背面无毛而散布污色肤屑状小点。

花：花均腋生，在主茎上常直达基部而稠密，在侧茎上则仅上半部有花；花梗短，被短密毛。萼圆筒形，前方开裂约 1/3，裂口稍膨鼓，外面密被灰白色短毛；齿 2，上方多少膨大为三角状卵形，亚掌状 3~5 裂。花冠黄色，外面有毛；盔直立部分完全正直或稍向前俯，基部很细，几与管等粗，向上迅速变宽，端几以直角向前方成为含有雄蕊的部分，前方作狭三角形而渐细为卷成一大半环之长喙，端常反指后上方，2 浅裂；下唇很大，有长缘毛，侧裂较中裂大 2~2.5 倍；雄蕊花丝 2 对均有密毛。

花果期：花期 8~9 月；果期 9 月。

生境：生于海拔 3,000~4,600 m 的空旷高山草地中。

分布：中国特有种。产甘肃，青海和四川北部。

Habit: Herbs perennial, 8-16 cm tall, not drying black.

Root: Root slender, conical, articulated.

Stem: Stems usually tufted, central stem erect, outer stems ascending to procumbent, usually longer than central stem, densely fine pubescent.

Leaf: Basal leaf petiolelong. Stem leaf petiole narrowly winged, white long ciliate; leaf blade linear-oblong, abaxially glabrous but with sparse scurfy dots, adaxially densely pubescent along midvein, pinnatipartite; segments triangular-ovate to ovate, margin double dentate.

Flower: Flowers axillary, many flowered. Pedicel densely pubescent. Calyx tube cylindric, 1/3 cleft anteriorly, densely pubescent, reticulate-veined; lobes 2, ± palmately 3-5 divided. Corolla yellow throughout or lower lip with 3 crimson or maroon spots; galea bent at a right angle apically; beak pointing forward, semicircular; lower lip large, long ciliate. Filaments densely pubescent.

Phenology: Fl. Aug-Sep; fr. Sep.

Habitat: Alpine meadows, sunny slopes, turf; 3,000-4,600 m.

Distribution: Endemic species in China. Gansu, Qinghai, N Sichuan.

243. 极丽马先蒿 jí lì mǎ xiān hāo

***Pedicularis decorissima* Diels**, Notizbl. Bot. Gart. Berlin-Dahlem. 10: 891. 1930.

生活型：多年生草本，干时变为暗棕色，常成密丛。

根：根茎短，节少数，下端为圆锥状主根，径一般较细，常有分枝。

茎：茎常多条，中央者短，外方者常倾卧而端略上升，多少扁平，有沟纹，两侧有翅状凸起，光滑或有毛。

叶：叶基出与茎生，均有长柄；叶片除上面沟中有短细毛外，全部多少有长毛，有时很密，两侧有翅，仅上面中肋沟中有细短毛，边羽状深裂，偶有羽状浅裂者；裂片大而少，前方者开裂较浅，三角形至三角状卵形，宽约相等，有重锯齿，幼时仅齿尖为胼胝质，老时胼胝加多加厚，缘强烈反卷；茎生者有时假对生。

花：花均腋生，在主茎上者几直达基部，在侧茎上者生近枝端；花梗短。萼多密被长毛，管多少卵圆状，前方开裂约达 1/2；齿 2，具细柄，上方叶状膨大，卵形，长约与柄等，有具刺尖的锐齿。花冠浅粉红色；管极长，可达 12 cm，外面有疏毛；盔直立部分的基部很狭，前方细缩成为卷成大半环而端反指向前上方的喙，在额部前方与喙的近基的 1/3，生有凸起极高的鸡冠状凸起，喙端 2 裂；下唇很大，有长缘毛，中裂较小，倒卵形而略带方形，截头至圆头，向前凸出 1/2 或更多，侧裂宽肾形，基部深耳形；花丝 2 对均有密毛。

花果期：花期 6~8 月；果期 8~9 月。

生境：生于海拔 2,900~3,500 m 的高山草地中。

分布：中国特有种。产青海东部，甘肃西南部和四川西部。

Habit: Herbs perennial, to 15 cm tall, drying dark brown.

Root: Rootstock short, articulated; roots conical.

Stem: Stems usually several, densely tufted, outer stems usually procumbent to ascending, longer than central stem.

Leaf: Leaves basal and on stem; long pubescent; leaf blade linear to lanceolate-oblong, glabrous except finely pubescent along midvein on adaxially, usually pinnatipartite; segment triangular to triangular-ovate, margin double dentate. Stem leaves sometimes pseudo-opposite.

Flower: Flowers axillary. Pedicel short. Calyx densely long pubescent, ca. 1/2 cleft anteriorly; lobes 2, shallowly pinnatifid. Corolla rose-pink; tube to 12 cm, sparsely pubescent; galea slightly twisted, densely pubescent at middle, prominently crested in front; beak curved below; lower lip long ciliate, rounded. Filaments densely pubescent.

Phenology: Fl. Jun-Aug; fr. Aug-Sep.

Habitat: Alpine meadows; 2,900-3,500 m.

Distribution: Endemic species in China. E Qinghai, SW Gansu, W Sichuan.

244. 台式马先蒿 tái shì mǎ xiān hāo

Pedicularis delavayi **Franchet ex Maximowicz**, Bull. Acad. Imp. Sci. Saint-Pétersbourg 32: 531, pl. 1, fig. 7. 1888.

生活型： 多年生草本，干时不变黑色，高仅约 10 cm。

根： 根肉质，纺锤状。

茎： 茎 1 至多条；直立或者弯曲上升，茎有毛。

叶： 基生叶多数，膜质，叶柄较长；叶片披针形或者长圆形，背面有糠秕状物，羽状深裂。茎生叶互生或者假对生。

花： 花互生或腋生，较为密集，有花梗。萼前方开裂，萼齿 3 或 5。花冠紫红色，花盔基本和下唇中央有白色斑纹；管长 3~6.5 cm；盔顶端强烈扭曲，前端有转指向上前方的半圆形或者“S”形喙；下唇具有缘毛，中裂较小向内卷曲；雄蕊花丝有短柔毛。

果实： 蒴果斜长圆形，具细尖。

花果期： 花期 6~8 月；果期 8~9 月。

生境： 生于海拔 3,600 m 以上的高山草甸或者高山灌丛边缘。

分布： 中国特有种。产云南西北部，四川西部、北部。

Habit: Herbs perennial, 7-13 cm tall, not drying black.

Root: Roots fleshy, fusiform.

Stem: Stems 1 to several, unbranched and erect or ± ascending, 2-10 cm, with lines of hairs.

Leaf: Basal leaves numerous, mostly membranous and no leaf blade when beginning to flowering, blades development delayed; petiole winged, glabrescent; leaf blades lanceolate-oblong, sparely pubescent on both surfaces, abaxially furfuraceous, pinnatipartite; leaf segments triangular-ovate to oblong-ovate, margin dentate; leaf veins sparely pubescent.

Flower: Flowers alternate and axillary, dense, flowering ± synchronous; pedicel sparely pubescent. Calyx 1/3-2/5 cleft anteriorly, mid-upper part inflated in flowering, sparsely long-pubescent; calyx lobes 3 or 5, rarely 2, lateral lobes leaflike, and posterior lobe ± entire or absent. Corolla purple-red, base whitish, and white spots on the base of galea and the center of lower lip; corolla tube 3-6.5 cm, slender, glabrescent, ridged; galea strongly twisted apically; beak slender, semicircular or slightly S-shaped; lower lip ciliate, lobes emarginate, middle lobe smaller and involute; filaments attached near tube throats, pubescent.

Fruit: Capsule obliquely oblong, apiculate.

Phenology: Fl. Jun-Aug; fr. Aug-Sep.

Habitat: This species mainly grows in alpine meadows or at the margin of alpine shrub, at the altitude over 3600 m.

Distribution: Endemic species in China. NW Yunnan, W and N Sichuan.

245. 修花马先蒿 xiū huā mǎ xiān hāo

***Pedicularis dolichantha* Bonati**, Notes Roy. Bot. Gard. Edinburgh. 13: 107. 1921.

生活型：多年生草本，干时略变黑，高 15~30 cm。

根：根茎斜而伸长，生有线形钝头的短鳞片；根肉质伸长。

茎：茎单条，直立，不分枝，中空，有棱角，有疏长毛。

叶：叶基生者早落。茎生者多数，互生，被毛，具柄，边缘有毛；叶片肉质，羽状全裂或深裂。

花：花均腋生，有梗，下方者很疏。萼极长，圆筒形，有粗毛，前方深裂；齿常 2，羽状或亚掌状开裂。花冠玫瑰色；管长 3~5 cm，外面有毛；盔无毛，直立部分很短，作强烈的扭旋使含有雄蕊部分顶向下而下缘向上，前方渐细为显作“S”形的长喙，由于直立部分的扭旋而使其端反指向上，由额的前方至喙的基部有一狭长的鸡冠状凸起；下唇有缘毛，3 深裂几至基部，中裂有长柄；雄蕊花丝 2 有毛。

花果期：花期 7~8 月；果期 9 月。

生境：生于海拔 3,200 m 的草地与池塘边缘。

分布：中国特有种。产云南东部。

Habit: Herbs perennial, 15-30 cm tall, drying slightly black.

Root: Roots fleshy, slender.

Stem: Stems single, erect, unbranched, sparsely long pubescent.

Leaf: Basal leaves withering early. Stem leaves numerous, alternate, pubescent; petiole narrowly winged, ciliate; leaf blade linear to oblong, pinnatisect or pinnatipartite; segments ovate or triangular, incised-dentate.

Flower: Flowers axillary. Pedicel erect, slender. Calyx cylindric, papery, scabrous pubescent, deeply cleft anteriorly, usually 2-lobed; palmately lobed. Corolla rose; tube 3-5 cm, pubescent; galea strongly twisted, narrowly crested, glabrous; beak S-shaped, slender; lower lip ciliate, middle lobe entire; rounded. 2 filaments pubescent, 2 glabrous.

Phenology: Fl. Jul-Aug; fr. Sep.

Habitat: Meadows, beside ponds; 3,200 m.

Distribution: Endemic species in China. E Yunnan.

246. 帚状马先蒿 zhǒu zhuàng mǎ xiān hāo

***Pedicularis fastigiata* Franchet**, Bull. Soc. Bot. France. 47: 25. 1900.

生活型：草本。植株下部未见，上部长达 30 cm。
茎：直立，不分枝，几乎无毛，有条纹，直至顶部均有叶。
叶：叶下部者互生，上部者亚对生，稍变小，均有长柄，柄无毛；叶片下面散布脆骨质毛（白色肤屑状物），轮廓线形，羽状全裂；裂片披针形，钝头，有细齿。
花：花均腋生，下部疏远，上部稠密而作帚状，无梗。萼卵状长圆形，前方开裂；具 3 齿，齿均叶状，顶端膨大。花冠玫瑰色；管细，长 3.5~4 cm，有细毛；盔深红色，背有狭翅，向后反卷，成为半环形的喙，喙端截形而开裂；下唇圆形，3 裂，侧裂亚圆形，中间者较小；雄蕊花丝无毛。
分布：中国特有种。产云南西北部。

Habit: Herbs ca. 30 cm tall.
Stem: Stems erect, unbranched, glabrescent, striate, leafy throughout.
Leaf: Proximal leaves alternate, distal ones ± opposite; petiole long, glabrous; leaf blade linear, abaxially sparsely white scurfy, pinnatisect; segments lanceolate, serrulate.
Flower: Flowers axillary, proximal ones widely spaced, distal ones dense and fastigiate; sessile. Calyx ovate-oblong, deeply cleft anteriorly; lobes 3, leaflike. Corolla rose, with a deep red galea; tube 3.5-4 cm, slender, minutely pubescent; galea twisted, narrowly crested; beak semicircular; middle lobe ca. 1/2 as large as lateral lobes, rounded. Filaments glabrous.
Distribution: Endemic species in China. NW Yunnan.

李嵘/摄影

李嵘/摄影

247. 矮马先蒿 ǎi mǎ xiān hāo

***Pedicularis humilis* Bonati**, Notes Roy. Bot. Gard. Edinburgh. 13: 106. 1921.

生活型：多年生草本。

根：根多数，纺锤形。

茎：茎多条，展开而匍匐，至后无毛，简单或稍分枝。

叶：叶基出者有长柄，无毛，柄有狭翅，基部膨大；叶片羽状全裂；裂片卵形锐头，羽状浅裂，小裂片锐头，有锐齿。茎生者互生；偶有亚对生，与基叶相似，但较小而柄亦较短，其裂片线形而基部弯弓。

花：花腋生，少数，有梗而直立，无毛。萼膜质，缘有毛，前方深裂，多少佛焰苞状，主脉 3，清晰，次脉很细，近管端略有网结；齿 2，基部狭缩有柄，上方掌状开裂，裂片线形有锐齿。花冠玫瑰色；管长 1~2.5 cm，圆筒形，有毛；盔基部扭旋，有短腺毛，略有鸡冠状凸起，地平部分镰形，渐狭为“S”形的喙，端 2 浅裂；下唇伸张，小而圆，3 浅裂，中裂 2 深裂，较侧裂为小，侧裂凹头，均有密缘毛；雄蕊着生于管端，花丝 1 对有毛。

花果期：花期 7 月；果期 8 月。

生境：生于海拔 3,000~3,100 m 的多石的高山草地中。

分布：中国特有种。产云南西北部。

Habit: Herbs perennial, low, with 5-15 cm stems.

Root: Roots numerous, fusiform.

Stem: Stems numerous, creeping, slightly branched or unbranched, glabrescent.

Leaf: Basal leaf petiole glabrous; leaf blade pinnatisect; segments ovate, pinnatifid, incised-dentate. Stem leaves alternate or rarely ± opposite, similar to basal leaves but smaller and shorter petiolate; bracts leaflike.

Flower: Flowers axillary, few. Pedicel erect, glabrous. Calyx membranous, puberulent when young, glabrescent, deeply cleft anteriorly; lobes 2, palmately cleft distally, ciliate. Corolla rose; tube 1-2.5 cm, pubescent; galea twisted basally, glandular pubescent, slightly crested; beak S-shaped, slender; lower lip lobes emarginate, densely ciliate. 2 filaments pubescent, 2 glabrous.

Phenology: Fl. Jul; fr. Aug.

Habitat: Alpine meadows; 3,000-3,100 m.

Distribution: Endemic species in China. NW Yunnan.

248. 纤管马先蒿 xiān guǎn mǎ xiān hāo

***Pedicularis leptosiphon* H. L. Li**, Proc. Acad. Nat. Sci. Philadelphia. 101: 194. 1949.

生活型：多年生草本。

茎：茎多条，直立或亚铺散，有长毛或久后无毛。

叶：叶茎生者与基出者相似，互生，有长柄，微有翅，被长毛；叶片几变为无毛或有疏毛，长圆形或线状长圆形，羽状全裂；裂片疏远，卵形，钝头有锯齿。

花：花几无柄，下部者腋生而疏，上部者多数而密。萼圆筒形，膜质，有疏长毛，几无网纹，前方开裂；齿3~5，不等，后方1齿较小，卵形，有锯齿，后侧方2齿较大，卵形而羽状全裂，裂片有锯齿，前侧方2齿较小而有锯齿，有时缺失。花冠玫红色；管长6.5~7.5 cm，圆筒形，伸直，至后无毛，不膨大；盔强烈扭旋，有腺毛，"S"形，端亚开裂；下唇缘有细微之毛，3深裂，裂片不等，中裂宽而截头，侧裂亚圆形；雄蕊着生于管端，花丝前方1对端有疏毛，下部无毛。

花果期：花期7月；果期8~9月。

生境：生于海拔约4,000 m的高山草地中。

分布：中国特有种。产四川西南部和云南西北部。

Habit: Herbs perennial, to 20 cm tall.

Stem: Stems numerous, erect or ± diffuse, long pubescent when young, glabrescent.

Leaf: Leaves basal and on stem, alternate; petiole to 4 cm, long pubescent; leaf blade oblong or linear-oblong, pinnatisect; segments widely spaced, ovate, becoming glabrous or sparsely pubescent, dentate.

Flower: Proximal flowers axillary, distal ones dense, ± sessile; bracts leaflike. Calyx, sparsely long pubescent, deeply cleft anteriorly; lobes 3-5, unequal, posterior-lateral pair largest, pinnatifid. Corolla rose; tube erect, slender, 6.5-7.5 cm; galea strongly twisted, glandular pubescent; beak S-shaped; lower lip finely ciliate, middle lobe truncate. Anterior filament pair sparsely pubescent apically.

Phenology: Fl. Jul; fr. Aug-Sep.

Habitat: Alpine meadows; ca. 4,000 m.

Distribution: Endemic species in China. SW Sichuan, NW Yunnan.

249. 滇西北马先蒿 diān xī běi mǎ xiān hāo

***Pedicularis milliana* W. B. Yu, D. Z. Li & H. Wang**, PLoS ONE 13: e0200372. 2018.

生活型：多年生草本，植株从低矮到高大。

根：根圆锥状。

茎：茎单生，多少直立，或有时多数，外茎平卧，具条纹，被短柔毛或疏生短柔毛。

叶：叶基生和茎生，叶柄具翅，疏生长柔毛；叶片背面沿中脉疏生长短柔毛羽状全裂；裂片略披针形到宽卵形或三角形，羽状半裂，或具齿。

花：花腋生，密集，有时在基部位置间断。花萼被短柔毛，前方 1/4~1/3 开裂；齿 3，侧方 2 齿叶状，后方 1 齿最小。花冠玫瑰红色；花管长 4~8 cm，具短柔毛；盔瓣顶部强烈扭曲，没有明显的耳形凸起，喙半圆或稍“S”形，纤细；下唇具缘毛，2 侧裂片较大，上缘稍弯曲，中部裂片稍小，微缺，2 裂。花丝前方 1 对被短柔毛。

果实：蒴果卵球形长圆形。

花果期：花期 6~8 月；果期 8~9 月。

生境：生于海拔 3,000~4,000 m 的高寒草甸或高寒灌丛边缘。

分布：中国特有种。产云南西北部。

Habit: Herbs perennial, low to tall.

Root: Roots usually cylindric.

Stem: Stems solitary and ± erect, or sometimes numerous and outer stems procumbent, striate, pubescent or sparsely pubescent.

Leaf: Leaves basal and cauline; petiole winged, sparsely long pubescent; leaf blade abaxially sparsely long pubescent along midvein, furfuraceous, adaxially glabrescent or sparsely pubescent, pinnatisect; segments somewhat lanceolate to broadly ovate or triangular, pinnatifid, or double dentate.

Flower: Flowers axillary, dense, sometimes interrupted at basal position. Calyx pubescent 1/4-1/3 cleft anteriorly; lobes 3, lateral lobes large and leaflike, posterior one smallest. Corolla rose-red; tube 4-8 cm, finely pubescent; galea strongly twisted apically, without a conspicuously auriculate protrusion; beak semicircular or slightly S-shaped, slender; lower lip ciliate, 2 lateral lobes larger, slightly incurved at the upper margin, middle lobe slightly smaller, emarginate, 2-lobed. Anterior filament pair pubescent.

Fruit: Capsule ovoid-oblong.

Phenology: Fl. Jun-Aug; fr. Aug-Sep.

Habitat: Humid meadows, along the grassland of mountain streams, or at the margin of low shrubs; 3,000-4,000 m.

Distribution: Endemic species in China. NW Yunnan.

250. 之形喙马先蒿 zhī xíng huì mǎ xiān hāo

Pedicularis sigmoidea **Franchet ex Maximowicz**, Bull. Acad. Imp. Sci. Saint-Pétersbourg. 32: 535. 1888.

生活型：多年生草本，干时略变黑色，高可达 30 cm。

根：根茎粗壮，节上发出多数须根，下方发出圆锥状主根，后者下端常有分枝。

茎：茎多条，中央的一条直立，侧出者常弯曲或匍匐上升，常较中央者为长，有沟纹，有毛。

叶：叶多茎生，下部者柄较长，向上柄渐短；叶片正面有短毛，背面沿脉有疏长毛，全面密布污色的肤屑状物，羽状全裂，近基 1~2 对常很小，中部者最大。

花：花均腋生而合成长且密的花序，生于中央茎上者几直达基部，生于侧枝上者则下方露出一长段茎，并且向下渐疏。萼前方开裂至 1/2 或更多，裂口强烈向前膨鼓，外面脉上有长毛；齿 3，后方 1 齿较小很多。花冠紫红色；管长 3.2~5.5 cm，外面有密毛；盔直立部分短，端强烈扭旋，使含有雄蕊部分顶向下而下缘向上，前方伸长为“S”形而向上翘举的长喙；下唇宽大，沿边密被短毛，中裂有明显的柄，前端明显凹入；雄蕊花丝 2 对均被密毛。

果实：蒴果卵球形至长圆形。

花果期：花期 8~9 月；果期 9~10 月。

生境：生于海拔 3,000~3,600 m 的空旷多石的草地中。

分布：中国特有种。产云南西北部。

Habit: Herbs perennial, to 30 cm tall, stout, drying slightly black.

Root: Rootstock stout; roots conical, fibrous root numberous.

Stem: Stems numerous, central one erect, outer stems procumbent to ascending, usually longer, striate, pubescent.

Leaf: Leaves mostly on stem, usually pseudo-opposite to pseudo-whorled; proximal petioles narrowly winged, pubescent; leaf blade ovate-lanceolate to linear-lanceolate, abaxially sparsely long pubescent along veins, densely gray scurfy throughout, adaxially pubescent, pinnatisect; segments ovate to lanceolate, pinnatifid, incised double dentate.

Flower: Inflorescences 2/3-5/6 as long as stems; flowers numerous, dense apically; bracts leaflike. Calyx ca. 1/2 cleft anteriorly, pubescent; lobes 3, pinnatifid to ± palmately lobed, posterior one smallest. Corolla purple-red; tube slender, densely pubescent; galea strongly twisted apically; beak bent upward, S-shaped; lower lip densely ciliate, middle lobe shallowly 2-lobed. Filaments densely pubescent.

Fruit: Capsule ovoid-oblong.

Phenology: Fl. Aug-Sep; fr. Sep-Oct.

Habitat: Open stony pastures; 3,000-3,600 m.

Distribution: Endemic species in China. NW Yunnan.

赵颖/摄影

赵颖/摄影

251. 管花马先蒿 guǎn huā mǎ xiān hāo

***Pedicularis siphonantha* D. Don**, Prodr. Fl. Nepal. 95. 1825.

生活型： 多年生草本，干时不变黑或多少变黑，大小很不相等。

根： 根为圆锥状主根，有时分枝；根茎短，常有少数宿存鳞片。

茎： 茎单出而亚直立，或有时多条而侧出者倾卧铺散，使植物成一大丛，几无毛。

叶： 叶基出与茎生，均有长柄，两侧有明显的膜质之翅，无毛或有疏长毛；叶片羽状全裂，正面有散布的短毛。

花： 花全部腋生，在主茎上常直达基部而很密，在侧茎上则下部之花很疏远而使茎裸露。萼圆筒形，有毛，有时很密，前方开裂至 1/3 左右，齿 2。花冠玫瑰红色；管长 4~7 cm，有细毛；盔的直立部分前缘有清晰的耳状凸起，端强烈扭折，使含有雄蕊部分顶向下而缘向上，后者略膨大，前方渐细为卷成半环状的喙，有时稍作“S”形扭旋，端 2 浅裂；下唇宽过于长，中裂稍较小；雄蕊前方 1 对花丝有毛。

果实： 蒴果卵状长圆形，端几伸直而锐头。

花果期： 花期 6~7 月；果期 7~8 月。

生境： 生于海拔 3,000~4,600 m 的高山湿草地中。

分布： 我国产西藏南部、东南部。国外分布于不丹，尼泊尔及印度锡金。

Habit: Herbs perennial, low to tall.

Root: Roots conical, branched.

Stem: Stems single; erect, or sometimes numerous and outer stems procumbent, striate, glabrescent.

Leaf: Leaves basal and on stem; petiole winged, glabrescent or sparsely long pubescent; leaf blade lanceolate-oblong to linear-oblong, rarely ovate-elliptic, abaxially sparsely long pubescent along midvein, adaxially sparsely pubescent, pinnatisect; segments somewhat lanceolate to broadly ovate or triangular, pinnatifid, or double dentate.

Flower: Flowers axillary, dense. Calyx pubescent ca. 1/3 cleft anteriorly; lobes 2, posterior one smallest. Corolla rose-red; tube 4-7 cm, finely pubescent; galea strongly twisted apically, with or without a conspicuously auriculate protrusion; beak semicircular or slightly S-shaped, slender; lower lip lobes emarginate or shallowly 2-lobed. Anterior filament pair pubescent.

Fruit: Capsule ovoid-oblong.

Phenology: Fl. Jun-Jul; fr. Jul-Aug.

Habitat: Alpine meadows, swampy places; 3,000-4,600 m.

Distribution: S and SE Xizang. Also distributed in Bhutan, Nepal, India (Sikkim).

252. 狭管马先蒿 xiá guǎn mǎ xiān hāo

***Pedicularis tenuituba* Pennell & H. L. Li**, Proc. Acad. Nat. Sci. Philadelphia. 101: 195. 1949.

生活型：多年生草本。

根：根单条，伸长，稍粗壮，不分枝。

茎：茎多数，不分枝，无毛或有疏长毛。

叶：叶基出与茎生，叶柄有狭翅，具长毛；叶片几无毛或有疏毛，羽状全裂，裂片卵形，钝头，有锯齿，基部作很宽的延下；茎叶互生，少有亚对生，与基出叶相似或稍小。

花：花腋生，下部者疏而上部者多数而密，亚无梗或有短梗。萼圆筒形，膜质，几无网脉，前方开裂；具 3 齿，不等，后方 1 齿较小，披针形，上方有锯齿，侧方者卵形，有柄，羽状浅裂或有锯齿。花冠紫色；管长 8~11 cm，圆筒形，直立，无毛或有疏毛，不扩大；盔显著扭旋，有腺毛，额有不明显的长鸡冠状凸起，前方伸长为长喙，后者多少翘举，显作“S”形，端微 2 裂；下唇缘有毛，3 深裂，裂片亚相等，中裂截形，侧裂圆形；雄蕊着生于管端，前方 1 对花丝端有毛，后方 1 对无毛。

果实：蒴果长圆形，锐尖头，偏斜，1/2 为萼所包裹。

花果期：花期 6~8 月；果期 8 月。

生境：生于海拔 3,000~4,200 m 的高山草地中。

分布：中国特有种。产四川西南部和云南西北部。

Habit: Herbs perennial, to 30 cm tall.

Root: Root single, slender.

Stem: Stems numerous, unbranched, glabrous or sparsely long pubescent.

Leaf: Leaves basal and on stem; petiole narrowly winged, long pubescent; leaf blade oblong or linear, glabrescent or sparsely pubescent, pinnatisect; segments ovate, dentate. Stem leaves alternate, rarely ± opposite, similar to basal leaves but slightly smaller.

Flower: Flowers axillary, proximal ones lax, ± sessile or short pedicellate. Calyx cylindric, deeply cleft anteriorly; lobes 3, unequal. Corolla purple; tube slender, erect, 8-11 cm, glabrous or sparsely pubescent; galea strongly twisted, inconspicuously crested, glandular pubescent; beak S-shaped; lower lip ciliate, middle lobe truncate. Anterior filament pair pubescent apically.

Fruit: Capsule oblong.

Phenology: Fl. Jun-Aug; fr. Aug.

Habitat: Alpine meadows; 3,000-4,200 m.

Distribution: Endemic species in China. SW Sichuan, NW Yunnan.

253. 变色马先蒿 biàn sè mǎ xiān hāo

***Pedicularis variegata* H. L. Li**, Proc. Acad. Nat. Sci. Philadelphia.101: 193.1949.

生活型：多年生草本，丛生，高不达 15 cm。

根：根单条，不分枝。

茎：茎多数，铺散或直立，不分枝，有毛。

叶：叶茎生与基生，相似，互生，有长柄；叶片长圆状卵形或长圆形，两面均有粗毛，羽状全裂，钝头，有锯齿。

花：花几无梗，下部者腋生，疏散，上部者多数密生。萼钟形，有疏长毛，前方开裂；齿 2 或 3，不相等，后方 1 齿较小。花冠除紫色之盔外均带白色；管长 3.5~4.5 cm，圆筒形；盔强烈扭旋，有腺毛，有长而不显著的鸡冠状凸起，伸出为同色的喙，显然作“S”形；下唇缘有细毛，3 深裂，裂片极不相等，中裂较小很多，截头或圆头，侧裂圆形，全缘，偶然 2 裂；雄蕊前方 1 对花丝端有疏毛，下方无毛。

花果期：花期 8 月；果期 8~9 月。

生境：生于海拔 4,100~4,200 m 的沼泽草甸中。

分布：中国特有种。产四川西南部和云南西北部。

Habit: Herbs perennial, less than 15 cm tall.

Stem: Stems numerous, cespitose, diffuse or erect, unbranched, pubescent.

Leaf: Leaves basal and on stem, alternate; petiole pubescent; leaf blade oblong-ovate or oblong, scabrous pubescent on both surfaces, pinnatisect; segments ovate, dentate.

Flower: Flowers axillary; sessile. Calyx campanulate, enlarged apically, sparsely long pubescent, deeply cleft anteriorly; lobes 2 or 3, unequal, lateral pair larger, margin double dentate. Corolla white, with purple galea; tube erect, 3.5-4.5 cm, usually sparsely pubescent; galea strongly twisted, glandular pubescent, inconspicuously crested; beak S-shaped, lower lip, minutely ciliate, middle lobe ca. 1/3 as long as lateral lobes or smaller, entire, truncate or rounded. Anterior filament pair sparsely pubescent apically.

Phenology: Fl. Aug; fr. Aug-Sep.

Habitat: Swampy meadows; 4,100-4,200 m.

Distribution: Endemic species in China. SW Sichuan, NW Yunnan.

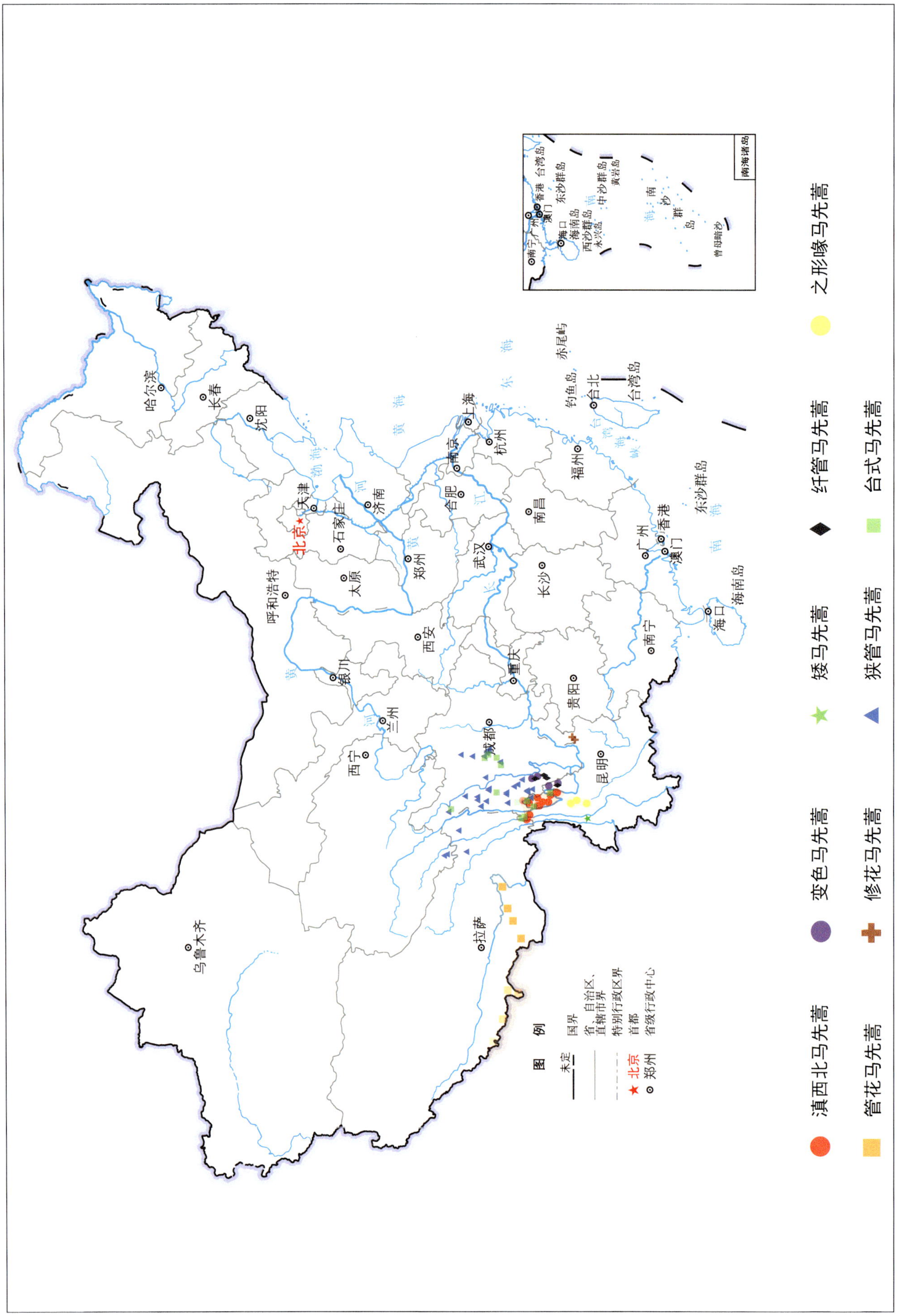

插图8 管花马先蒿类物种地理分布图

主要参考文献

蔡杰. 2004. 马先蒿属不同对称性花冠的发生和分化. 昆明: 中国科学院昆明植物研究所硕士学位论文.

蔡杰, 梁汉兴, 王红. 2003. 马先蒿属花冠无喙类的花器官发生. 云南植物研究, 25(6): 671-679.

刘珉璐, 郁文彬, 王红. 2013. 植物物种的快速鉴定与iFlora: DNA条形码在马先蒿属中的应用. 植物分类与资源学报, 35(6): 707-714.

孙士国. 2005. 横断山区马先蒿属植物的传粉生态学研究. 武汉: 武汉大学博士学位论文.

王红. 1998. 大王马先蒿的传粉综合征状及其生物地理学意义. 植物学报, 40(9): 781-785.

王红, 李德铢. 1998. 滇西北马先蒿属传粉生物学的初步研究. 植物学报, 40(3): 204-210.

王红, 李文丽, 蔡杰. 2003. 马先蒿属花冠形态的多样性与传粉式样的关系. 云南植物研究, 25(1): 63-70.

吴征镒, 路安民, 汤彦承, 陈之端, 李德铢. 2003. 中国被子植物科属综论. 北京: 科学出版社.

钟补求. 1955. 马先蒿属的一个新系统. 植物分类学报, 4: 71-147.

钟补求. 1956. 马先蒿属的一个新系统（续）. 植物分类学报, 5: 41-73, 239-278.

钟补求. 1963. 玄参科（二）// 钱崇澍, 陈焕镛. 中国植物志 第68卷. 北京: 科学出版社: 1-378.

Adams, V. D. 1983. Temporal patterning of blooming phenology in *Pedicularis* on Mount Rainier. Canadian Journal of Botany, 61(3): 786-791.

Armbruster, W. S. 2001. Evolution of floral form: Electrostatic forces, pollination, and adaptive compromise. New Phytologist, 152(2): 181-183.

Armbruster, W. S. 2014. Floral specialization and angiosperm diversity: phenotypic divergence, fitness trade-offs and realized pollination accuracy. AoB PLANTS, 6: plu003.

Bennett, J. R., Mathews, S. 2006. Phylogeny of the parasitic plant family Orobanchaceae inferred from phytochrome A. American Journal of Botany, 93(7): 1039-1051.

Bentham, G. 1846. *Pedicularis* L. // de Candolle, A. Prodromus Systematis Naturalis Regni Vegetabilis X. Parisii: Sumptibus Sociorum Treuttel et Würtz: 560-582.

Bonati, G. 1910. Contribution à l'étude du genre *Pedicularis*. Bulletin de la Société Botanique de France, 18: 1-35.

Bonati, G. 1918. Le genre *Pedicularis* L. Morphologie, classification, distribution géographique, évolution et hybridation. Université de Nancy, Berger-Levrault: 168.

Bunge, A. 1841. Ueber eine neue Art der Gattung *Pedicularis*. Bulletin de l'Academie Imperiale des Sciences de St.-Pétersbourg, 8: 241-253.

Bunge, A. 1846. Ueber *Pedicularis* comosa L. und die mit ihr verwandten Arten. Bulletin de la Classe Physico-Mathematique de l'Academie Imperiale des Sciences de St.-Pétersbourg, 1: 369-384.

dePamphilis, C. W., Young, N. D., Wolfe, A. D. 1997. Evolution of plastid gene *rps2* in a lineage of hemiparasitic and holoparasitic plants: Many losses of photosynthesis and complex patterns of rate variation. Proceedings of the National Academy of Sciences of the United States of America, 94(14): 7367-7372.

Eaton, D. A. R., Fenster, C. B., Hereford, J., Huang, S. Q., Ree, R. H. 2012. Floral diversity and community structure in *Pedicularis* (Orobanchaceae). Ecology, 93(8): S182-S194.

Endress, P. K. 2001. Evolution of floral symmetry. Current Opinion in Plant Biology, 4(1): 86-91.

Galen, C. 1999. Who do flowers vary? BioScience, 49(8): 631-640.

Galen, C., Cuba, J. 2001. Down the tube: Pollinators, predators, and the evolution of flower shape in the alpine skypilot, *Polemonium viscosum*. Evolution, 55(10): 1963-1971.

Grant, V. 1994a. Mechanical and ethological isolation between *Pedicularis groenlandica* and *P. attollens* (Scrophulariaceae). Biologisches Zentralblatt, 113: 43-51.

Grant, V. 1994b. Modes and origins of mechanical and ethological isolation in angiosperms. Proceedings of the National Academy of Sciences of the United States of America, 91(1): 3-10.

Harder, L. D., Jordan, C. Y., Gross, W. E., Routley, M. B. 2004. Beyond floricentrism: The pollination function of inflorescences. Plant Species Biology, 19(3): 137-148.

Hong, D. Y. 1983. The distribution of Scrophulariaceae in the Holarctic with special reference to floristic relationships between eastern Asia and eastern North America. Annals of the Missouri Botanical Garden, 70(4): 701-712.

Huang, S. Q., Fenster, C. B. 2007. Absence of long-proboscid pollinators for long-corolla-tubed Himalayan *Pedicularis* species: Implications for the evolution of corolla. International Journal of Plant Sciences, 168(3): 325-331.

Huang, S. Q., Shi, X. Q. 2013. Floral isolation in *Pedicularis*: How do congeners with shared pollinators minimize reproductive interference? New Phytologist, 199(3): 858-865.

Huang, S. Q., Wang, X. P., Sun, S. G. 2016. Are long corolla tubes in *Pedicularis* driven by pollinator selection? Journal of Integrative Plant Biology, 58(8): 698-700.

Hurusawa, I. 1948. Genus *Pedicularis* L. Journal of Japanese Botany, 22: 11-16, 70-76, 178-185.

Irwin, R. E., Strauss, S. Y., Storz, S., Emerson, A., Guibert, G. 2003. The role of herbivores in the maintenance of a flower color polymorphism in wild radish. Ecology, 84(7): 1733-1743.

Johnson, S. D., Steiner, K. E. 2000. Generalization versus specialization in plant pollination systems. Trends in Ecology & Evolution, 15(4): 140-143.

Kunth, P. 1909. Handbook of flower pollination. London: Clarendon Press.

Kwak, M. M. 1977. Pollination ecology of 5 hemiparasitic large-flowered Rhinanthoideae with special reference to the pollination behaviors of nectar-thieving, short-tongued bumblebees. Acta Botanica Neerlandica, 26(2): 97-107.

Kwak, M. M. 1979. Effects of bumblebee visits on the seed set of *Pedicularis*, *Rhinanthus* and *Melampyrum* (Scrophulariaceae) in Netherlands. Acta Botanica Neerlandica, 28(2-3): 177-195.

Li, H. L. 1948. A revision of the genus *Pedicularis* in China I. Proceedings of the Academy of Natural Sciences of Philadelphia, 100: 205-378.

Li, H. L. 1949. A revision of the genus *Pedicularis* in China II. Proceedings of the Academy of Natural Sciences of Philadelphia, 101: 1-214.

Li, H. L. 1951. Evolution in the flowers of *Pedicularis*. Evolution, 5(2): 158-164.

Liang, H., Ren, Z. X., Tao, Z. B., Zhao, Y. H., Bernhardt, P., Li, D. Z., Wang, H. 2018. Impact of pre- and post-pollination barriers on pollen transfer and reproductive isolation among three sympatric *Pedicularis* (Orobanchaceae) species. Plant Biology, 20(4): 662-673.

Limpricht, W. 1924. Studien über die Gattung *Pedicularis*. Repertorium Specierum Novarum Regni Vegetabilis, 20(6-21): 161-265.

Linnaeus C. 1753. Species Plantarum. Holmiae: Impensis Laurentii Salyii: 607-613.

Liu B., et al. 2023. China Checklist of Higher Plants // Biodiversity Committee of Chinese Academy of Sciences. Catalogue of Life China: 2023 Annual Checklist, Beijing, China.

Liu, M. L., Yu, W. B., Kuss, P., Li, D. Z., Wang, H. 2015. Floral nectary morphology and evolution in *Pedicularis* (Orobanchaceae). Botanical Journal of the Linnean Society, 178(4): 592-607.

Macior, L. W. 1968a. Pollination adaptation in *Pedicularis canadensis*. American Journal of Botany, 55(9):

1031-1035.

Macior, L. W. 1968b. Pollination adaptation in *Pedicularis groenlandica*. American Journal of Botany, 55(8): 927-932.

Macior, L. W. 1969. Pollination adaptation in *Pedicularis lanceolata*. American Journal of Botany, 56(8): 853-859.

Macior, L. W. 1973. The pollination ecology of *Pedicularis* on Mount Rainier. American Journal of Botany, 60(9): 863-871.

Macior, L. W. 1975. The pollination ecology of *Pedicularis* (Scrophulariaceae) in the Yukon Territory. American Journal of Botany, 62(10): 1065-1072.

Macior, L. W. 1977. The pollination ecology of *Pedicularis* (Scrophulariaceae) in the Sierra Nevada of California. Bulletin of the Torrey Botanical Club, 104(2): 148-154.

Macior, L. W. 1978. The pollination ecology and endemic adaptation of *Pedicularis furbishiae* S. Wats. Bulletin of the Torrey Botanical Club, 105(4): 268-277.

Macior, L. W. 1982. Plant community and pollinator dynamics in the evolution of pollination mechanisms in *Pedicularis* (Scrophulariaceae) // Armstrong, J. A., Powell, J. M., Richards, A. J. Pollination and Evolution. Sydney: Royal Botanic Gardens Sydney: 29-45.

Macior, L. W. 1983a. Behavioral coadaptation of *Bombus* pollinators and *Pedicularis* flowers. Versallise 27-30: 257-261.

Macior, L. W. 1983b. The pollination dynamics of sympatric species of *Pedicularis* (Scrophulariaceae). American Journal of Botany, 70(6): 844-853.

Macior, L. W. 1986. Floral resource sharing by bumblebees and hummingbirds in *Pediculars* (Scrophulariaceae) pollination. Bulletin of the Torrey Botanical Club, 113(2): 101-109.

Macior, L. W. 1988. A preliminary study of the pollination ecology of *Pedicularis* (Scrophulariaceae) in Japan. Plant Species Biology, 3(1): 61-66.

Macior, L. W. 1990. Pollination ecology of *Pedicularis punctata* Decne. (Scrophulariaceae) in the Kashmir Himalaya. Plant Species Biology, 5(2): 215-223.

Macior, L. W., Tang, Y. 1997. A preliminary study of the pollination ecology of *Pedicularis* in the Chinese Himalaya. Plant Species Biology, 12(1): 1-7.

Macior, L. W., Tang, Y., Zhang, J. C. 2001. Reproductive biology of *Pedicularis* (Scrophulariaceae) in the Sichuan Himalaya. Plant Species Biology, 16(1): 83-89.

Macior, L. W., Walter, L., Sood, S. K. 1991. Pollination ecology of Pedicularis megalantha D. Don (Scrophulariaceae) in the Himachal Himalaya. Plant Species Biology, 6(2): 75-81.

Maximovicz, C. J. 1878. Diagnoses des plantes nouvelles asiatiques. II. Bulletin de l'Academie Imperiale des Sciences de St-Petersbourg, 24: 26-89.

Maximovicz, C. J. 1888. Diagnoses des plantes nouvelles asiatiques. VII. Bulletin de l'Academie Imperiale des Sciences de St-Petersbourg, 32: 477-629.

Mill, R. R. 2001. Notes relating to the flora of Bhutan: XLIII. Scrophulariaceae (*Pedicularis*). Edinburgh Journal of Botany, 58(1): 57-98.

Olmstead, R. G., DePamphilis, C. W., Wolfe, A. D., Young, N. D., Elisons, W. J., Reeves, P. A. 2001. Disintegration of the Scrophulariaceae. American Journal of Botany, 88(2): 348-361.

Olmstead, R. G., Reeves, P. A. 1995. Evidence for the polyphyly of the Scrophulariaceae based on chloroplast *rbc*L and *ndh*F sequences. Annals of the Missouri Botanical Garden, 82(2): 176-193.

Pennell, F. W. 1943. The Scrophulariaceae of the Western Himalayas. Philadelphia: The Academy of Natural Sciences of Philadelphia Monographs.

Prain, D. 1890. The species of *Pedicularis* of the Indian Empaire and its frontiers. Annals of the Royal Botanical Garden, 3: 1-196.

Ree, R. H. 2001. Homoplasy and phylogeny of *Pedicularis*. The Department of Organismic and Evolutionary Biology. Cambridge: Havard University.

Ree, R. H. 2005. Phylogeny and the evolution of floral diversity in *Pedicularis* (Orobanchaceae). International Journal of Plant Sciences, 166(4): 595-613.

Sprague, E. F. 1962. Pollination and evolution in *Pedicularis* (Scrophulariaceae). Aliso, 5: 181-209.

Steven, C. 1823. Monographia *Pedicularis*. Mémoires de la Société Impériale des Naturalistes de Moscou, 6: 1-60.

Sun, S. G., Guo, Y. H., Gituru, R. W., Huang, S. Q. 2005a. Corolla wilting facilitates delayed autonomous self-pollination in *Pedicularis dunniana* (Orobanchaceae). Plant Systematics and Evolution, 251(2): 229-237.

Sun, S. G., Liao, K., Xia, J., Guo, Y. H. 2005b. Floral colour change in *Pedicularis monbeigiana* (Orobanchaceae). Plant Systematics and Evolution, 255(1): 77-85.

Tang, Y., Xie, J. S. 2006. A pollination ecology study of *Pedicularis* Linnaeus (Orobanchaceae) in a subalpine to alpine area of Northwest Sichuan, China. Arctic Antarctic and Alpine Research, 38(3): 446-453.

Vaknin, Y., Gan-Mor, S., Bechar, A., Ronen, B., Eisikowitch, D. 2001. Are flowers morphologically adapted to take advantage of electrostatic forces in pollination? New Phytologist, 152(2): 301-306.

Wang, H., Li, D. Z. 2005. Pollination biology of four *Pedicularis* species (Scrophulariaceae) in northwestern Yunnan, China. Annals of the Missouri Botanical Garden, 92(1): 127-138.

Wang, H., Yu, W. B., Chen, J. Q., Blackmore, S. 2009. Pollen morphology in relation to floral types and pollination syndromes in *Pedicularis* (Orobanchaceae). Plant Systematics and Evolution, 277(3): 153-162.

Waser, N. M., Chittka, L., Price, M. V., Williams, N. M., Ollerton, J. 1996. Generalization in pollination systems, and why it matters. Ecology, 77(4): 1043-1060.

Wolfe, A., Randle, C., Liu, L., Steiner, K. 2005. Phylogeny and biogeography of Orobanchaceae. Folia Geobotanica, 40(2): 115-134.

Yamazaki, T. 1988. A revision of the genus *Pedicularis* in Nepal // Ohba, H., Malla, S. B. The Himalayan Plants. Tokyo: University Museum, University of Tokyo: 91-161.

Yang, C. F. 2004. Flower differentiation and pollination adaptation in species of *Pedicularis* (Orobanchaceae). Laboratory of Plant systematics and Evolutionary Biology, College of Life Sciences. Wuhan: Wuhan University: 92.

Yang, C. F., Gituru, R. W., Guo, Y. H. 2007. Reproductive isolation of two sympatric louseworts, *Pedicularis rhinanthoides* and *Pedicularis longiflora* (Orobanchaceae): how does the same pollinator type avoid interspecific pollen transfer? Biological Journal of the Linnean Society, 90(1): 37-48.

Yang, C. F., Guo, Y. H. 2004. Pollen size-number trade-off and pollen-pistil relationships in *Pedicularis* (Orobanchaceae). Plant Systematics and Evolution, 247(3): 177-185.

Yang, C. F., Guo, Y. H. 2005. Floral evolution: Beyond traditional viewpoint of pollinator mediated floral design. Chinese Science Bulletin, 50(21): 2413-2417.

Yang, C. F., Guo, Y. H. 2007. Pollen-ovule ratio and gamete investment in *Pedicularis* (Orobanchaceae). Journal of Integrative Plant Biology, 49(2): 238-245.

Yang, C. F., Guo, Y. H., Gituru, R. W., Sun, S. G. 2002. Variation in stigma morphology: How does it contribute to pollination adaptation in *Pedicularis* (Orobanchaceae)? Plant Systematics and Evolution, 236(1): 89-98.

Yang, C. F., Wang, Q. F. 2015. Nectarless flowers with deep corolla tubes in *Pedicularis*: does long pistil length provide an arena for male competition? Botanical Journal of the Linnean Society, 179(3): 526-532.

Yang, F. S., Wang, X. Q. 2007. Extensive length variation in the cpDNA *trn*T-*trn*F region of hemiparasitic

Pedicularis and its phylogenetic implications. Plant Systematics and Evolution, 264(3): 251-264.

Yang, F. S., Wang, X. Q., Hong, D. Y. 2003. Unexpected high divergence in nrDNA ITS and extensive parallelism in floral morphology of *Pedicularis* (Orobanchaceae). Plant Systematics and Evolution, 240(1): 91-105.

Yang, H. B., Holmgren, N. H., Mill, R. R. 1998. *Pedicularis* Linn. // Wu, Z. Y., Raven, P. H. Flora of China. Vol. 18. Beijing: Science Press; St. Louis: Missouri Botanical Garden Press: 97-209.

Young, N. D., Steiner, K. E., dePamphilis, C. W. 1999. The evolution of parasitism in Scrophulariaceae/ Orobanchaceae: Plastid gene sequences refute an evolutionary transition series. Annals of the Missouri Botanical Garden, 86(4): 876-893.

Yu, W. B., Huang, P. H., Li, D. Z., Wang, H. 2013. Incongruence between nuclear and chloroplast DNA phylogenies in *Pedicularis* section *Cyathophora* (Orobanchaceae). PLoS One, 8(9): e74828.

Yu, W. B., Huang, P. H., Ree, R. H., Liu, M. L., Li, D. Z., Wang, H. 2011. DNA barcoding of *Pedicularis* L. (Orobanchaceae): Evaluating four universal barcode loci in a large and hemiparasitic genus. Journal of Systematics and Evolution, 49(5): 425-437.

Yu, W. B., Liu, M. L., Wang, H., Mill, R. R., Ree, R. H., Yang, J. B., Li, D. Z. 2015. Towards a comprehensive phylogeny of the large temperate genus *Pedicularis* (Orobanchaceae), with an emphasis on species from the Himalaya-Hengduan Mountains. BMC Plant Biology, 15: 176.

附表 1　本书收录的中国马先蒿属植物名称和分类编码

物种编号	拉丁名	中文名	分类编码
113	*Pedicularis achilleifolia*	蓍草叶马先蒿	**III. B2**
73	*Pedicularis alaschanica*	阿拉善马先蒿	**II. C4**
106	*Pedicularis aloensis*	阿洛马先蒿	**III. A3**
74	*Pedicularis alopecuros*	狐尾马先蒿	**II. C4**
16	*Pedicularis altifrontalis*	高额马先蒿	**II. A3**
228	*Pedicularis amplituba*	丰管马先蒿	**V. E3**
67	*Pedicularis anas*	鸭首马先蒿	**II. C3**
145	*Pedicularis angustiloba*	狭裂马先蒿	**III. C6**
17	*Pedicularis anthemifolia*	春黄菊叶马先蒿	**II. A3**
242	*Pedicularis armata*	刺齿马先蒿	**V. E5**
214	*Pedicularis artselaeri*	埃氏马先蒿	**V. A1**
75	*Pedicularis atuntsiensis*	阿墩子马先蒿	**II. C4**
107	*Pedicularis aurata*	金黄马先蒿	**III. A3**
217	*Pedicularis axillaris*	腋花马先蒿	**V. C**
211	*Pedicularis batangensis*	巴塘马先蒿	**IV. E**
233	*Pedicularis bella*	美丽马先蒿	**V. E4**
234	*Pedicularis bidentata*	二齿马先蒿	**V. E4**
38	*Pedicularis bietii*	皮氏马先蒿	**II. B1**
59	*Pedicularis binaria*	双生马先蒿	**II. C1**
23	*Pedicularis brachycrania*	短盔马先蒿	**II. A4**
155	*Pedicularis cephalantha*	头花马先蒿	**III. C8**
39	*Pedicularis cernua*	俯垂马先蒿	**II. B1**
68	*Pedicularis cheilanthifolia*	碎米蕨叶马先蒿	**II. C3**
69	*Pedicularis chenocephala*	鹅首马先蒿	**II. C3**
235	*Pedicularis chinensis*	中国马先蒿	**V. E4**
8	*Pedicularis chingii*	秦氏马先蒿	**II. A2**
151	*Pedicularis cinerascens*	灰色马先蒿	**III. C7**
152	*Pedicularis clarkei*	克氏马先蒿	**III. C7**
54	*Pedicularis comptoniifolia*	康泊东叶马先蒿	**II. B5**
60	*Pedicularis confertiflora*	聚花马先蒿	**II. C1**
9	*Pedicularis confluens*	连齿马先蒿	**II. A2**
215	*Pedicularis corydaloides*	拟紫堇马先蒿	**V. A2**
204	*Pedicularis corymbifera*	伞房马先蒿	**III. D7**
236	*Pedicularis cranolopha*	凸额马先蒿	**V. E4**
135	*Pedicularis crenata*	波齿马先蒿	**III. C4**
136	*Pedicularis crenularis*	细波齿马先蒿	**III. C4**
76	*Pedicularis cristatella*	具冠马先蒿	**II. C4**
237	*Pedicularis croizatiana*	克洛氏马先蒿	**V. E4**
216	*Pedicularis cryptantha*	隐花马先蒿	**V. A2**
77	*Pedicularis curvituba*	弯管马先蒿	**II. C4**

物种编号	拉丁名	中文名	分类编码
1	*Pedicularis cyathophylla*	斗叶马先蒿	**I**
2	*Pedicularis cyathophylloides*	拟斗叶马先蒿	**I**
202	*Pedicularis cyclorhyncha*	环喙马先蒿	**III. D6**
43	*Pedicularis cymbalaria*	舟形马先蒿	**II. B3**
195	*Pedicularis davidii*	大卫氏马先蒿	**III. D4**
61	*Pedicularis debilis*	弱小马先蒿	**II. C1**
142	*Pedicularis decora*	美观马先蒿	**III. C5**
243	*Pedicularis decorissima*	极丽马先蒿	**V. E5**
244	*Pedicularis delavayi*	台式马先蒿	**V. E6**
44	*Pedicularis deltoidea*	三角叶马先蒿	**II. B3**
30	*Pedicularis densispica*	密穗马先蒿	**II. A5**
66	*Pedicularis dichotoma*	二歧马先蒿	**II. C2**
156	*Pedicularis dichrocephala*	重头马先蒿	**III. C8**
24	*Pedicularis diffusa*	铺散马先蒿	**II. A4**
157	*Pedicularis dissectifolia*	细裂叶马先蒿	**III. C8**
245	*Pedicularis dolichantha*	修花马先蒿	**V. E6**
146	*Pedicularis dolichocymba*	长舟马先蒿	**III. C6**
45	*Pedicularis dolichoglossa*	长舌马先蒿	**II. B3**
114	*Pedicularis dolichorrhiza*	长根马先蒿	**III. B2**
87	*Pedicularis duclouxii*	杜氏马先蒿	**II. D2**
238	*Pedicularis dulongensis*	独龙马先蒿	**V. E4**
143	*Pedicularis dunniana*	邓氏马先蒿	**III. C5**
118	*Pedicularis elata*	高升马先蒿	**III. B3**
212	*Pedicularis elliotii*	爱氏马先蒿	**IV. E**
205	*Pedicularis elwesii*	哀氏马先蒿	**III. D7**
189	*Pedicularis excelsa*	卓越马先蒿	**III. D3**
158	*Pedicularis fargesii*	法氏马先蒿	**III. C8**
246	*Pedicularis fastigiata*	帚状马先蒿	**V. E6**
159	*Pedicularis fengii*	国楣马先蒿	**III. C8**
88	*Pedicularis fetisowii*	费氏马先蒿	**II. D2**
124	*Pedicularis filicula*	拟蕨马先蒿	**III. C1**
18	*Pedicularis flaccida*	软弱马先蒿	**II. A3**
206	*Pedicularis fletcheri*	阜莱氏马先蒿	**III. D7**
97	*Pedicularis flexuosa*	曲茎马先蒿	**II. E**
55	*Pedicularis floribunda*	多花马先蒿	**II. B5**
170	*Pedicularis furfuracea*	糠秕马先蒿	**III. C10**
137	*Pedicularis galeata*	显盔马先蒿	**III. C4**
184	*Pedicularis garckeana*	戛克氏马先蒿	**III. D1**
222	*Pedicularis geosiphon*	地管马先蒿	**V. E2**
19	*Pedicularis glabrescens*	退毛马先蒿	**II. A3**
70	*Pedicularis globifera*	球花马先蒿	**II. C3**
40	*Pedicularis gongshanensis*	贡山马先蒿	**II. B1**
160	*Pedicularis gracilicaulis*	细瘦马先蒿	**III. C8**
78	*Pedicularis gracilis*	纤细马先蒿	**II. C4**
223	*Pedicularis gracilituba*	细管马先蒿	**V. E2**

物种编号	拉丁名	中文名	分类编码
101	*Pedicularis grandiflora*	野苏子	**III. A2**
171	*Pedicularis gruina*	鹤首马先蒿	**III. C10**
172	*Pedicularis gyirongensis*	吉隆马先蒿	**III. C10**
89	*Pedicularis gyrorhyncha*	旋喙马先蒿	**II. D2**
109	*Pedicularis habachanensis*	哈巴山马先蒿	**III. B1**
166	*Pedicularis hemsleyana*	汉姆氏马先蒿	**III. C9**
173	*Pedicularis henryi*	亨氏马先蒿	**III. C10**
119	*Pedicularis hirtella*	粗毛马先蒿	**III. B3**
25	*Pedicularis holocalyx*	全萼马先蒿	**II. A4**
161	*Pedicularis hongii*	多茎马先蒿	**III. C8**
247	*Pedicularis humilis*	矮马先蒿	**V. E6**
56	*Pedicularis ikomai*	生驹氏马先蒿	**II. B5**
46	*Pedicularis inaequilobata*	不等裂马先蒿	**II. B3**
147	*Pedicularis ingens*	硕大马先蒿	**III. C6**
185	*Pedicularis insignis*	显著马先蒿	**III. D1**
86	*Pedicularis integrifolia*	全叶马先蒿	**II. D1**
187	*Pedicularis kangtingensis*	康定马先蒿	**III. D2**
20	*Pedicularis kansuensis*	甘肃马先蒿	**II. A3**
190	*Pedicularis kialensis*	甲拉马先蒿	**III. D3**
121	*Pedicularis kiangsiensis*	江西马先蒿	**III. B4**
191	*Pedicularis kongboensis*	宫布马先蒿	**III. D3**
174	*Pedicularis labordei*	拉氏马先蒿	**III. C10**
122	*Pedicularis labradorica*	拉不拉多马先蒿	**III. B4**
153	*Pedicularis lachnoglossa*	绒舌马先蒿	**III. C7**
154	*Pedicularis lasiophrys*	毛颏马先蒿	**III. C7**
71	*Pedicularis latirostris*	宽喙马先蒿	**II. C3**
229	*Pedicularis latituba*	粗管马先蒿	**V. E3**
125	*Pedicularis lecomtei*	勒公氏马先蒿	**III. C1**
108	*Pedicularis legendrei*	勒氏马先蒿	**III. A3**
248	*Pedicularis leptosiphon*	纤管马先蒿	**V. E6**
26	*Pedicularis likiangensis*	丽江马先蒿	**II. A4**
27	*Pedicularis lineata*	条纹马先蒿	**II. A4**
79	*Pedicularis longicaulis*	长茎马先蒿	**II. C4**
239	*Pedicularis longiflora*	长花马先蒿	**V. E4**
218	*Pedicularis longipes*	长梗马先蒿	**V. C**
31	*Pedicularis ludwigii*	小根马先蒿	**II. A5**
138	*Pedicularis lunglingensis*	龙陵马先蒿	**III. C4**
47	*Pedicularis lutescens*	浅黄马先蒿	**II. B3**
48	*Pedicularis lyrata*	琴盔马先蒿	**II. B3**
175	*Pedicularis macilenta*	瘠瘦马先蒿	**III. C10**
192	*Pedicularis macrorhyncha*	长喙马先蒿	**III. D3**
224	*Pedicularis macrosiphon*	大管马先蒿	**V. E2**
62	*Pedicularis maxonii*	马克逊马先蒿	**II. C1**
128	*Pedicularis mayana*	迈亚马先蒿	**III. C3**
210	*Pedicularis megalantha*	硕花马先蒿	**III. E**

物种编号	拉丁名	中文名	分类编码
207	*Pedicularis megalochila*	大唇马先蒿	**III. D7**
110	*Pedicularis merrilliana*	迈氏马先蒿	**III. B1**
52	*Pedicularis metaszetschuanica*	后生四川马先蒿	**II. B4**
90	*Pedicularis meteororhyncha*	翘喙马先蒿	**II. D2**
129	*Pedicularis micrantha*	小花马先蒿	**III. C3**
167	*Pedicularis microcalyx*	小萼马先蒿	**III. C9**
53	*Pedicularis microchila*	小唇马先蒿	**II. B4**
249	*Pedicularis milliana*	滇西北马先蒿	**V. E6**
10	*Pedicularis minutilabris*	微唇马先蒿	**II. A2**
35	*Pedicularis mollis*	柔毛马先蒿	**II. A6**
176	*Pedicularis monbeigiana*	蒙氏马先蒿	**III. C10**
85	*Pedicularis moupinensis*	穆坪马先蒿	**II. C5**
225	*Pedicularis muscicola*	藓生马先蒿	**V. E2**
98	*Pedicularis muscoides*	藓状马先蒿	**III. A1**
208	*Pedicularis mussotii*	谬氏马先蒿	**III. D7**
127	*Pedicularis mychophila*	菌生马先蒿	**III. C2**
219	*Pedicularis nasturtiifolia*	焯菜叶马先蒿	**V. C**
139	*Pedicularis nigra*	黑马先蒿	**III. C4**
177	*Pedicularis obliquigaleata*	歪盔马先蒿	**III. C10**
32	*Pedicularis obscura*	暗昧马先蒿	**II. A5**
99	*Pedicularis oederi*	欧氏马先蒿	**III. A1**
91	*Pedicularis oliveriana*	奥氏马先蒿	**II. D2**
221	*Pedicularis omiiana*	峨嵋马先蒿	**V. E1**
100	*Pedicularis orthocoryne*	直盔马先蒿	**III. A1**
178	*Pedicularis oxycarpa*	尖果马先蒿	**III. C10**
102	*Pedicularis paiana*	白氏马先蒿	**III. A2**
123	*Pedicularis palustris*	沼生马先蒿	**III. B4**
209	*Pedicularis pandania*	熊猫马先蒿	**III. D7**
168	*Pedicularis pantlingii*	潘氏马先蒿	**III. C9**
95	*Pedicularis pectinatiformis*	拟篦齿马先蒿	**II. D2**
42	*Pedicularis pentagona*	五角马先蒿	**II. B2**
196	*Pedicularis petitmenginii*	伯氏马先蒿	**III. D4**
162	*Pedicularis phaceliifolia*	法且利亚叶马先蒿	**III. C8**
63	*Pedicularis pheulpinii*	费尔氏马先蒿	**II. C1**
179	*Pedicularis pinetorum*	松林马先蒿	**III. C10**
37	*Pedicularis plicata*	皱褶马先蒿	**II. A7**
33	*Pedicularis polygaloides*	远志状马先蒿	**II. A5**
130	*Pedicularis praeruptorum*	悬岩马先蒿	**III. C3**
180	*Pedicularis proboscidea*	鼻喙马先蒿	**III. C10**
230	*Pedicularis przewalskii*	普氏马先蒿	**V. E3**
163	*Pedicularis pseudocephalantha*	假头花马先蒿	**III. C8**
57	*Pedicularis pseudomelampyriflora*	假山萝花马先蒿	**II. B5**
226	*Pedicularis pseudomuscicola*	假藓生马先蒿	**V. E2**
111	*Pedicularis pseudoversicolor*	假多色马先蒿	**III. B1**
11	*Pedicularis pygmaea*	侏儒马先蒿	**II. A2**

物种编号	拉丁名	中文名	分类编码
64	*Pedicularis remotiloba*	疏裂马先蒿	**II. C1**
140	*Pedicularis resupinata*	返顾马先蒿	**III. C4**
193	*Pedicularis retingensis*	雷丁马先蒿	**III. D3**
3	*Pedicularis rex*	大王马先蒿	**I**
203	*Pedicularis rhinanthoides*	拟鼻花马先蒿	**III. D6**
200	*Pedicularis rhodotricha*	红毛马先蒿	**III. D5**
112	*Pedicularis rhynchodonta*	喙齿马先蒿	**III. B1**
92	*Pedicularis rhynchotricha*	喙毛马先蒿	**II. D2**
58	*Pedicularis rigida*	坚挺马先蒿	**II. B5**
49	*Pedicularis rizhaoensis*	日照马先蒿	**II. B3**
93	*Pedicularis roborowskii*	劳氏马先蒿	**II. D2**
186	*Pedicularis robusta*	壮健马先蒿	**III. D1**
28	*Pedicularis roylei*	罗氏马先蒿	**II. A4**
115	*Pedicularis rubens*	红色马先蒿	**III. B2**
144	*Pedicularis rudis*	粗野马先蒿	**III. C5**
12	*Pedicularis rupicola*	岩居马先蒿	**II. A2**
6	*Pedicularis salicifolia*	柳叶马先蒿	**II. A1**
7	*Pedicularis salviiflora*	丹参花马先蒿	**II. A1**
103	*Pedicularis sceptrum-carolinum*	旌节马先蒿	**III. A2**
80	*Pedicularis scolopax*	鹬形马先蒿	**II. C4**
94	*Pedicularis semitorta*	半扭卷马先蒿	**II. D2**
41	*Pedicularis sherriffii*	休氏马先蒿	**II. B1**
250	*Pedicularis sigmoidea*	之形喙马先蒿	**V. E6**
34	*Pedicularis sima*	矽镁马先蒿	**II. A5**
251	*Pedicularis siphonantha*	管花马先蒿	**V. E6**
81	*Pedicularis smithiana*	史氏马先蒿	**II. C4**
227	*Pedicularis sorbifolia*	花楸叶马先蒿	**V. E2**
65	*Pedicularis sphaerantha*	团花马先蒿	**II. C1**
29	*Pedicularis spicata*	穗花马先蒿	**II. A4**
181	*Pedicularis stadlmanniana*	施氏马先蒿	**III. C10**
50	*Pedicularis stenocorys*	狭盔马先蒿	**II. B3**
182	*Pedicularis stewardii*	斯氏马先蒿	**III. C10**
194	*Pedicularis streptorhyncha*	扭喙马先蒿	**III. D3**
120	*Pedicularis striata*	红纹马先蒿	**III. B3**
197	*Pedicularis subulatidens*	针齿马先蒿	**III. D4**
4	*Pedicularis superba*	华丽马先蒿	**I**
21	*Pedicularis szetschuanica*	四川马先蒿	**II. A3**
164	*Pedicularis tachanensis*	大山马先蒿	**III. C8**
165	*Pedicularis tahaiensis*	大海马先蒿	**III. C8**
169	*Pedicularis taliensis*	大理马先蒿	**III. C9**
96	*Pedicularis tamurensis*	陈塘马先蒿	**II. D3**
82	*Pedicularis tantalorhyncha*	颤喙马先蒿	**II. C4**
83	*Pedicularis tatarinowii*	塔氏马先蒿	**II. C4**
72	*Pedicularis tatsienensis*	打箭马先蒿	**II. C3**
231	*Pedicularis tayloriana*	泰氏马先蒿	**V. E3**

物种编号	拉丁名	中文名	分类编码
183	*Pedicularis tenuisecta*	纤裂马先蒿	**III. C10**
252	*Pedicularis tenuituba*	狭管马先蒿	**V. E6**
36	*Pedicularis ternata*	三叶马先蒿	**II. A6**
5	*Pedicularis thamnophila*	灌丛马先蒿	**I**
198	*Pedicularis tibetica*	西藏马先蒿	**III. D4**
51	*Pedicularis tomentosa*	绒毛马先蒿	**II. B3**
148	*Pedicularis tongolensis*	东俄洛马先蒿	**III. C6**
199	*Pedicularis torta*	扭旋马先蒿	**III. D4**
13	*Pedicularis transmorrisonensis*	台湾马先蒿	**II. A2**
22	*Pedicularis triangularidens*	三角齿马先蒿	**II. A3**
149	*Pedicularis trichocymba*	毛舟马先蒿	**III. C6**
201	*Pedicularis trichoglossa*	毛盔马先蒿	**III. D5**
150	*Pedicularis trichomata*	须毛马先蒿	**III. C6**
240	*Pedicularis tricolor*	三色马先蒿	**V. E4**
104	*Pedicularis tristis*	阴郁马先蒿	**III. A2**
126	*Pedicularis tsangchanensis*	苍山马先蒿	**III. C1**
105	*Pedicularis tsekouensis*	茨口马先蒿	**III. A2**
116	*Pedicularis uliginosa*	水泽马先蒿	**III. B2**
131	*Pedicularis umbelliformis*	伞花马先蒿	**III. C3**
213	*Pedicularis urceolata*	坛萼马先蒿	**IV. E**
220	*Pedicularis vagans*	蔓生马先蒿	**V. C**
253	*Pedicularis variegata*	变色马先蒿	**V. E6**
117	*Pedicularis venusta*	秀丽马先蒿	**III. B2**
84	*Pedicularis verbenifolia*	马鞭草叶马先蒿	**II. C4**
141	*Pedicularis veronicifolia*	地黄叶马先蒿	**III. C4**
14	*Pedicularis verticillata*	轮叶马先蒿	**II. A2**
188	*Pedicularis vialii*	维氏马先蒿	**III. D2**
15	*Pedicularis violascens*	堇色马先蒿	**II. A2**
132	*Pedicularis wanghongiae*	王红马先蒿	**III. C3**
241	*Pedicularis wilsonii*	魏氏马先蒿	**V. E4**
232	*Pedicularis yaoshanensis*	药山马先蒿	**V. E3**
133	*Pedicularis yui*	季川马先蒿	**III. C3**
134	*Pedicularis yunnanensis*	云南马先蒿	**III. C3**

注：附表 1 中标紫色的物种为中国特有种，附表 2 同。

分类编码如下，附表 2 同。

一级分类：I. 直立茎，对生叶 / 轮生叶且基部膨大结合成斗状；II. 直立茎，对生叶 / 轮生叶；III. 直立茎，互生叶 / 部分假对生；IV. 匍匐茎，对生叶 / 部分假对生；V. 匍匐茎 / 无茎，互生叶 / 基生叶。

次级分类：A. 花冠管短，上唇成盔状且无喙无齿型；B. 花冠管短，上唇成盔状且无喙有齿型；C. 花冠管短，上唇成喙状：直喙型或略弯曲；D. 花冠管短，上唇成喙状：喙细长且扭旋；E. 花冠管长，上唇成喙状。

亚型数字编码具体内容参考检索表中的三级标题。

附表 2　本书未收录的中国马先蒿属植物名称和分类编码

拉丁名	中文名	分类编码
Pedicularis abrotanifolia	蒿叶马先蒿	**II. A5**
Pedicularis alberti	阿拉木图马先蒿	**III. A1**
Pedicularis altaica	阿尔泰马先蒿	**III. B2**
Pedicularis angularis	角盔马先蒿	**II. B4**
Pedicularis angustilabris	狭唇马先蒿	**III. D2**
Pedicularis anomala	奇异马先蒿	**III. C1**
Pedicularis aquilina	鹰嘴马先蒿	**V. B**
Pedicularis aschistorrhyncha	全喙马先蒿	**III. D7**
Pedicularis atroviridis	深绿马先蒿	**II. B1**
Pedicularis bicolor	二色马先蒿	**V. E4**
Pedicularis bomiensis	波密马先蒿	**III. A5**
Pedicularis breviflora	短花马先蒿	**III. B2**
Pedicularis brevilabris	短唇马先蒿	**II. A5**
Pedicularis chengxianensis	成县马先蒿	**III. C10**
Pedicularis cholashanensis	雀儿山马先蒿	**III. C6**
Pedicularis chorgonica	霍尔果斯马先蒿	**II. B5**
Pedicularis chumbica	春丕马先蒿	**II. C1**
Pedicularis columigera	江达马先蒿	**II. A5**
Pedicularis conifera	结球马先蒿	**II. C4**
Pedicularis connata	连叶马先蒿	**I**
Pedicularis craspedotricha	缘毛马先蒿	**III. C6**
Pedicularis daltonii	道氏马先蒿	**III. D1**
Pedicularis daochengensis	稻城马先蒿	**V. B**
Pedicularis dasystachys	毛穗马先蒿	**III. B2**
Pedicularis daucifolia	胡萝卜叶马先蒿	**II. A3**
Pedicularis deqinensis	德钦马先蒿	**II. C4**
Pedicularis dielsiana	第氏马先蒿	**II. C4**
Pedicularis dissecta	全裂马先蒿	**III. D4**
Pedicularis dolichostachya	长穗马先蒿	**II. A3**
Pedicularis elsholtzioides	丁青马先蒿	**II. A5**
Pedicularis filicifolia	羊齿叶马先蒿	**V. B**
Pedicularis filiculiformis	假拟蕨马先蒿	**III. C1**
Pedicularis flava	黄花马先蒿	**III. B2**
Pedicularis forrestiana	福氏马先蒿	**III. C3**
Pedicularis fragarioides	草莓状马先蒿	**II. B4**
Pedicularis franchetiana	佛氏马先蒿	**III. D7**
Pedicularis gagnepainiana	夏氏马先蒿	**III. C4**
Pedicularis ganpinensis	平坝马先蒿	**II. A2**
Pedicularis geniculata	膝曲马先蒿	**II. A5**
Pedicularis giraldiana	奇氏马先蒿	**II. A7**
Pedicularis honanensis	河南马先蒿	**III. D4**
Pedicularis hypophylla	皮叶马先蒿	**III. A1**
Pedicularis infirma	孱弱马先蒿	**IV. C**

拉丁名	中文名	分类编码
Pedicularis inflexirostris	折喙马先蒿	**II. C4**
Pedicularis karakorumiana	红其拉甫马先蒿	**II. A4**
Pedicularis kariensis	卡里马先蒿	**III. C10**
Pedicularis kawaguchii	日喀则马先蒿	**II. A1**
Pedicularis koueytchensis	滇东马先蒿	**III. C4**
Pedicularis kuruchuensis	库鲁马先蒿	**III. E**
Pedicularis lamioides	元宝草马先蒿	**II. C1**
Pedicularis lanpingensis	兰坪马先蒿	**III. C10**
Pedicularis latibracteata	阔苞马先蒿	**II. B1**
Pedicularis laxiflora	疏花马先蒿	**V. B**
Pedicularis laxispica	疏穗马先蒿	**II. B3**
Pedicularis lhasana	拉萨马先蒿	**III. B5**
Pedicularis liguliflora	舌花马先蒿	**II. C1**
Pedicularis limprichtiana	会理马先蒿	**III. C10**
Pedicularis lingelsheimiana	双齿马先蒿	**II. B4**
Pedicularis lobatorostrata	直裂马先蒿	**V. E3**
Pedicularis longicalyx	长萼马先蒿	**III. D4**
Pedicularis longipetiolata	长柄马先蒿	**III. C8**
Pedicularis longistipitata	长把马先蒿	**II. A7**
Pedicularis lophotricha	盔须马先蒿	**III. C6**
Pedicularis mairei	梅氏马先蒿	**II. B5**
Pedicularis mandshurica	鸡冠子花	**III. B3**
Pedicularis mariae	玛丽马先蒿	**III. B2**
Pedicularis maximowiczii	麦氏马先蒿	**II. B5**
Pedicularis melampyriflora	山萝花马先蒿	**II. B5**
Pedicularis membranacea	膜叶马先蒿	**V. B**
Pedicularis minima	细小马先蒿	**II. A3**
Pedicularis mustanghatana	喀什马先蒿	**III. A1**
Pedicularis myriophylla	万叶马先蒿	**II. C4**
Pedicularis nanchuanensis	南川马先蒿	**V. E2**
Pedicularis ningjuingensis	芒康马先蒿	**II. C1**
Pedicularis nyalamensis	聂拉木马先蒿	**II. B5**
Pedicularis nyingchiensis	林芝马先蒿	**V. A2**
Pedicularis odontochila	齿唇马先蒿	**III. A2**
Pedicularis odontocorys	齿盔马先蒿	**II. B1**
Pedicularis odontophora	具齿马先蒿	**IV. C**
Pedicularis oligantha	少花马先蒿	**III. C8**
Pedicularis paxiana	派氏马先蒿	**V. E4**
Pedicularis petelotii	裴氏马先蒿	**III. A3**
Pedicularis physocalyx	臌萼马先蒿	**III. B2**
Pedicularis pilostachya	绵穗马先蒿	**II. A6**
Pedicularis polyodonta	多齿马先蒿	**II. B3**
Pedicularis potaninii	波氏马先蒿	**III. C1**
Pedicularis prainiana	帕兰氏马先蒿	**III. C5**
Pedicularis princeps	高超马先蒿	**III. C5**
Pedicularis pseudocurvituba	假弯管马先蒿	**II. C4**
Pedicularis pseudoingens	假硕大马先蒿	**III. C6**
Pedicularis pseudosteiningeri	假司氏马先蒿	**III. C6**

拉丁名	中文名	分类编码
Pedicularis pteridifolia	蕨叶马先蒿	**III. B2**
Pedicularis qinghaiensis	青海马先蒿	**III. A1**
Pedicularis quxiangensis	曲乡马先蒿	**V. E2**
Pedicularis ramosissima	多枝马先蒿	**II. C4**
Pedicularis recurva	反曲马先蒿	**III. D2**
Pedicularis reptans	爬行马先蒿	**IV. E**
Pedicularis rhizomatosa	根茎马先蒿	**III. C2**
Pedicularis rigidescens	硬直马先蒿	**II. A3**
Pedicularis rigidiformis	拟坚挺马先蒿	**II. B5**
Pedicularis rotundifolia	圆叶马先蒿	**II. C1**
Pedicularis ruoergaiensis	若尔盖马先蒿	**V. E2**
Pedicularis schizorrhyncha	裂喙马先蒿	**II. C1**
Pedicularis semenowii	赛氏马先蒿	**II. A6**
Pedicularis shansiensis	山西马先蒿	**III. A2**
Pedicularis songarica	准噶尔马先蒿	**III. B3**
Pedicularis souliei	苏氏马先蒿	**III. D4**
Pedicularis sparsiflora	散花马先蒿	**III. D4**
Pedicularis steiningeri	司氏马先蒿	**III. C6**
Pedicularis stenotheca	狭室马先蒿	**II. B4**
Pedicularis strobilacea	球状马先蒿	**III. C8**
Pedicularis stylosa	长柱马先蒿	**III. A1**
Pedicularis sunkosiana	桑科西马先蒿	**II. A1**
Pedicularis takpoensis	塔布马先蒿	**III. C1**
Pedicularis tapaoensis	大炮马先蒿	**V. E3**
Pedicularis tenacifolia	宿叶马先蒿	**III. C3**
Pedicularis tenera	细茎马先蒿	**II. A3**
Pedicularis tenuicaulis	纤茎马先蒿	**II. C1**
Pedicularis tsaii	蔡氏马先蒿	**II. C4**
Pedicularis tsarungensis	察郎马先蒿	**III. C3**
Pedicularis tsiangii	蒋氏马先蒿	**III. C4**
Pedicularis wallichii	瓦氏马先蒿	**III. C1**
Pedicularis wardii	华氏马先蒿	**III. A3**
Pedicularis weixiensis	维西马先蒿	**II. D2**
Pedicularis xiangchengensis	乡城马先蒿	**I**
Pedicularis xiqingshanensis	西倾山马先蒿	**III. C2**
Pedicularis yanyuanensis	盐源马先蒿	**V. E4**
Pedicularis zayuensis	察隅马先蒿	**III. A3**
Pedicularis zhongdianensis	中甸马先蒿	**V. E**

注：本表数据参考中国生物物种名录 2023 版（http://www.sp2000.org.cn/browse/browse_taxa）。

表中有 5 个物种可能为异名，但尚未有文献对其进行处理，因此仍作为接受名，具体如下。

短唇马先蒿 *Pedicularis brevilabris* Franchet 为矽镁马先蒿 *Pedicularis sima* Maximowicz 的异名；

稻城马先蒿 *Pedicularis daochengensis* H. P. Yang 为华丽马先蒿 *Pedicularis superba* Franchet ex Maximowicz 的异名；

维西马先蒿 *Pedicularis weixiensis* H. P. Yang 为旋喙马先蒿 *Pedicularis gyrorhyncha* Franchet ex Maximowicz 的异名；

乡城马先蒿 *Pedicularis xiangchengensis* H. P. Yang 为斗叶马先蒿 *Pedicularis cyathophylla* Franchet 的异名；

中甸马先蒿 *Pedicularis zhongdianensis* H. P. Yang 为三色马先蒿 *Pedicularis tricolor* Handel-Mazzetti 的异名。

中文名索引

拉丁名索引